JN233770

薬学生のための物理学 [第3版]

井上忠也・瀧澤　誠
中川弘一・中野善明
林　　一・坂　恒夫
和田義親　　　　著

朝倉書店

執　筆　者

明治薬科大学	井上　忠也
昭和薬科大学	瀧澤　　誠
星薬科大学	中川　弘一
北海道薬科大学	中野　善明
前 昭和薬科大学	林　　　一
岐阜薬科大学	坂　　恒夫
明治薬科大学	和田　義親

はじめに

　物理学という学問は，とっつきやすい学問ではない．"ブツリガク"という，いかにもかたくるしい語感にも原因があろうが，何が経験的にわかっていて，そこからどんな一般的な事実を読みとるか，さらに，より根元的な法則へどう普遍化できるか，というすじみちが相当に努力しないと，なじみにくいからである．さらに，微積分を中心にした数学が遠慮なく使われることも，生物学や化学よりもわかりにくい原因になっている．
　本書は薬学生のために著された物理学の教科書である．
　薬学生になぜ物理学が必要であろうか．何といっても，自然科学系では物理学が基礎教養として欠かせないからである．さらに，近年，生物物理学，分子生物学，遺伝子工学など，いわゆる生命科学（ライフサイエンス）の分野が目を見はるばかりに進歩してきて，どこまでゆくか見通しもつかないという勢いであり，これまでのように生物学と化学にのみよりかかっていられなくなってしまった．生物学，化学，物理学というように截然と分けることができにくい面も出てきた．
　薬学系大学ではそういう事情のもとに，大学1年次で，一般教養科目の一つとして物理学が必修科目とされているのが普通である．
　ところが，薬学生の物理学習得には独特の難題がつきまとっている．高等学校側の事情もあって，学生側の予備知識や意欲にばらつきが見られるし，医学系にくらべれば，薬学系の方がはるかに実験科学の色彩が濃いにもかかわらず，物理学教育の位置づけ，あるいは物理学との関連が明確でないふしが教える側に見うけられる．これまで，薬学生のための物理学教科書がほとんど存在しなかったのはそのせいであろう．上述のように，最近の薬学は幅広く自然科学全

はじめに

般にわたってきているにもかかわらず，このような事態であるのはまことに残念といわざるを得ない．

　本書の執筆者は，全員が薬学系大学で物理教育の現場にたずさわってきた．数年前，一般教育学会で何人かが接触し，意見を交わしたのが機縁になって有志が集い，薬学系物理教育懇談会がつくられた．その場所で，現状分析を深め，経験を交流し，薬学系物理教育のあるべき姿を探ったのである．一口に薬学系といっても条件はさまざまであり，個別的に対処せざるをえない側面が多いのであるが，こうした話合いの中から，適切な教科書を共同執筆する案が出てきた．そこで，担当することになったのが本書の著者らである．全員で，全体の構想を練り，分担を定め，執筆内容をくり返し討論して2年を経て，1986年に本書の初版を刊行した．

　その後，各薬科大学における現実の授業の経験からさらに内容を精選する必要を感じ，各校の授業担当者の間で討議を重ね1992年に第2版，そしてここに第3版の上梓の運びとなったしだいである．

　2001年3月

著者一同

目　　　次

1. 運動の法則と運動方程式 …………………………………………… 1
   1.1 運動の表現 ……………………………………………………… 1
      1.1.1 質　点 ……………………………………………………… 1
      1.1.2 位置ベクトル ……………………………………………… 2
      1.1.3 速　度 ……………………………………………………… 5
      1.1.4 加速度 ……………………………………………………… 9
   1.2 運動の法則 ……………………………………………………… 11
      1.2.1 運動の第1法則（慣性の法則） ………………………… 12
      1.2.2 運動の第2法則（運動方程式） ………………………… 14
      1.2.3 運動の第3法則（作用・反作用の法則） ……………… 16
      1.2.4 万有引力の法則 …………………………………………… 17
   1.3 運動方程式を解く ……………………………………………… 21
      1.3.1 放物運動 …………………………………………………… 22
      1.3.2 万有引力が作用する物体の運動 ………………………… 26
      1.3.3 抵抗力が作用する物体の運動 …………………………… 28
      1.3.4 単振動 ……………………………………………………… 33
      1.3.5 減衰振動 …………………………………………………… 34

2. エネルギー保存則 …………………………………………………… 39
   2.1 仕　事 …………………………………………………………… 39
      2.1.1 仕事の定義 ………………………………………………… 39

2.1.2　力の方向と移動の方向が異なるときの仕事 ……………… 40
　2.1.3　力の大きさ・方向と動く方向が変化するときの仕事 ……… 41
　2.1.4　仕事率 ………………………………………………………… 42
2.2　運動エネルギー …………………………………………………… 43
　2.2.1　運動エネルギーと仕事 ……………………………………… 43
　2.2.2　運動エネルギーの意味 ……………………………………… 44
　2.2.3　回転の運動エネルギー ……………………………………… 44
　2.2.4　身のまわりの運動エネルギー ……………………………… 45
2.3　位置エネルギーと保存力 ………………………………………… 46
　2.3.1　重力の位置エネルギー ……………………………………… 46
　2.3.2　ばねの位置エネルギー ……………………………………… 47
　2.3.3　距離の逆二乗に比例する力の位置エネルギー …………… 48
　2.3.4　保存力とポテンシャル ……………………………………… 48
2.4　エネルギー保存則 ………………………………………………… 50
　2.4.1　重力とエネルギー保存則 …………………………………… 50
　2.4.2　ばね振動のエネルギー保存則 ……………………………… 52
　2.4.3　クーロン力のエネルギー保存則 …………………………… 53
　2.4.4　力学的エネルギー保存則 …………………………………… 54
2.5　散逸力とエネルギー保存則 ……………………………………… 54
　2.5.1　散逸力 ………………………………………………………… 55
　2.5.2　散逸力とエネルギー保存則 ………………………………… 55
2.6　エネルギーの種類とエネルギー保存則 ………………………… 56
　2.6.1　エネルギーの様々な形態 …………………………………… 56
　2.6.2　エネルギー転化 ……………………………………………… 56
　2.6.3　全エネルギーの保存 ………………………………………… 57
　2.6.4　永久機関の否定 ……………………………………………… 57

3. 運動量保存則と角運動量保存則 …………………………………… 60
3.1　運　動　量 ………………………………………………………… 60
3.2　運動量保存則 ……………………………………………………… 61

目　　次

- 3.3 衝　　　突 …………………………………………… 62
  - 3.3.1 直線上における衝突 …………………………… 62
  - 3.3.2 平面上における衝突 …………………………… 66
- 3.4 角 運 動 量 …………………………………………… 67
- 3.5 角運動量保存則 ……………………………………… 69

4. 弾性体と流体 …………………………………………… 73

- 4.1 弾　性　体 …………………………………………… 73
  - 4.1.1 弾性と塑性 ……………………………………… 73
  - 4.1.2 弾性体 …………………………………………… 74
  - 4.1.3 応　　力 ………………………………………… 75
  - 4.1.4 歪　　み ………………………………………… 76
  - 4.1.5 弾性率 …………………………………………… 76
  - 4.1.6 ヤング率 ………………………………………… 77
  - 4.1.7 弾性エネルギー ………………………………… 77
- 4.2 圧　　　力 …………………………………………… 78
  - 4.2.1 圧　　力 ………………………………………… 78
  - 4.2.2 液体の圧力 ……………………………………… 79
  - 4.2.3 大気圧 …………………………………………… 80
  - 4.2.4 1 気 圧 ………………………………………… 80
  - 4.2.5 血　　圧 ………………………………………… 81
  - 4.2.6 気体ボンベの圧力 ……………………………… 82
  - 4.2.7 大気中の液体の圧力 …………………………… 82
- 4.3 アルキメデスの原理 ………………………………… 83
  - 4.3.1 浮　　力 ………………………………………… 83
  - 4.3.2 遠心機中の浮力 ………………………………… 84
  - 4.3.3 比重計 …………………………………………… 84
- 4.4 流体の運動 …………………………………………… 85
  - 4.4.1 連続の方程式 …………………………………… 85
  - 4.4.2 流線と流管 ……………………………………… 86

| 4.4.3　ベルヌーイの定理 ………………………………… 86
| 4.4.4　流速と圧力の関係 ………………………………… 88
| 4.4.5　トリチェリの法則 ………………………………… 89
| 4.4.6　静圧と動圧 ……………………………………… 90
| 4.4.7　流量計 ………………………………………… 90
| 4.5　粘性と運動物体が受ける抵抗 …………………………… 91
| 4.5.1　粘性率 ………………………………………… 91
| 4.5.2　ハーゲン-ポアズイユの法則 ……………………… 92
| 4.5.3　運動する物体に作用する粘性抵抗 ………………… 93
| 4.5.4　慣性抵抗 ………………………………………… 93

5. 波　　動 ……………………………………………… 96

  5.1　波動の基本 ………………………………………… 96
    5.1.1　波の数学的表現 …………………………………… 97
    5.1.2　波の位相速度 ……………………………………… 98
    5.1.3　波のエネルギー ………………………………… 100
    5.1.4　波の反射と屈折 ………………………………… 101
    5.1.5　波の位相と強度の変化 …………………………… 102
    5.1.6　波の合成 ………………………………………… 104
    5.1.7　ドップラー（Doppler）効果 …………………… 106
  5.2　音　　波 …………………………………………… 107
    5.2.1　可聴音波と超音波 ……………………………… 107
    5.2.2　デシベルとホン ………………………………… 108
    5.2.3　音の速さ ………………………………………… 108
  5.3　光　　波 …………………………………………… 108
    5.3.1　光の反射と屈折 ………………………………… 109
    5.3.2　臨界角と全反射 ………………………………… 110
    5.3.3　光の吸収，散乱，分散 …………………………… 110
    5.3.4　光の分散とスペクトル …………………………… 111
    5.3.5　物体の色 ………………………………………… 112

　　　　　　　　　　目　　　次　　　　　　　vii

 5.3.6　光の干渉 ··· 113
 5.3.7　光の回折 ··· 114
 5.3.8　偏光と旋光 ·· 116
 5.3.9　結像系と光学器械 ··· 118

6. 静　電　場 ·· 123
 6.1　静　電　気 ··· 123
 6.2　クーロンの法則 ·· 124
 6.3　電　　　場 ··· 126
 6.4　電　　　位 ··· 129
 6.5　電場中の荷電粒子の運動 ···································· 130
 6.6　導　　　体 ··· 131
 6.7　誘　電　体 ··· 133

7. 電流と磁場 ·· 137
 7.1　電　　　流 ··· 137
 7.2　電　気　抵　抗 ·· 138
 7.3　磁　　　場 ··· 139
 7.4　電流による磁場 ·· 141
 7.5　電流が磁場から受ける力 ···································· 147
 7.6　誘導起電力 ··· 149

8. 気体分子の運動 ·· 153
 8.1　気体分子の圧力 ·· 153
  8.1.1　力学法則とマクロな法則 ······························ 153
  8.1.2　気体の圧力 ·· 154
 8.2　気体分子の速度分布 ··· 156
  8.2.1　速度分布関数 ··· 156
  8.2.2　分布関数を用いた圧力の計算 ························ 157
  8.2.3　平均エネルギー ·· 158

8.3　気体の輸送現象 ……………………………………………… 159
　　　8.3.1　平均自由行路 ……………………………………………… 159
　　　8.3.2　気体の粘性 ………………………………………………… 161
　　　8.3.3　気体の熱伝導 ……………………………………………… 162

9. 熱力学 ……………………………………………………………… 164
　9.1　熱力学第1法則 …………………………………………………… 164
　　　9.1.1　熱力学の対象 ……………………………………………… 164
　　　9.1.2　熱平衡と熱力学第0法則 ………………………………… 164
　　　9.1.3　熱平衡にある系の状態変数 ……………………………… 165
　　　9.1.4　外界の作用と状態変化の過程 …………………………… 165
　　　9.1.5　熱力学第1法則 …………………………………………… 166
　　　9.1.6　気体の状態方程式 ………………………………………… 167
　9.2　熱力学的関係式 …………………………………………………… 168
　　　9.2.1　熱容量 ……………………………………………………… 168
　　　9.2.2　ジュール–トムソンの実験 ……………………………… 169
　　　9.2.3　理想気体の性質 …………………………………………… 172
　　　9.2.4　準静的な過程における仕事と熱 ………………………… 174
　　　9.2.5　カルノー・サイクル ……………………………………… 174
　9.3　熱力学第2法則 …………………………………………………… 177
　　　9.3.1　可逆過程と不可逆過程 …………………………………… 177
　　　9.3.2　クラウジウスの原理とトムソンの原理 ………………… 178
　9.4　カルノーの原理 …………………………………………………… 179
　　　9.4.1　クラウジウスの不等式 …………………………………… 181
　　　9.4.2　エントロピー ……………………………………………… 184
　9.5　熱力学的関係式 …………………………………………………… 184
　　　9.5.1　質量的作用 ………………………………………………… 187

10. 量子力学—シュレディンガー方程式— …………………………… 190
　10.1　黒体放射とプランクの放射公式 ……………………………… 190

10.2　原子模型と量子条件 ……………………………………… 192
10.3　光の二重性 …………………………………………………… 193
10.4　光電効果 ……………………………………………………… 194
10.5　コンプトン散乱 ……………………………………………… 196
10.6　量子力学 ……………………………………………………… 197
10.7　無限に高いポテンシャル壁で束縛された粒子の運動 ……… 201
10.8　トンネル効果 ………………………………………………… 204
10.9　一次元調和振動子 …………………………………………… 206
10.10　矩形の箱の中に完全に束縛された粒子の運動 …………… 209

11. 量子力学―水素原子― ………………………………………… 212
11.1　量子力学における角運動量 ………………………………… 212
　11.1.1　極座標によるシュレディンガー方程式 ……………… 212
　11.1.2　軌道角運動量演算子 …………………………………… 214
　11.1.3　一般化された角運動量演算子 ………………………… 215
　11.1.4　ルジャンドルの多項式 ………………………………… 218
　11.1.5　ルジャンドルの陪関数 ………………………………… 222
　11.1.6　球面調和関数 …………………………………………… 223
11.2　水素原子 ……………………………………………………… 226
　11.2.1　水素原子のシュレディンガー方程式 ………………… 227
　11.2.2　動径方向の波動関数 …………………………………… 228
　11.2.3　ラゲールの陪多項式 …………………………………… 231
　11.2.4　水素原子の波動関数 …………………………………… 233

12. 量子力学―スピン― …………………………………………… 238
12.1　ゼーマン効果 ………………………………………………… 238
12.2　NMR …………………………………………………………… 240
12.3　スピン ………………………………………………………… 241
12.4　スピンと統計 ………………………………………………… 242

13. 原子核と放射性崩壊 ... 245
13.1 原子の構造 ... 245
13.2 原子核の構造 ... 246
13.3 放射性崩壊 ... 248
13.3.1 放射性崩壊の概要 ... 248
13.3.2 α 崩壊 ... 249
13.3.3 β 崩壊 ... 250
13.3.4 γ 崩壊 ... 252

付録 A ... 255
A.1 ベクトル ... 255
A.2 ベクトルの外積 ... 258
A.3 外積の成分表示 ... 260
A.4 ベクトル関数 ... 261
A.4.1 1変数のベクトル関数 ... 261
A.4.2 ベクトル関数の微分 ... 261
A.4.3 ベクトル関数の積分 ... 262
A.5 スカラー場とベクトル場 ... 262
A.5.1 スカラー場 ... 262
A.5.2 ベクトル場 ... 263
A.5.3 スカラー場の勾配 ... 263
A.5.4 ベクトル場の回転 ... 263
A.5.5 ベクトル場の発散 ... 263
A.5.6 線積分 ... 264

練習問題略解 ... 266
索引 ... 275

1

運動の法則と運動方程式

　物理学において,「力学」と名のつく分野は多岐にわたり研究されてきたが,特にその中でも,ニュートン力学は物理学の初歩として学んでおく必要のある重要な分野である.この「ニュートン力学」の名はその基礎が17世紀にNewtonによって築かれたことに由来する.ニュートン力学はわれわれの身近でおこる物体の運動とその物体に作用する力を扱う分野である.ここで登場する「物体」「運動」「力」という概念は,ニュートン力学だけではなく,物理学の他の分野や自然科学の様々な分野を理解するときにもとても重要なキーポイントとなる.

　この章では,ニュートン力学の基礎である「運動の法則と運動方程式」について説明する.

1.1 運動の表現

　まず,物体の運動を理解するために必要な基本ルールを説明する.このルールは物体の運動の表現に関するルールであり,ニュートン力学における運動の法則と運動方程式を理解するためにはこれが必要不可欠である.

1.1.1 質点

　われわれの身のまわりにはいろいろな物体がある.それらの物体は「質量」「形」「体積」「硬さ」「色」「温度」などいろいろな特徴で分類される.物理学ではこれらのすべての特徴が研究対象となりうるが,特にニュートン力学で扱う物体の特徴は「質量」「形」「体積」に絞られる.しかし,形や体積を考慮して物体の運動やそれにかかる力を表現することは複雑になり,初歩的な段階でこ

れらの特徴を取り入れることは基礎を学ぶうえで妨げとなる．したがって，ここでは物体の特徴として形や体積は無視して，**質量**[*1)]だけを考慮することにする．つまり，ニュートン力学の初歩的な段階では異なる形や体積をもっている二つの物体があったとしても，どちらも同じ質量をもっているならば，その二つの物体は同じ物体とみなすということである．「物体をこんなに単純な物に置き換えてしまっては実際の物体の運動をきちんと説明できないのでは？」と思う読者もいるのではないだろうか．もちろん，ニュートン力学から予測した物体の運動と実験で測定した物体の運動の間には多少のくいちがいがあり，その物体の体積が大きくなればなるほど，空気抵抗などの影響によりこのくいちがいは顕著になる．一方，体積が無視できるくらい小さい物体[*2)]についてはニュートン力学から得られた結果と実験から得られた結果はある程度一致することが知られている．物理学では，様々な要素が絡み合った複雑な現象を扱うときに，まず最も重要な要素だけを取り入れた単純な理論を組み立ててみてから，他の要素を取り入れて複雑化するという方法がよく使われるという事情がある．

ニュートン力学において，他の特徴を全て無視し，質量だけを備えた物体は**質点**と呼ばれる対象として捉えられる．質点とは，「対象とする物体の中にある重心などの代表点にその物体の全質量が集中したもの」として定義される（図1.1）．「点」とは元来数学的な対象であり，物理学的には一定の質量をもち，体積がゼロの物体を考えることはとても困難であるが，これは物体を質点に置き換えて，運動についての記述を単純にした事に伴う代償とわりきり，ここでは深く考えずに先に進むことにする．

1.1.2　位置ベクトル

物体の運動を表現するために必要な道具の一つとしてベクトルがあげられる．ベクトルについては高校の数学で習ったことと思うが，以下で必要になる最小

[*1)] ニュートン力学における質量の定義は，物体の運動についての説明および重力の説明を必要とするため，1.2節で行うことにする．
[*2)] 小さいとはいっても，原子や分子ほどのサイズ（$\sim 10^{-10}$m）の世界ではニュートン力学的な運動の記述は破綻し，量子力学による記述が必要となる．しかし，量子力学的な記述の重要性は，これから学ぶニュートン力学を理解し，その限界を見きわめられるようにならなければ，わからない．

1.1 運動の表現

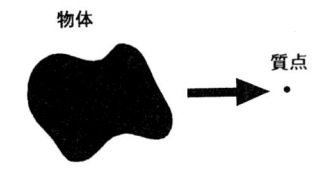

図 1.1 物体を質点化

限の事柄は付録 A.1 にまとめてあるので，適宜参考にしてほしい．しかし，物体の運動を表現するために用いられるベクトルには，高校の数学で習った事柄に加え，さらに次のような特徴があるので，注意しなければならない．高校の数学ではベクトルを静的な量（時間変化をしない量）として扱うことが多かったが，物体の運動を表現するために必要なベクトル（物体の位置ベクトル，速度ベクトル，加速度ベクトル）は時間[*1]とともに変化するベクトル量として扱わなければならない．ここではまず位置ベクトルの時間変化について考えてみよう[*2]．

まず，質点が空間の中を運動する様子を思い浮かべてみよう．この質点の位置ベクトル r はその始点が原点に固定され，さらに，その終点が質点を指し示すベクトルである（図 1.2 〜 1.4 参照）．位置ベクトル r は時間がたって質点が移動すれば，その向きや大きさは変化するので，時間の関数になったベクトル量として扱われる．いま，質点が運動している間の時刻を t 秒として，位置ベクトルを t の関数 $r(t)$ と表す．この時間の関数になった位置ベクトル $r(t)$ を成分表示してみよう（付録 A.1 参照）．まず，質点が 3 次元空間内を運動している場合（図 1.2）

$$r(t) = x(t)\boldsymbol{i} + y(t)\boldsymbol{j} + z(t)\boldsymbol{k} \tag{1.1}$$

となる．ここで，$\boldsymbol{i}, \boldsymbol{j}, \boldsymbol{k}$ はそれぞれ X 軸方向，Y 軸方向，Z 軸方向の基本ベクトルである．このとき，時刻 t の関数になっているのは $r(t)$ の X, Y, Z 方向の各成分 $x(t), y(t), z(t)$ で，基本ベクトルは定ベクトルになっていることに

[*1] 時間の単位にはいろいろあるが，ここでは SI 基本単位 [s]（秒）を使ってゆく．
[*2] 位置ベクトルはその単位として，長さの単位をもつことに注意しよう．今後は SI 基本単位 [m] を使ってゆく．

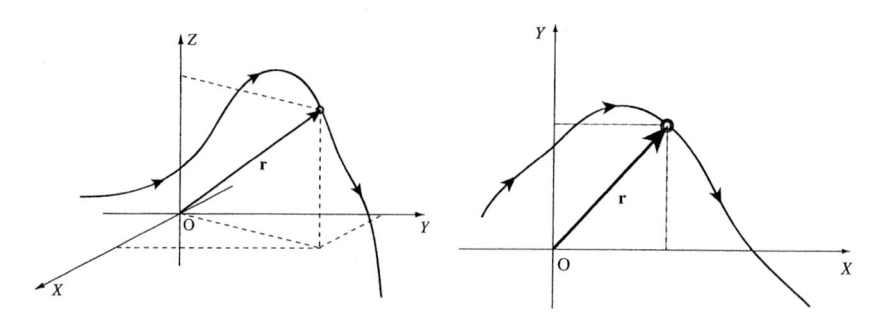

図 1.2　3 次元空間内の物体の運動　　図 1.3　2 次元空間（平面）内の物体の運動

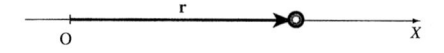

図 1.4　1 次元空間（直線）内の物体の運動

注意しよう[*1)]．質点が平面内，直線上を運動している場合（図 1.3, 1.4）にも (1.1) と同様に，

$$r(t) = x(t)i + y(t)j \tag{1.2}$$

$$r(t) = x(t)i \tag{1.3}$$

とそれぞれ書ける．しかし，質点が直線上を運動している場合には簡略し，位置として $x(t)$ のみを書く場合が多い．

(1.1) と (1.2) において，各成分は共通の変数 t の関数になっているが，これは質点が運動する道筋が一般に空間内の線（直線および曲線）になっていることを表している．この線は質点の**軌跡**または**軌道**と呼ばれる．次の例を考えてみよう．

〔例題 1.1〕　時刻 t 秒における物体の位置ベクトル $r(t) = x(t)i + y(t)j$ の各成分が

$$x(t) = 2t + 1, \qquad y(t) = -3t^2 + 4t + 1$$

と与えられているとき，この物体が描く軌跡を求めてみよう．

（解）　$x(t), y(t)$ から時刻 t を消去すると

$$y = -\frac{3}{4}x^2 + \frac{7}{2}x - \frac{7}{4} = -\frac{3}{4}\left(x - \frac{7}{3}\right)^2 + \frac{7}{3}$$

[*1)] 時間的に変化する座標（相対座標系）において質点の運動を扱う場合には，基本ベクトルも時間の関数として扱うが，ここでは座標は時間が経っても変化しないものとして扱う．

となる．したがって，この物体の軌跡は XY 平面上で $\left(\dfrac{7}{3}, \dfrac{7}{3}\right)$ を頂点とし，上に凸の放物線になる．軌跡が放物線になる運動を**放物運動**という．

〔例題 1.2〕 時刻 t 秒における物体の位置ベクトル $\boldsymbol{r}(t) = x(t)\boldsymbol{i} + y(t)\boldsymbol{j}$ の各成分が

$$x(t) = 2\cos(2t), \qquad y(t) = 2\sin(2t)$$

と与えられているとき，この物体が描く軌跡はどんな図形になるか？

（**解**） 上の式から時刻 t を消去すると，

$$x^2 + y^2 = 4$$

となる．もちろんこれは高等学校の数学で習った「XY 平面上の円の方程式」である．つまり，この物体は，XY 平面上の原点を中心とする半径 2 の円上を運動 (**等速円運動**) することがわかる．

これらの例からわかるように，各成分 $x(t), y(t), z(t)$ が具体的に時刻 t の関数として表されているとき，t を消去して x, y, z の関係式が得られ，その関係式から軌跡の性質を読み取ることができる．

1.1.3 　速　　度

前項の例題 1.1 と 1.2 からわかるように，時刻 t 秒における質点の位置ベクトルがわかると，その質点がどのような形の軌跡の上を運動するかがわかる．しかし，これだけではその軌跡の上で質点の位置がどのような時間変化をするのかが把握できない．そこで，位置ベクトルの時間変化について考えてみよう．

時刻 t 秒における質点の位置ベクトルを $\boldsymbol{r}(t)$ と書くとき，時刻 $t + \Delta t$ 秒における位置ベクトルは $\boldsymbol{r}(t + \Delta t)$ と書ける．これら二つの位置ベクトルの差を

$$\Delta \boldsymbol{r}(t) = \boldsymbol{r}(t + \Delta t) - \boldsymbol{r}(t) \tag{1.4}$$

と書き，時刻 t 秒と時刻 $t + \Delta t$ 秒の間の**変位ベクトル**または**変位**と呼ぶ (図 1.5)．時刻 t 秒において，3 次元空間内の物体の位置ベクトル $\boldsymbol{r}(t)$ を成分 $\boldsymbol{r}(t) = x(t)\boldsymbol{i} + y(t)\boldsymbol{j} + z(t)\boldsymbol{k}$ と書くとき，その変位ベクトルの成分表示は

$$\begin{aligned}\Delta \boldsymbol{r}(t) &= \Delta x(t)\boldsymbol{i} + \Delta y(t)\boldsymbol{j} + \Delta z(t)\boldsymbol{k} \\ &= \{x(t+\Delta t) - x(t)\}\boldsymbol{i} + \{y(t+\Delta t) - y(t)\}\boldsymbol{j} \\ &\quad + \{z(t+\Delta t) - z(t)\}\boldsymbol{k}\end{aligned} \tag{1.5}$$

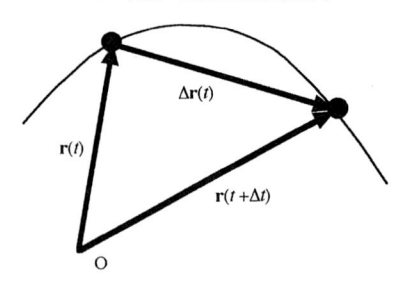

図 1.5 変 位

と表すことができる.また,2 次元空間内の物体と 1 次元空間内の物体の変位はそれぞれ

$$\Delta \boldsymbol{r}(t) = \Delta x(t)\boldsymbol{i} + \Delta y(t)\boldsymbol{j}$$
$$= \{x(t+\Delta t) - x(t)\}\boldsymbol{i} + \{y(t+\Delta t) - y(t)\}\boldsymbol{j} \quad (1.6)$$
$$\Delta \boldsymbol{r}(t) = \Delta x(t)\boldsymbol{i} = \{x(t+\Delta t) - x(t)\}\boldsymbol{i} \quad (1.7)$$

と表すことができる.ただし,1 次元空間内の物体の変位 (1.7) は単に $\Delta x(t) = x(t+\Delta t) - x(t)$ と表す場合が多い.

次に,時刻 t 秒と時刻 $t+\Delta t$ 秒の間の位置の変化率を考えてみよう.この位置の変化率は上記の変位ベクトル $\Delta \boldsymbol{r}(t)$ をその間の時間 Δt で割ったもので,

$$\overline{\boldsymbol{v}}(t) = \frac{\Delta \boldsymbol{r}(t)}{\Delta t} = \frac{\Delta x(t)}{\Delta t}\boldsymbol{i} + \frac{\Delta y(t)}{\Delta t}\boldsymbol{j} + \frac{\Delta z(t)}{\Delta t}\boldsymbol{k} \quad (1.8)$$

と書き,これを時刻 t 秒と時刻 $t+\Delta t$ 秒の間の**平均の速度**と定義する.さらに,平均の速度 $\overline{\boldsymbol{v}}(t)$ の成分を $\overline{\boldsymbol{v}}(t) = \overline{v}_x(t)\boldsymbol{i} + \overline{v}_y(t)\boldsymbol{j} + \overline{v}_z(t)\boldsymbol{k}$ と書くとき,各成分は

$$\overline{v}_x(t) = \frac{\Delta x(t)}{\Delta t},\ \overline{v}_y(t) = \frac{\Delta y(t)}{\Delta t},\ \overline{v}_z(t) = \frac{\Delta z(t)}{\Delta t} \quad (1.9)$$

と表される.また,1 次元空間内および 2 次元空間内の物体の運動についても,同様の表し方ができる.(1.9) の平均の速度の各成分は,見なれない記号で書かれているが,小学校で習った速さ=(距離)/(時間) と同じ式であることがわかる.

平均の速度と実際の(瞬間の)速度の違いは,定義 (1.8) から,平均の速度 $\overline{\boldsymbol{v}}(t)$ の値は時刻 t と時間 Δt の両方を指定しないと決まらないということから

1.1 運動の表現

起こる．つまり，実際の物体の運動においてその速度は各時刻ごとに値をとり，時刻 t だけの関数になっていなければならないのである[*1]．では，実際の（瞬間の）速度はどのように定義すればよいか？　一般に，実際の（瞬間の）速度は平均の速度の定義式 (1.8), (1.9) から速度変化が滑らかになるように Δt を取り除くことによって与えられる．この操作は微分積分学で用いられる関数の極限に相当し，したがって，物体が運動しているときの実際の（瞬間の）速度 $\boldsymbol{v}(t)$ は次式で与えられる．

$$\boldsymbol{v}(t) = \lim_{\Delta t \to 0} \frac{\Delta \boldsymbol{r}(t)}{\Delta t} = \lim_{\Delta t \to 0} \frac{\boldsymbol{r}(t+\Delta t) - \boldsymbol{r}(t)}{\Delta t} \tag{1.10}$$

また，速度 $\boldsymbol{v}(t)$ の成分を $\boldsymbol{v}(t) = v_x(t)\boldsymbol{i} + v_y(t)\boldsymbol{j} + v_z(t)\boldsymbol{k}$ と書くとき，各成分は

$$\begin{aligned}
v_x(t) &= \lim_{\Delta t \to 0} \frac{\Delta x(t)}{\Delta t} = \lim_{\Delta t \to 0} \frac{x(t+\Delta t) - x(t)}{\Delta t}, \\
v_y(t) &= \lim_{\Delta t \to 0} \frac{\Delta y(t)}{\Delta t} = \lim_{\Delta t \to 0} \frac{y(t+\Delta t) - y(t)}{\Delta t}, \\
v_z(t) &= \lim_{\Delta t \to 0} \frac{\Delta z(t)}{\Delta t} = \lim_{\Delta t \to 0} \frac{z(t+\Delta t) - z(t)}{\Delta t}
\end{aligned} \tag{1.11}$$

と表される．(1.10), (1.11) に現れる極限は，それぞれ，時刻 t の関数 $\boldsymbol{r}(t), x(t), y(t), z(t)$ の導関数になっていることがわかる．したがって，実際の（瞬間の）速度 $\boldsymbol{v}(t)$ は，微分記号を用いて

$$\boldsymbol{v}(t) = \frac{d\boldsymbol{r}(t)}{dt} = \dot{\boldsymbol{r}}(t) \tag{1.12}$$

および，その各成分 $v_x(t), v_y(t), v_z(t)$ は

$$\begin{aligned}
v_x(t) &= \frac{dx(t)}{dt} = \dot{x}(t), \\
v_y(t) &= \frac{dy(t)}{dt} = \dot{y}(t), \\
v_z(t) &= \frac{dz(t)}{dt} = \dot{z}(t)
\end{aligned} \tag{1.13}$$

[*1] 物体が一定の速度で運動（等速直線運動）している場合には，平均の速度と実際の（瞬間の）速度はたまたま一致するが，一般に速度の変化が伴う運動（加速度運動）では上のような違いが現れる．

と表される．今後，(1.12)，(1.13) を (瞬間の) **速度**の定義として考えてゆくことにする．また，速度の単位は SI 基本単位系では $[\text{m·s}^{-1}]$ である．

次に，上で定義された速度はベクトル量であることによく注意しよう．物体の運動の様子を表すとき，速度の大きさ

$$|\boldsymbol{v}(t)| = \sqrt{\{\dot{x}(t)\}^2 + \{\dot{y}(t)\}^2 + \{\dot{z}(t)\}^2} \qquad (1.14)$$

を用いることがしばしばある．この章では速度の大きさを**速さ**と呼ぶことにする．つまり，「速度」という量は大きさと向きを表すが，「速さ」という量は大きさだけを表すものである*1)．また，「速さ」という量は正の値しかとらないことにも注意しよう．特に，「速度」と「速さ」は物体が直線上を運動している場合には混同しやすい．

特に，一定の速度で運動している物体が描く軌跡は直線になり，この物体の運動は**等速直線運動**と呼ばれる．この等速直線運動はニュートン力学において最も基本的な運動であり，後に説明する運動の第 1 法則において重要な役割を演じる．

等速直線運動ではない運動は加速度運動である．この加速度運動にはいろいろな種類のものがある．その一例を考えてみよう．

〔**例題 1.3**〕 例題 1.2 の物体の運動について次の問いを考えてみよう．
(1) この物体の速度 $\boldsymbol{v}(t)$ を求めよ．
(2) この物体の速さ $|\boldsymbol{v}(t)|$ を求め，それが常に一定になることを示せ．
(3) この物体の位置ベクトル $\boldsymbol{r}(t)$ と速度 $\boldsymbol{v}(t)$ は常に直交することを示せ．
(4) この物体の位置ベクトル $\boldsymbol{r}(t)$ と速度 $\boldsymbol{v}(t)$ の外積 $\boldsymbol{r}(t) \times \boldsymbol{v}(t)$ を計算し，それが常に一定になることを示せ．(外積については付録 A.2 を参照)

(**解**)

(1) 速度の定義 (1.12) より，例題 1.2 の物体の位置ベクトル $\boldsymbol{r}(t) = x(t)\boldsymbol{i} + y(t)\boldsymbol{j} = 2\cos(2t)\boldsymbol{i} + 2\sin(2t)\boldsymbol{j}$ を時刻 t で微分して

$$\boldsymbol{v}(t) = -4\sin(2t)\boldsymbol{i} + 4\cos(2t)\boldsymbol{j}$$

と求められる．

(2) 速さの定義 (1.14) より

---

*1) これは式 (1.12) と式 (1.14) の違いから察することができるが，とりわけこのようなことを断る理由は，学生諸君の中には「速度」と「速度の大きさ」を混同している者がしばしば見受けられるからである．確かに，世間的にみるとこれらをはっきり区別していない教科書もあるが，ここではそれらの違いを明確にするためにこのような呼び方をする．

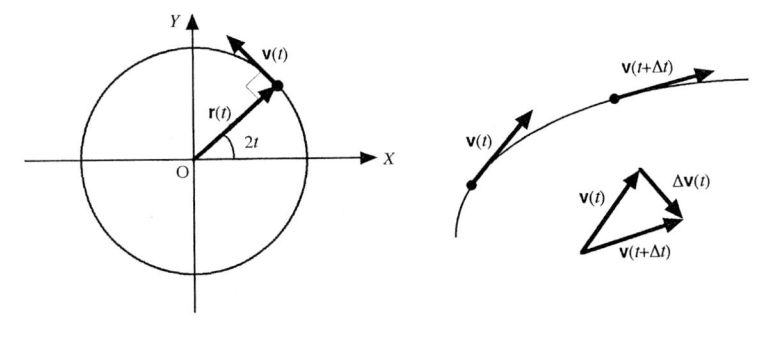

図 1.6 等速円運動   図 1.7 速度変化

$$|\boldsymbol{v}(t)| = \sqrt{\{-4\sin(2t)\}^2 + \{4\cos(2t)\}^2} = 4$$

(3) この物体の位置ベクトル $\boldsymbol{r}(t)$ と速度 $\boldsymbol{v}(t)$ の内積を計算すると

$$\boldsymbol{r}(t) \cdot \boldsymbol{v}(t) = -8\cos(2t)\sin(2t) + 8\sin(2t)\cos(2t) = 0$$

したがって,位置ベクトル $\boldsymbol{r}(t)$ と速度 $\boldsymbol{v}(t)$ は直交し,時刻 t に依らないため,常に直交する.

(4) この物体の位置ベクトル $\boldsymbol{r}(t)$ と速度 $\boldsymbol{v}(t)$ の外積を計算すると

$$\boldsymbol{r}(t) \times \boldsymbol{v}(t) = \{8\cos^2(2t) + 8\sin^2(2t)\}\boldsymbol{k} = 8\boldsymbol{k}$$

したがって,外積 $\boldsymbol{r}(t) \times \boldsymbol{v}(t)$ は,時刻 t に依らないため,常に一定である.

例題 1.2 の結果も考慮すると,例題 1.3 の物体の運動は図 1.6 のようになり,**等速円運動**と呼ばれる.この等速円運動は等速直線運動と異なり,速さは一定であるが速度は変化することに注意しよう.また,等速円運動している物体の位置ベクトル $\boldsymbol{r}(t)$ と速度 $\boldsymbol{v}(t)$ は常に直交する.さらに,例題 1.3, (4) で計算した位置ベクトル $\boldsymbol{r}(t)$ と速度 $\boldsymbol{v}(t)$ の外積は後の章で登場する角運動量という量に比例するもので,等速円運動ではこの量も常に一定になっている.

1.1.4 加 速 度

物体の運動には,時間が経つにつれ速度が変化する場合がある.その速度の時間変化を表す量が加速度である.ここでは加速度について考えてみよう.

時刻 t 秒における質点の速度を $\boldsymbol{v}(t)$ と書くとき,Δt 秒後の速度は $\boldsymbol{v}(t+\Delta t)$ と書け,時刻 t 秒と時刻 $t+\Delta t$ 秒の間の速度変化 $\Delta \boldsymbol{v}(t)$ は速度ベクトルの差 $\boldsymbol{v}(t+\Delta t) - \boldsymbol{v}(t)$ で与えられる(図 1.7).次に,単位時間当りの変化 $\overline{\boldsymbol{a}}(t)$ は

$$\overline{\boldsymbol{a}}(t) = \frac{\Delta \boldsymbol{v}(t)}{\Delta t} = \frac{\boldsymbol{v}(t+\Delta t) - \boldsymbol{v}(t)}{\Delta t} \tag{1.15}$$

となり，これを時刻 t 秒と時刻 $t+\Delta t$ 秒の間の**平均の加速度**と呼ぶ．しかし，この平均の加速度 $\overline{\boldsymbol{a}}(t)$ は 1.1.3 項の平均の速度 (1.8) に対応する量であり，平均の速度から瞬間の速度を定義した理由と同様の理由により**瞬間の加速度** $\boldsymbol{a}(t)$ を定義する必要がある．その定義の仕方は，やはり瞬間の速度を定義した場合と同様に，平均の加速度の定義式 (1.15) で，Δt をゼロにする極限をとればよい．

$$\boldsymbol{a}(t) = \lim_{\Delta t \to 0} \frac{\Delta \boldsymbol{v}(t)}{\Delta t} = \lim_{\Delta t \to 0} \frac{\boldsymbol{v}(t+\Delta t) - \boldsymbol{v}(t)}{\Delta t} \tag{1.16}$$

(1.16) に現れる極限は，時刻 t の関数 $\boldsymbol{v}(t)$ の導関数になっていることがわかる．したがって，実際の（瞬間の）加速度 $\boldsymbol{a}(t)$ は，微分記号を用いて

$$\begin{aligned}\boldsymbol{a}(t) &= \frac{d\boldsymbol{v}(t)}{dt} = \dot{\boldsymbol{v}}(t) \\ &= \frac{d^2\boldsymbol{r}(t)}{dt^2} = \ddot{\boldsymbol{r}}(t)\end{aligned} \tag{1.17}$$

と表される．加速度がベクトル量であることに注意し，成分を $\boldsymbol{a}(t) = a_x(t)\boldsymbol{i} + a_y(t)\boldsymbol{j} + a_z(t)\boldsymbol{k}$ と表すと，(1.17) の各成分は

$$\begin{aligned}a_x(t) &= \frac{dv_x(t)}{dt} = \dot{v}_x(t) = \frac{d^2x(t)}{dt^2} = \ddot{x}(t), \\ a_y(t) &= \frac{dv_y(t)}{dt} = \dot{v}_y(t) = \frac{d^2y(t)}{dt^2} = \ddot{y}(t), \\ a_z(t) &= \frac{dv_z(t)}{dt} = \dot{v}_z(t) = \frac{d^2z(t)}{dt^2} = \ddot{z}(t)\end{aligned} \tag{1.18}$$

と表される．また，加速度の単位は SI 単位系で $[\mathrm{m \cdot s^{-2}}]$ と表される．

〔**例題 1.4**〕 例題 1.2, 1.3 の等速円運動をしている物体について次の問いを考えてみよう．
(1) この物体の加速度 $\boldsymbol{a}(t)$ を求めよ．
(2) この物体の位置ベクトル $\boldsymbol{r}(t)$ と加速度 $\boldsymbol{a}(t)$ は常に平行で，逆向きになっていることを示せ．
（**解**）
(1) 加速度の定義 (1.17) に従い，例題 1.3 の等速円運動をしている物体の速度 $\boldsymbol{v}(t) = -4\sin(2t)\boldsymbol{i} + 4\cos(2t)\boldsymbol{j}$ を時刻 t で微分して

$$\boldsymbol{a}(t) = -8\cos(2t)\boldsymbol{i} - 8\sin(2t)\boldsymbol{j}$$

と求められる.

(2) 例題1.2の位置ベクトル $r(t) = 2\cos(2t)i + 2\sin(2t)j$ と (1) で求めた加速度 $a(t)$ の成分を比べると

$$a(t) = -4r(t)$$

となっていることがわかる.高等学校の数学で習ったように,上の式を満たすベクトル量 $a(t)$ と $r(t)$ は必ず平行で,さらに,比例係数が負なので,逆向きになっている.

例題1.4,(2) からわかるように,一般に等速円運動をしている物体の位置ベクトルと加速度は常に正反対を向いている.つまり,等速円運動をしている物体の加速度は常に円軌道の中心を向いている.このように,常に中心を向いている加速度は**向心加速度**と呼ばれる.

ここでは,加速度運動の例として等速円運動の例だけを取り上げたが,この他にも様々な加速度運動が考えられる.そのもう一つの典型例として放物運動があり,これは章末の練習問題2) の問題として挙げておいた.

1.2 運動の法則

1.1節において,物体の運動を記述するために必要な物理量「位置」,「速度」,「加速度」について説明し,それらを用いて具体的な運動の数例を考察した.これらの例で得られた結果はすべて最初に与えられた物体の位置ベクトル $r(t)$ から導き出されていた.しかし,「なぜ,このような位置ベクトルをとれるのか?」「なぜ,等速円運動や放物運動のような運動が可能なのか?」ということに関しては何の根拠も示していない.ニュートン力学で本質的な事は運動を記述するだけではなく,運動の原因を明らかにする事である.Newton は物体の運動が一般的に従うべき規則を三つの法則にまとめ,すべての物体の運動はこの法則から説明できると思った[*1)].すべての物体の運動がたった三つの法則から説明できるとは驚くべき事である! もちろん,前節で扱った等速円運動や放物運

[*1)] Newton はこの三つの法則を1687年に出版された "Philosophiae Naturalis Principia Mathematica" (一般に「プリンキピア」と呼ばれる) という著作の中で著した.もちろんこの本は力学の原典として有名な本なので,興味を引かれる読者は図書館などで探し出して読んでみるのも良い.しかし,この本を読んで力学が驚異的に理解できるようになるかどうかということは保証の限りではない.

動の位置ベクトルもこの法則から導き出すことができる．

そこで，まず，この節ではニュートン力学の核心となる三つの運動法則について説明する．この三つの運動法則では物体にかかる「力」と物体の「質量」という概念が重要になる．特に，物体にかかる力の例として，Newton は「万有引力」を発見し，それを万有引力の法則として表したことは有名である．この節ではその万有引力の法則についても説明する．

1.2.1 運動の第 1 法則（慣性の法則）

物体の運動状態は様々であるが，その中でも最も単純で，最も自然な運動状態は何か考えてみよう．まず，それは静止している状態である．「運動」といっておきながら「静止」とは矛盾しているではないかと思うかもしれない．しかし，静止という状態も速度 0 の運動状態と考えることができる．では，静止の状態も含み最も単純で，最も自然な運動状態とはどんな運動状態か？　これは 1.1 節の例で説明した等速直線運動である．では，なぜ，等速直線運動が最も単純で，最も自然な運動状態といえるのか？　これは物体に備わっている慣性という性質から説明できる．

昔,「とびだすな，車は急に止まれない」という交通標語があったが，車に限らず，どんな物体もすぐに止まることはできない．これはどんな物体にも一定の速度で運動し続けようとする性質が備わっているからである．つまり，静止している物体はずっと静止し続けようとし，運動している物体は同じ速度で運動し続けようとする．この性質を物体の**慣性**という．この慣性という性質をより明確に表した法則が**運動の第 1 法則（慣性の法則）**である．

運動の第 1 法則：　力を受けていない物体（複数の力を受けていてもそれらがつり合って，合力が 0 になっている物体）は等速直線運動（静止も含む）をする．

ここで，より明確になっているところは「力を受けていない物体，あるいは，複数の力を受けていてもそれらがつり合って，合力が0になっている物体」という限定が付いたところである．ここではまだ「力」という言葉を定義していないので，「定義していない事柄を使って説明するのはずるい」とか「インチキだ！」と思うかもしれない．また，力学について多少学んだことのある諸君は「力はこの後で出てくる運動の第2法則で定義されるから，第1法則は第2法則から導かれるものでは？」と考えるかもしれない．しかし，これらは誤解に基づく解釈である．「力が働いている運動状態」というものを定義するためには，まず，「力が働いていない運動状態」を明確にしておく必要がある[*1]．確かに力の定義は後述の運動の第2法則で与えられるが，そこでは力が働いていない運動状態（等速直線運動）を基準の運動状態とし，その状態からからはずれた運動状態を以て「力が働いている運動状態」と定義するのである．つまり，等速直線運動を基準にし，それと比べて性質の異なる運動（加速度運動）では何らかの力が働いていると考えるのである．

　また，運動の第1法則は等速直線運動が最も単純で，最も自然な運動状態であることを表している．物体は何もせずにほっておくと，静止しているか，等速直線運動しているものなのである．と言うものの，われわれの身のまわりで一定の速度で運動し続けている物体を見かけることはほとんどない．われわれは地球上に住んでおり，地球上の物体はどれも重力を受けている．この重力により，地面を走る物には摩擦力が働く．また，われわれは空気の中に住んでいるため，身の回りで運動する物体は必ず空気の抵抗力を受ける．たとえ宇宙空間に目を向けても，いろいろな天体の重力から逃れることはできない．このような複雑な力を考慮すると，この世の中で，厳密に等速直線運動をしている物体はないと言うことになってしまう．では，なぜこのように存在しないような運動を基準の運動におくのだろうか？　これは1.1.1項の質点のところで説明したように物理学の基礎に置く対象は複雑さを取り去った単純なものの方が好ましいからである．等速直線運動はこのように極めて理想化された運動状態であるが，おおよそ等速直線運動している物は想像できる．一定の速度で走って

[*1] このような論理は，熱力学で熱の出入りがある状態変化（熱的過程）を定義するときに，前もって熱の出入りのない状態変化（断熱過程）を明確にしておく必要があることと同様である．

いる自動車，宇宙空間を漂っている石，空から降ってくるスカイダイバーや雹などいろいろと挙げられる．

いずれにせよ，この第1法則は初めて学ぶものにとって受け入れにくい，あるいはとらえ所のない漠然としたものに見えるかもしれない．物理の法則にはこのようなものがしばしば現れ，結局物理全体がとらえ所のない漠然としたものに見えている学生をよく見かける．筆者はこのような状態に陥ったときとき，この漠然とした法則はあまり懐疑心なく素直に受け入れて，勉強を先に進める．そして，先のことを勉強しているうちに，「なるほど！」と思うことがよくある．今，このような状態にある読者はとりあえず第1法則はこれくらいにして，残りの二つの法則を考えてみてみよう．

1.2.2 運動の第2法則（運動方程式）

日常われわれは，物を持ち上げるとき，物を引っ張るとき，物を変形させるときに力が必要であることを知っている．しかし，「力とは何か」と聞かれるとはっきり答えられないことが多い．この問いに対する答えが**運動の第2法則（運動方程式）**である．

1.2.1項の運動の第1法則から「加速度運動している物体は（合力が 0 にならない）力を受けている」ということが正しい主張であることがわかった．では，これの逆「（合力が 0 にならない）力を受けている物体は加速度運動をする」という主張は正しいであろうか？　これは正しいも正しくないもなく，ニュートン力学ではこれを**力の定義**とするのである．つまり，力と加速度は等価なものと考えてよいのである．

ここで，力の定量的な定義をしよう．まず，日常の経験から力が「向き」と「大きさ」をもつベクトル量であることがわかる．たとえば，摩擦の小さい地面の上に物体を置き，地面に水平に一定の力を加えて引っ張ると，その物体は力が働く方に動き出し，そのまま引っ張り続けると力が働く方に速度を上げていくことがわかる（図1.8）．

したがって，物体を引っ張っている力のベクトルはこの物体に生じる加速度ベクトルと同じ向きを向いていることがわかる．一般に力 $\boldsymbol{F}$ は加速度 $\boldsymbol{a}$ と平行になるので $\boldsymbol{F} = m\boldsymbol{a}$ と書くことができる．ここで，比例係数 m は力 $\boldsymbol{F}$

1.2 運動の法則

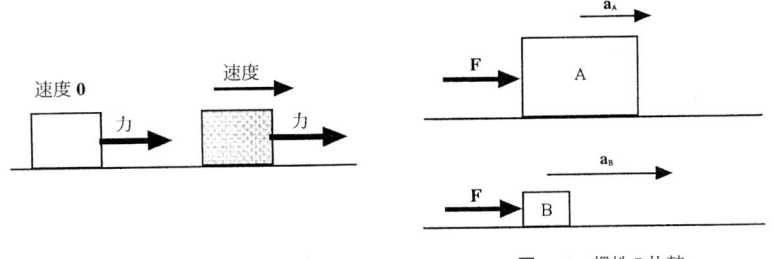

図 1.8 力を加えて物体を引っ張る

図 1.9 慣性の比較

を受けている物体の慣性の大きさを表す正の定数で，**質量**（または**慣性質量**）と呼ばれる．質量が慣性の大きさを表していることは，直線上に静止している質量 m_A の物体 A と質量 m_B の物体 B に同じ力 F を作用させて，動かしてみる例からわかる．このとき，物体 A の質量の方が大きいとする．つまり，$m_A > m_B$．上に示した式から，物体 A に生じる加速度 a_A と物体 B に生じる加速度 a_B は，それぞれ，$a_A = (1/m_A)F$ と $a_B = (1/m_B)F$ と表される（図 1.9）．$m_A > m_B$ より，加速度 a_A の大きさより加速度 a_B の大きさの方が大きいということがわかる．つまりこの例は，質量の小さい物体 B の方が質量の大きい物体 A よりも動きやすいということを表している．質量はまさに物体の慣性を表す量なのである．また，今後，質量の単位は SI 基本単位 [kg]（キログラム），力の単位は誘導単位 [N]（Newton）で表すことにする．したがって，[N] = [kg・m・s^{-2}] であることにも注意しよう．

ここまで説明したことをまとめたものが運動の第 2 法則である．つまり，

運動の第 2 法則： 質量 m の物体に力 F を作用させると，加速度 a が生じ，質量 m と力 F と加速度 a の間に方程式

$$m\,a = F \qquad (1.19)$$

が成り立つ．

方程式 (1.19) は Newton の**運動方程式**と呼ばれ，運動の 3 法則の中でも最も重

要な法則である．この運動方程式はニュートン力学の中核になっている方程式で，これ無くしては物体の運動を語ることはできない．というのも，この節の冒頭で述べた「なぜ，等速円運動や放物運動のような運動が可能なのか？」ということは運動方程式からわかることなのである．運動方程式 (1.19) の中の加速度 a にの加速度の定義式 (1.17) を代入すると

$$m\frac{d^2 r(t)}{dt^2} = m\frac{dv(t)}{dt} = F \qquad (1.20)$$

と書き換えることができる．運動方程式 (1.20) は位置ベクトル $r(t)$ および速度 $v(t)$ についての微分方程式になっていることがわかる．したがって，物体に作用している力 F がわかっていれば，運動方程式 (1.20) を解くことにより，位置ベクトル $r(t)$ および速度 $v(t)$ を時刻 t の関数として求めることができる．つまり，物体の運動はその物体にどんな力がかかっているかによって決まるものなのである．ただし，一言で微分方程式を解くといっても，これは容易なことではない．具体的な方法は 1.3 節で詳しく解説する．

1.2.3　運動の第 3 法則（作用・反作用の法則）

1.2.2 項の運動方程式は力の定義になっていることを説明したが，現実には様々な種類の力が存在する．そこで，いろいろな力がすべて満たすべき性質を表した法則がこの**運動の第 3 法則（作用・反作用の法則）**である．

運動の第 2 法則の説明で「力を受けている物体」という表現がでてきたが，ある物体が力を受けているとき，必ずその力を及ぼしている他の物体が存在する[*1]．そして，その他の物体も及ぼしている力と同じ大きさで正反対を向いた力を受けているということが運動の第 3 法則の内容である．たとえば，物体 A に力を与えるとき，その力を与える方法は「人が押す」（図 1.10）や「自動車で引っ張る」などいろいろと考えられる．図 1.10 のように人 B が物体 A に与える力を F_{BA}（これを作用と呼ぶ）とすると，必ず物体 A が人 B に及ぼす力 F_{AB}（これを反作用と呼ぶ）が存在し，それらの力の間にはベクトルの関係式

[*1] 運動方程式を考えるとき，他の物体については無視していた．もちろん，他の物体についても運動方程式を立てる必要があるが，これは話を複雑にするだけである．力学ではこのような複雑さを避けるため，作用する力だけを考え，他の物体については無視することがしばしばある．

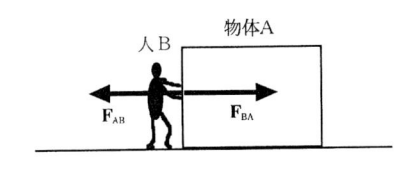

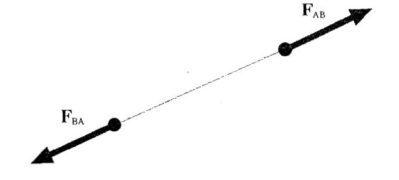

図 1.10 作用・反作用　　　図 1.11 離れている物体間の作用・反作用

$F_{BA} = -F_{AB}$ が成り立つ．これはいかなる物体間に働く力についても成り立つ事柄である．したがって，運動の第3法則は

> 運動の第3法則：　作用 F_{BA} が存在すると，必ず反作用 F_{AB} が存在し，関係式 $F_{BA} = -F_{AB}$ が成り立つ．

と表すことができる．この作用と反作用をまとめて**相互作用**という．

上の例では，物体どうし（物体Aと人B）が接している場合の相互作用を考えたが，第3法則は物体どうしが離れている場合にも成り立つ．物体どうしが離れている場合の相互作用は，身近なものでは電気的な力の相互作用や重力の相互作用などがある（図 1.11）．

以上がニュートン力学の基礎になっている法則である．

1.2.4　万有引力の法則

ニュートン力学において，運動方程式で導入された力は作用・反作用の法則を満たすものならばどんな力を考えてもよい．Newton は力の一例として，万有引力（重力）を発見した．これは Newton がリンゴが木から落ちるのをみて万有引力の存在を洞察したという逸話（真偽のほどは定かではないが，いろいろなところに「Newton のリンゴの木から株分けした木」と称される木がある…?）とともに有名な話である．この万有引力についての法則の内容は次の通りである．

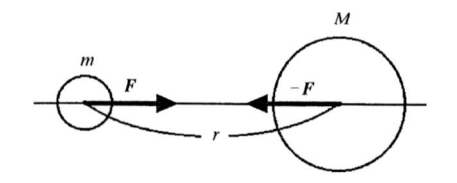

図 1.12 物体の間に作用する万有引力

> 万有引力の法則： 質量 m[kg] の物体と質量 M[kg] の物体を r[m] 隔てておいたとき，両方の物体には大きさが $F = G_N \dfrac{mM}{r^2}$ で，お互いに引っ張り合う向きの力が働く（図 1.12）．ここで，比例係数 G_N はすべての物体について共通の定数である．

万有引力の大きさ F の中に入っている，すべての物体に共通の定数 G_N は Newton の**重力定数**と呼ばれる．この定数は 1798 年に Cavendish（キャベンディッシュ）によって最初に測定され，現在でもより正確な値を求めるための測定が続けられている．最近の結果は

$$G_N = 6.673 \times 10^{-11} [\mathrm{m}^3 \cdot \mathrm{kg}^{-1} \cdot \mathrm{s}^{-2}] \tag{1.21}$$

となっている[*1]．また，万有引力の大きさ F は両物体の質量の積 mM に比例し，両物体間の距離 r の 2 乗に反比例するという言い方もある．

次の例を考えてみよう．もし万有引力の法則が本当なら，君は隣にいる彼女または彼氏と万有引力で引き合っているはずである．しかし，全く引き合っていることを感じないのはなぜか？ 答えは簡単．君が鈍感だからである．たとえば，自分の質量を 60 [kg]，彼女の質量を 50 [kg]，彼女との距離を 1 [m] として両者に働く万有引力の大きさ F を計算してみよう．

$$F = G_N \frac{mM}{r^2} = 6.673 \times 10^{-11} \times 60 \times 50 = 2.0019 \times 10^{-7} \text{ [N]}$$

[*1] Particle Data Group WWW のミラーサイト (http://ccwww.kek.jp/pdg/) の Astrophysical constants を参照．

こんなに小さい力を感知できる人間はいない．つまり，君だけが鈍感なのではなくみんな鈍感なのである．もしこんな微弱な重力でも感じてしまう人間がいたら，身の回りの重力がうっとうしくてたまらないことだろう．あ〜，鈍感でよかった．

上で述べた万有引力の法則の中で，万有引力は「大きさが $F = G_N(mM/r^2)$」，「お互いに引っ張り合う向き」のベクトル量として表されている．この万有引力を成分表示ができるベクトル的な式で表すときには次のようにする．まず，質量 M [kg] の物体から質量 m [kg] の物体へ向かう位置ベクトル r を作る（図 1.13）．もちろん，r の長さは両物体間の距離 r に等しい．つまり，$|r| = r$ である．このとき，r/r は質量 M [kg] の物体から質量 m [kg] の物体へ向く単位ベクトルになっている．図 1.13 からわかるように，質量 m [kg] の物体に働く万有引力 F は単位ベクトル r/r と互いに平行で，逆向きになっている．したがって，質量 m [kg] の物体に働く万有引力 F はベクトル量として

$$F = -F\frac{r}{r} = -G_N \frac{mM}{r^2} \frac{r}{r} \tag{1.22}$$

と表すことができる．また，この力と正反対の力 $-F$ が質量 M [kg] の物体に働き，これは質量 m [kg] の物体に働く万有引力 F の反作用になっていることにも注意しよう．つまり，万有引力は運動の第 3 法則を満たす力になっている．

次に地球の万有引力を考えてみよう．われわれは地球上に居る限り，地球からの万有引力を受けることになる[*1]．地球上の物体に働く地球の万有引力を**重力**と呼ぶ[*2]．われわれ自身にかかる重力の大きさは，自分の質量 m [kg] に重力加速度と呼ばれる定数 $g \approx 9.8 \, [\text{m·s}^{-1}]$ をかけた値 mg になる．重力は万有引力の一種であるにもかかわらず，万有引力の大きさ $G_N(mM/r^2)$ と形が異なることがわかる．最も注意すべき点は重力の大きさは定数であるのに対し，地

[*1] より正確には，地球の万有引力だけでなく，地球の自転による遠心力や Coriolis（コリオリ）の力を受けるが，ここでは複雑になることを避けるため，万有引力以外の力は考慮せずに話を進める．

[*2] この呼び方はあまり一般的ではなく，現在，重力という言葉はもっと広い意味で使われている．たとえば，万有引力の法則に基づいた理論を Newton の重力理論と呼ぶこともある．また，Newton の重力理論をその中に含む，より広い理論として挙げられる一般相対論は Einstein（アインシュタイン）の重力理論と呼ばれるが，地球上の物体にかかる力や運動に限定された内容の理論ではなく，天体や宇宙空間を扱う理論である．

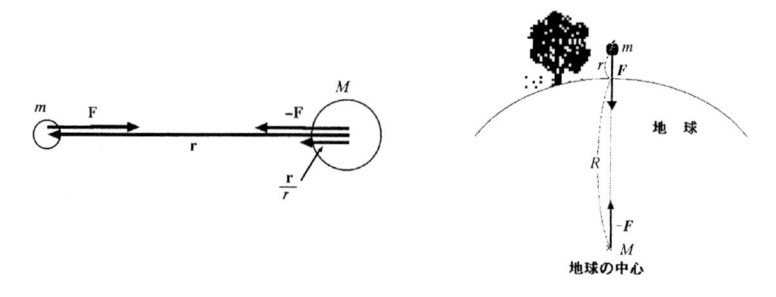

図 **1.13** 物体の間に作用する万有引力 2　　　図 **1.14** 地球上の物体に働く重力

球の万有引力の大きさは地球の中心からその物体までの距離 r の関数になっている点である．この違いは地球の万有引力から地表近くにある物体に働く重力を導いてみることで理解できる．

図 1.14 のように，地表近くで落下運動する，質量 m [kg] の物体にかかる地球の万有引力を考えてみよう．このとき，地球は質量 M [kg]，平均半径 R [m] の球体として考える．質量 m [kg] の物体が地面から r [m] のところにあるとき，万有引力の法則より，この物体にかかる地球の万有引力の大きさ F は

$$F = G_N \frac{mM}{(R+r)^2} = G_N \frac{mM}{R^2(1+\frac{r}{R})^2} \tag{1.23}$$

となる[*1]．式 (1.23) の右辺の分母にある r/R は地球の平均半径 $R = 6.378140 \times 10^6$ [m] に対する物体の地面からの距離 r [m] の比である．この物体が落下するにつれ r は変化するが，地表近くで起こる落下運動はせいぜい数 [m] 程度の距離であろう．したがって，r/R は 1 に比べ非常に小さい量であり，式 (1.23) の中で無視できる．結局，質量 m [kg] の物体にかかる地球の万有引力の大きさは

$$F = G_N \frac{mM}{R^2} \tag{1.24}$$

となり，これは重力定数 G_N，地球の質量 M，地球の平均半径 R および物体の質量の値により決まる定数であることがわかる．また，式 (1.24) は次の形に

[*1] この状況において，地球を質点とみなし万有引力の法則を用いることは，一見，妥当ではないように思える．しかし，球対称な物体がその外側に作る重力場を計算してみると，その物体の質量が中心に集中した質点が周りに作る重力場と等価であることが示せる．つまり，球体の外側で万有引力の法則を用いる限り，質点の場合と同様な形で適用できるのである．

まとめられる．

$$F = mg , \quad g = \frac{G_N M}{R^2} \tag{1.25}$$

ここで，定数 g は地球上での**重力加速度**と呼ばれ，地球上で落下運動するすべての物体に共通に生じる加速度の大きさで，定数になっている．式 (1.25) から，地球上での重力加速度 g は，重力定数 $G_N = 6.673 \times 10^{-11} [\mathrm{m}^3 \cdot \mathrm{kg}^{-1} \cdot \mathrm{s}^{-2}]$，地球の質量 $M = 5.974 \times 10^{24} [\mathrm{kg}]$，地球の平均半径 $R = 6.378140 \times 10^6 [\mathrm{m}]$ を代入し[*1)]，具体的に求めると

$$g = \frac{6.673 \times 10^{-11} \times 5.974 \times 10^{24}}{6.378140^2 \times 10^{12}} \approx 9.7994 \; [\mathrm{m} \cdot \mathrm{s}^{-2}] \tag{1.26}$$

この値は約 $9.8 \, [\mathrm{m} \cdot \mathrm{s}^{-2}]$ と記憶しておくと便利である．

また，(1.25) の重力の大きさ $F = mg$ は地球上にある質量 $m\,[\mathrm{kg}]$ の物体の**重さ**を表していることにも注意してほしい．人の体重を計る体重計などは地球の重力の大きさを計る機械である．たとえば，質量 $60\,[\mathrm{kg}]$ の人にかかる重力の大きさは $588\,[\mathrm{N}]$ となる．しかし，ふつう体重計の目盛りは質量に換算した値が書かれているため，質量 $60\,[\mathrm{kg}]$ の人の体重は $60\,[\mathrm{kg}\, 重]$ という読みになるのである．

1.3　運動方程式を解く

前節で説明した運動の 3 法則と万有引力の法則に基づき，実際に力学の問題を考えてみよう．ここで，最もよく使う法則は運動の第 2 法則（運動方程式）(1.20) である．この運動方程式から，物体に作用している力 $\boldsymbol{F}$ がわかれば，この物体に生じる加速度が

$$\frac{d^2 \boldsymbol{r}(t)}{dt^2} = \frac{d\boldsymbol{v}(t)}{dt} = \frac{1}{m}\boldsymbol{F} \tag{1.27}$$

でわかり，さらに，この微分方程式を解くことによって，物体の速度 $\boldsymbol{v}(t)$ や位置 $\boldsymbol{r}(t)$ を時刻 t の関数として具体的に表すことができる．つまり，物体に作

[*1)] これらの値は Particle Data Group WWW のミラーサイト (http://ccwww.kek.jp/pdg/) の Astrophysical constants を参照．

用している力がわかれば，その物体がどのような運動をするかがすべてわかるのである．

ニュートン力学において，物体にかかりうる力 F は運動の第3法則（作用・反作用の法則）を満たすものであれば何を考えてもよい．もちろん，一番簡単な場合は F が一定のベクトルになっている場合である．また，F が時刻 t や物体の位置 $r(t)$ や物体の速度 $v(t)$ の関数ベクトルになっている場合もある．これら以外の F が物体にかかるときには運動方程式を解くことが非常に難しくなる場合がある[*1]．詳しいことはこれから徐々に説明してゆく．物体にかかる力がわかった後，運動方程式を解く手順は次の通りである

(1) 運動方程式を解きやすい向きに座標を設定し，その座標の上で力を成分表示する．

(2) 運動方程式を各成分ごとに書き下し，それを解いて物体の位置 $r(t)$ や物体の速度 $v(t)$ を時刻 t の関数（一般解）として求める．

(3) (2)で求めた位置 $r(t)$ や速度 $v(t)$ には任意定数（積分定数）が含まれているので，それを決めるために必要な条件（初期条件）が何かを見つける．

(4) 位置 $r(t)$ や速度 $v(t)$ を吟味し，その物体の軌跡や速度変化の様子を考える．

このようなことをふまえて，実際に物体の運動の例を考えてみよう．

1.3.1 放物運動

地球上で質量 m [kg] の物体を放り投げるとどのような運動をするか考えてみよう．まず，この物体に作用する力は，1.2.4項で説明したように，地球の重力が考えられる（図1.15）．他に空気抵抗力が考えられるが，まずは地球の重力の大きさに比べ小さく，無視できるものとする（空気抵抗力を考慮した場合は後の節で説明する）．次に，座標は図1.15にあるように，地面のある点を原点とし，XY 平面を地面にとり，鉛直上向きに Z 軸をとる．このとき，この物体にかかる重力 F の成分は

$$F = -mg\,\boldsymbol{k} \tag{1.28}$$

[*1] 運動方程式に代入する力の形によっては (1.27) の微分方程式が簡単に解けない場合もある．しかし，ここでは解ける場合のみを扱うので，心配することはない．

1.3 運動方程式を解く

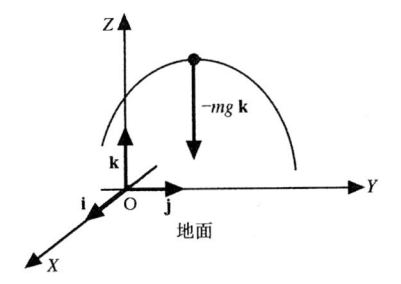

図 1.15 放物運動

と書ける.もちろん,g は重力加速度の大きさであり,$\boldsymbol{k}$ は Z 軸方向の基本ベクトルである.これを,運動方程式 (1.20) に代入すると,

$$m \frac{d^2\boldsymbol{r}(t)}{dt^2} = m \frac{d\boldsymbol{v}(t)}{dt} = -mg\,\boldsymbol{k} \tag{1.29}$$

を得る.式 (1.29) の位置 $\boldsymbol{r}(t)$ および速度 $\boldsymbol{v}(t)$ を $\boldsymbol{r}(t) = x(t)\,\boldsymbol{i} + y(t)\,\boldsymbol{j} + z(t)\,\boldsymbol{k}$ および $\boldsymbol{v}(t) = v_x(t)\,\boldsymbol{i} + v_y(t)\,\boldsymbol{j} + v_z(t)\,\boldsymbol{k}$ と書いて,各成分を比較すると,運動方程式は X 軸方向,Y 軸方向,Z 軸方向の各成分に分けられる.

$$\begin{aligned} X \text{ 成分}: \quad & m\frac{d^2x(t)}{dt^2} = m\frac{dv_x(t)}{dt} = 0 \\ Y \text{ 成分}: \quad & m\frac{d^2y(t)}{dt^2} = m\frac{dv_y(t)}{dt} = 0 \\ Z \text{ 成分}: \quad & m\frac{d^2z(t)}{dt^2} = m\frac{dv_z(t)}{dt} = -mg \end{aligned} \tag{1.30}$$

(1.30) の運動方程式の X 成分を解いてみよう.これは次の二つの微分方程式に分けられる.

$$\frac{dv_x(t)}{dt} = 0 \tag{1.31}$$

$$\frac{dx(t)}{dt} = v_x(t) \tag{1.32}$$

まず,(1.31) の微分方程式は右辺が定数になっているため,両辺を t で不定積分することにより簡単に解ける.

$$\int \frac{dv_x(t)}{dt}dt = 0 \implies \boxed{v_x(t) = V_x} \tag{1.33}$$

ここで，V_x は式 (1.31) の不定積分を計算する事により現れる積分定数である．(1.33) からわかるように，この物体の速度の X 成分 $v_x(t)$ は時刻 t に依らず一定になっている．次に，(1.33) で求めた $v_x(t)$ を式 (1.32) に代入し，両辺を t で不定積分すると，$x(t)$ が時刻 t の関数として求まる．

$$\int \frac{dx(t)}{dt} dt = V_x \int dt \Longrightarrow \boxed{x(t) = V_x\, t + X_0} \tag{1.34}$$

ここで，X_0 は両辺を不定積分する事により現れる積分定数である．(1.34) からわかるように，$x(t)$ は積分定数 V_x と X をそれぞれ傾きと切片とする t の1次関数になっている．つまり，この物体は X 軸の方向へ等速度運動をすることがわかる．また，運動方程式の Y 成分は X 成分と全く同じ形なので，同様にして解けて，速度の Y 成分 $v_y(t)$ と位置の Y 成分 $y(t)$ は

$$\boxed{v_y(t) = V_y}$$

$$\boxed{y(t) = V_y\, t + Y_0} \tag{1.35}$$

となる．ここで，V_y と Y_0 はそれぞれ不定積分により現れる積分定数である．

さらに，(1.30) の Z 成分は

$$\frac{dv_z(t)}{dt} = -g \tag{1.36}$$

$$\frac{dz(t)}{dt} = v_z(t) \tag{1.37}$$

と分けられ，(1.36) の両辺を t で不定積分すると

$$\int \frac{dv_z(t)}{dt} dt = -g \int dt \Longrightarrow \boxed{v_z(t) = -gt + V_z} \tag{1.38}$$

(1.38) を (1.37) に代入し，両辺を t で不定積分すると

$$\int \frac{dz(t)}{dt} dt = \int (-gt + V_z)\, dt \Longrightarrow \boxed{z(t) = -\frac{g}{2}t^2 + V_z t + Z_0} \tag{1.39}$$

となる．もちろん，V_z と Z_0 はそれぞれ不定積分により現れる積分定数である．

(1.33), (1.34), (1.35), (1.38), (1.39) の結果をまとめると，この物体の速度 $\boldsymbol{v}(t)$ と位置 $\boldsymbol{r}(t)$ はそれぞれ

$$\boldsymbol{v}(t) = V_x\,\boldsymbol{i} + V_y\,\boldsymbol{j} + (-gt + V_z)\,\boldsymbol{k} \tag{1.40}$$

および

$$\boldsymbol{r}(t) = (V_x\,t + X_0)\,\boldsymbol{i} + (V_y\,t + Y_0)\,\boldsymbol{j} + \left(-\frac{g}{2}t^2 + V_z t + Z_0\right)\boldsymbol{k} \tag{1.41}$$

となる．ここまで，(1.30) の運動方程式を機械的に解いて，この物体の速度 $\boldsymbol{v}(t)$ と位置 $\boldsymbol{r}(t)$ が時刻 t の関数として表されることがわかったが，(1.40) と (1.41) を眺めてこの物体がどのような運動をするかわかるであろうか？ 特に，この物体の軌跡はどんな形になるであろうか？ これは (1.40) と (1.41) の中にある積分定数 $V_x, V_y, V_z, X_0, Y_0, Z_0$ をそれぞれ決めなければわからないことである．しかし，これは運動方程式 (1.30) からわかることではなく，他の条件を考えなければならない．

一般に，積分定数を決めるためには，物体が運動し始めるときの状態を指定する条件が必要になる．つまり，時刻 $0\,[\mathrm{s}]$ の時の物体の速度 $\boldsymbol{v}(0)$ と位置 $\boldsymbol{r}(0)$ の値を指定する条件により積分定数は決まる．この条件を**初期条件**という．初期条件の取り方は状況によりいろいろ考えられるので，その都度適切なものを自分で見つけなければならない．たとえば，ここで考えている放物運動の場合，時刻 $0\,[\mathrm{s}]$ に地面にとった原点（$\boldsymbol{r}(0) = \boldsymbol{0}$）から速度 $\boldsymbol{v}(0) = \boldsymbol{i} + \sqrt{3}\,\boldsymbol{k}$ で投げ上げるという初期条件をとることができる（図 1.16）．これらの条件を (1.40) と (1.41) に代入し，各成分を比べると

$$V_x = 1, \quad V_y = 0, \quad V_z = \sqrt{3},$$

$$X_0 = Y_0 = Z_0 = 0 \tag{1.42}$$

となることがわかる．(1.42) を (1.40) と (1.41) にそれぞれ代入すると

$$\boldsymbol{v}(t) = \boldsymbol{i} + (-gt + \sqrt{3})\,\boldsymbol{k} \tag{1.43}$$

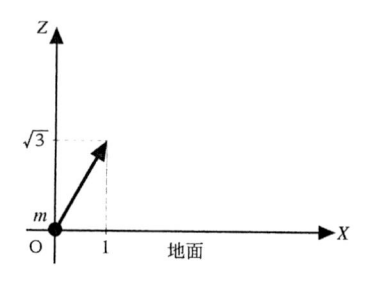

図 **1.16** 放物運動（投げ上げ）

および

$$\boldsymbol{r}(t) = t\,\boldsymbol{i} + \left(-\frac{g}{2}t^2 + \sqrt{3}t\right)\boldsymbol{k} \tag{1.44}$$

となる．(1.43) と (1.44) を見ると，この場合の物体の運動は XZ 平面内だけで起こり，例題 1.1 で考えた放物運動であることがわかる（図 1.16 を参照）．(1.44) の位置の X 成分 x と Z 成分 z から時刻 t を消去して，軌跡の方程式を求めると

$$z = -\frac{g}{2}x^2 + \sqrt{3}\,x \tag{1.45}$$

この放物線のグラフは図 1.17 になる．

1.3.2　万有引力が作用する物体の運動

1.3.1 項で解説した放物運動は万有引力（重力）が働く運動の一例であったが，1.2.4 項で説明した一般の万有引力を受けて運動する物体の例を考えてみよう．この例としては天体の運動がよく挙げられる．太陽の周りを回る惑星の運動や，惑星の周りを回る衛星や人工衛星の運動などがその例である．ここでは太陽の周りを回る一つの惑星の運動を例に取って考えてみる．実際に太陽の周りを回る惑星は 9 個あるが，それらが万有引力を及ぼし合いながらする運動はかなり複雑になるので，ここでは太陽対 1 個の惑星で考える．太陽の質量を M [kg]，惑星の質量を m [kg] とし，太陽の中心を座標の原点ととり，太陽から惑星に向かう位置ベクトルを $\boldsymbol{r}$ とすると，万有引力の法則より，惑星の運動方程式は

$$m\frac{d^2\boldsymbol{r}}{dt^2} = -G_N\frac{mM}{r^2}\frac{\boldsymbol{r}}{r} \tag{1.46}$$

1.3 運動方程式を解く

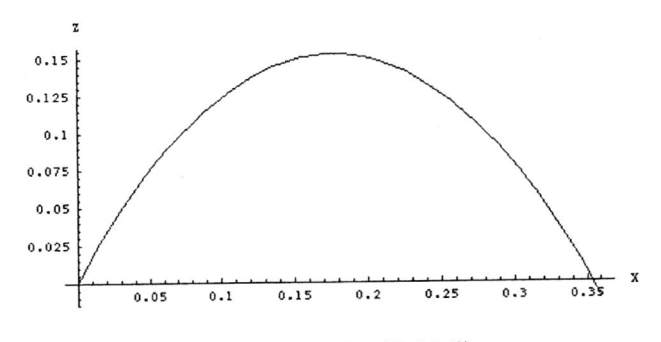

図 1.17 放物運動 2（投げ上げ）

となる．この節の冒頭で説明したように，(1.46) を各成分に分けそれぞれを解くことは，かなり手間のかかる計算が必要である．したがって，ここではその結果だけを説明する[*1]．

まず，(1.46) から，惑星の運動は太陽を含む平面内のみで起こることがわかる．その平面内で，(1.46) の一般解として得られる惑星の軌跡は**双曲線，放物線，楕円**の三つの場合があり，これらは初期条件の取り方によって分類される．実際，惑星は太陽のまわりを回っているため，その軌跡は楕円であることがわかる．しかし，この結果は Newton が万有引力を発見する以前 (1609 年) に，Kepler が惑星の運行についての観測データから導き出していた．さらに Kepler はこの惑星の楕円軌道の性質を研究し，次の三つの法則にまとめた．

第 1 法則　惑星は太陽を焦点とする楕円軌道を描く．
第 2 法則　惑星の描く**面積速度**は一定である．
第 3 法則　各惑星の周期の 2 乗は，楕円の長軸半径の 3 乗に比例する．

ここで，面積速度という量は楕円の焦点（太陽）と惑星を結ぶ直線が単位時間内に掃く部分の面積で，後の章で説明する角運動量の大きさに比例する（図 1.18）．もちろん，この三つの法則はすべて (1.46) の運動方程式の一般解から導き出すことができる．

[*1]　詳しい計算は，たとえば，高野義郎：力学（朝倉書店，1980）などに示されている．

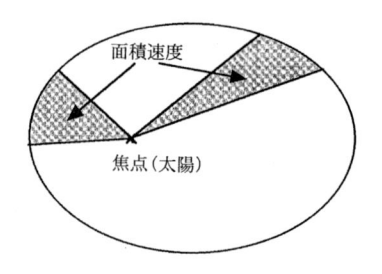

図 1.18 面積速度

1.3.3 抵抗力が作用する物体の運動

抵抗力は物体の運動を妨げる力である．一概に抵抗力といっても，空気中を運動している物体が空気から受ける抵抗力，液体中を運動している物体が液体から受ける抵抗力，地面の上を運動している物体が地面から受ける摩擦力など様々な種類の抵抗力が存在し，そのかかり方も様々である．

ここでは，典型的な抵抗力として知られている**粘性抵抗力**を受ける物体の運動と**慣性抵抗力**を受ける物体の運動について考えてみることにする．

a. 粘性抵抗力を受ける物体の運動

空気や水のような気体や液体はまとめて，**流体**と呼ばれる．この流体には**粘性**という物に貼り付こうとする性質があり，これは「粘りけ」などとも呼ばれる性質である．粘性の強さは流体の種類や温度などにより決まり，**粘性率 (粘度)** という量で表される．また，粘性を持つ流体を**粘性流体**と呼ぶ[*1)]．

空気や水には粘りけがあるようには思いにくいが，実際，それらの粘性率を実験で測定してみると，ある程度の粘性があることがわかる．この粘性は空気中や水中を運動する物体にその運動を妨げようとする抵抗力として働き，この抵抗力は粘性抵抗力と呼ばれる．粘性抵抗力は流体中を運動する物体の速度が比較的小さいときには，その速度に比例し，正反対の向きに働くことが知られている．つまり，流体中を運動する物体の速度が v の場合，その物体に働く粘性抵抗力 F は

$$F = -kv \quad (k > 0) \tag{1.47}$$

と表される．ここで，k は流体の粘性率，物体の形および大きさにより決まる

[*1)] 流体の粘性については，第 4 章で詳しく解説される．

図 1.19 速度に比例した抵抗力を受けながら運動する物体

比例定数である.特に,流体の粘性率が η,物体が半径 R の球体である場合には

$$k = 6\pi\eta R \tag{1.48}$$

となる.(1.48) の定数 k を粘性抵抗力を表す式 (1.47) に代入した式 $\boldsymbol{F} = -6\pi\eta R\boldsymbol{v}$ は **Stokes の法則**として知られ,薬剤学などでよく用いられることがある[*1].

簡単な例として,式 (1.47) で与えられた,速度 $\boldsymbol{v} = \boldsymbol{v}(t)$ に比例した抵抗力のみを受ける質量 m の物体の運動を考えてみよう(図 1.19).まず,この物体の運動方程式は

$$m\frac{d^2\boldsymbol{r}}{dt^2} = m\frac{d\boldsymbol{v}}{dt} = -k\boldsymbol{v} \tag{1.49}$$

となる.ここで,$\boldsymbol{r} = \boldsymbol{r}(t)$ は適当な座標における,物体の位置ベクトルである.上でも指摘したように,この物体に働く抵抗力は必ず運動方向 (速度) と平行になるので,この物体の運動は直線上に限定される.したがって,その運動方向に X 軸をとれば,(1.49) の運動方程式は X 成分だけを考えればよい(もちろん,Y 成分と Z 成分は恒等的に 0 となる.図 1.19 を参照).この物体の時刻 t における位置の X 成分を $x = x(t)$,速度の X 成分を $v_x = v_x(t)$ とすると,(1.49) の運動方程式は

$$m\frac{d^2x}{dt^2} = m\frac{dv_x}{dt} = -kv_x \tag{1.50}$$

となる.(1.50) の運動方程式を速度 $v_x = v_x(t)$ について解いてみよう.(1.50) は v_x について,変数分離形の常微分方程式なので

$$\frac{dv_x}{v_x} = -\frac{k}{m}dt \tag{1.51}$$

と変形できる.(1.51) の両辺を不定積分すると

[*1] Stokes の法則についても第 4 章で詳しく解説される.

$$\int \frac{dv_x}{v_x} = -\frac{k}{m}\int dt \quad \Longrightarrow \quad \ln v_x = -\frac{k}{m}t + C \qquad (1.52)$$

となる．この式中の ln は自然対数を表していて，この後もこの表記を用いていく[*1)]．また，(1.52) の C は積分定数である．式 (1.52) を速度 v_x について解いてみると

$$v_x = Ae^{-\frac{k}{m}t} \qquad (1.53)$$

となり，速度 v_x が時刻 t の関数として求まる．式 (1.52) 中の A は積分定数を $A = e^C$ と取り直したものである．この積分定数は初期条件により決めることができる．ここでは，「この物体が流体中を，時刻 $t=0$ 秒に X 軸の正の向きに速速さ v_0 で運動し始める」という初期条件の下で考えてみよう（図 1.19 参照）．式 (1.52) にこの初期条件を代入すると，$A = v_0$ が求まり，これを式 (1.52) に代入すると

$$v_x = v_0 e^{-\frac{k}{m}t} \qquad (1.54)$$

が求まる．これが，速度 v_x に比例した抵抗力を受ける質量 m の物体の速度変化の様子である．式 (1.54) をグラフにすると図 1.20 になる．ここで，$t=0$ 秒に速度 v_0 で運動し始めた物体は，速度に比例した抵抗力を受けてだんだん遅くなり，十分時間がたてば $(t \to \infty)$，止まってしまう $(v_x \to 0)$ 様子がわかる．

次に，この物体が静止するまでにどのくらいの距離を進むかを調べるために，時刻 t における X 軸上の位置 $x = x(t)$ を求めてみよう．位置と速度の関係式 $dx/dt = v_x$ に (1.54) の結果を代入し，両辺を時刻 t で不定積分すると

$$x = \int v_x dt = v_0 \int e^{-\frac{k}{m}t}dt = -\frac{mv_0}{k}e^{-\frac{k}{m}t} + C \qquad (1.55)$$

ここで現れた積分定数 C は，再び，初期条件から決められる定数である．ここでは，「この物体が流体中を，時刻 $t=0$ 秒に X 軸の原点 $x=0$ から運動し始める」という初期条件の下で考えてみよう（図 1.19 参照）．式 (1.55) にこの初

[*1)] 自然対数に初めて出会った読者へ．自然対数とは，$e = \lim_{n\to\infty}\left(1+\frac{1}{n}\right)^n = 2.71828\cdots$ で定義される無理数（Napier 数）を底とする対数である．

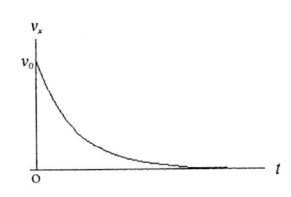

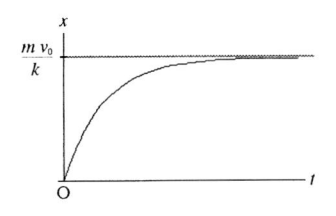

図 1.20 速度 v_x に比例した抵抗力を受けるの物体の速度変化

図 1.21 速度に比例した抵抗力を受ける物体の位置変化

期条件を代入すると，$C = (mv_0)/k$ が求まり，これを式 (1.55) に代入すると

$$x = \frac{mv_0}{k}\left(1 - e^{-\frac{k}{m}t}\right) \tag{1.56}$$

が得られる．この結果をグラフにしてみると図 1.21 になる．このグラフの中に漸近線 $x = (mv_0)/k$ が存在することから，この物体は十分時間がたって ($t \to \infty$)，静止するまでに約 $(mv_0)/k$ の距離を進む ($x \to (mv_0)/k$) ことがわかる．さらに，この物体は距離 $(mv_0)/k$ を越えることはできないことも注目すべき結果である．

ここまで考えてきた例では，速度に比例した抵抗力のみを考慮してきた．しかし，地球上で物体の運動を考えるときには，地球の重力を考慮する必要がある．その一例として，自由落下の例を考えてみよう．鉛直下向きにとった座標の原点から，その速度 v に比例する粘性抵抗力 $-kv$ を受けながら自由落下する，質量 m の物体について運動方程式は

$$m\frac{dv}{dt} = mg - kv \tag{1.57}$$

である．これを速度 v について解くと

$$v = \frac{mg}{k}\left(1 - e^{-\frac{k}{m}t}\right) \tag{1.58}$$

となる．この式から，速度 v と時刻 t の関係を表すグラフ図 1.22 が得られる．このグラフには $v = (mg)/k$ に漸近線が存在し，この速度はちょうど重力と粘性抵抗力がつり合ったときの速度（**終端速度**）として知られている．

以上の例よりも複雑な運動として，「粘性抵抗力を受けながら運動する放物体」の例などが挙げられるが，式が複雑になりページ数の制限があるため，ここで

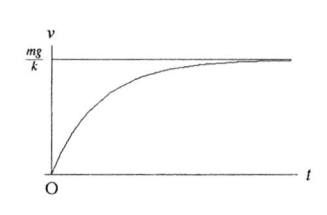

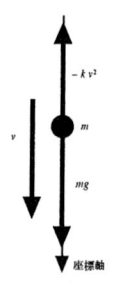

図 1.22 粘性流体中の自由落下 　　図 1.23 速度の 2 乗に比例した抵抗力を受
けながら運動する物体

は省くことにする．しかし，興味のある読者はここの例および放物運動の例を参考にして考えてみてほしい．(練習問題 3) を参照）

b. 慣性抵抗力を受ける物体の運動

粘性流体中を運動する物体が受ける抵抗力はここまでに説明した粘性抵抗力だけではなく，この物体のまわりに生じる粘性流体の渦の影響で速度の 2 乗に比例する抵抗力（慣性抵抗力）を考えなければならない場合がある．しかし，この物体についての運動方程式をたて，それを解くとなるとかなり複雑になるため，ここでは自由落下の例のみを説明する．

その速度 $v = v(t)$ の 2 乗に比例した抵抗力 $-kv^2$ （k は比例定数）を受けながら自由落下する，質量 m の物体の運動方程式は

$$m\frac{dv}{dt} = mg - kv^2 \tag{1.59}$$

このとき，座標軸は図 1.23 のようにとった．運動方程式 (1.59) を，初期条件「時刻 $t = 0$ で $v = 0$」の下で解くと

$$v = \sqrt{\frac{mg}{k}} \tanh\left(\sqrt{\frac{kg}{m}}t\right) = \sqrt{\frac{mg}{k}} \frac{\exp\left(\sqrt{\frac{kg}{m}}t\right) - \exp\left(-\sqrt{\frac{kg}{m}}t\right)}{\exp\left(\sqrt{\frac{kg}{m}}t\right) + \exp\left(-\sqrt{\frac{kg}{m}}t\right)} \tag{1.60}$$

が得られる[*1]．(1.60) をグラフにしたものが図 1.24 である．速度に比例した

[*1] $\tanh X = \dfrac{\exp X - \exp(-X)}{\exp X + \exp(-X)}$, $\exp X = e^X$ を用いて表した．

図 1.24 速度 v の 2 乗に比例した抵抗力を受ける物体の速度変化

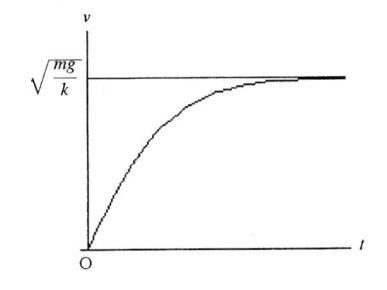

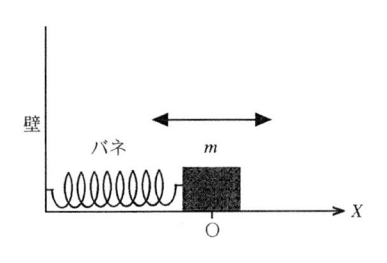

図 1.25 ばねに取り付けた物体の運動

抵抗力を受ける物体の場合と同様に，この場合も $v = \sqrt{(mg)/k}$ に漸近線が存在し，これが終端速度になっている．しかし，ルートが付いている分だけ速度に比例した抵抗力を受ける物体の場合よりもその値は小さくなることに注意してほしい．

1.3.4 　単 振 動

ここではばねに取り付けた物体の往復運動の例を考えてみよう．取り付け方はいろいろと考えられるが，ここでは，図 1.25 のようにばね定数 k のばねの一端に質量 m の物体の物体を取り付け，もう一端を壁に固定し，床の上に置いて X 軸方向に往復運動（**単振動**）させる場合を考えよう．X 軸の原点 O はばねが自然長になってるときの物体の位置にとり，その原点 O からの変位を $x = x(t)$ ととることにする．物体がばねから受ける力は，Hooke の法則より，$-kx$ となる．また，この床は非常に滑らかで物体との間に生じる摩擦は無視できるものとし，また，空気の粘性抵抗力も無視できるものとする．したがって，この物体についての運動方程式は

$$m\frac{d^2x}{dt^2} = -kx \tag{1.61}$$

と表される．

単振動の運動方程式 (1.61) を解いてみよう．まず，$\omega = \sqrt{k/m}$ という量を導入し，運動方程式 (1.61) を $(d^2x)/(dt^2) + \omega^2 x = 0$ と書き換える．この運動方程式は定数係数 2 階常微分方程式になっていて，その一般解は

$$x = C_1 \sin(\omega t) + C_2 \cos(\omega t) \tag{1.62}$$

となる[*1)]. ここで, C_1 と C_2 はそれぞれ積分定数である. 式 (1.62) は三角関数の合成公式を用いると

$$x = A \sin(\omega t + \alpha) \tag{1.63}$$

となる. ここで現れた A と α はそれぞれ式 (1.62) の積分定数を $A = \sqrt{C_1^2 + C_2^2}$ と $\cos\alpha = C_1/A$, $\sin\alpha = C_2/A$ と書き換えたものである. これらの積分定数 A, α は初期条件により値が決定される量であるが, それぞれ単振動の**振幅**と**初期位相**と呼ばれる. 振幅は単振動している物体が原点から最大に離れた位置までの距離を表す量であり, 初期位相は時刻 $t = 0$ にその物体が居る位置を角度に換算した量である.

また, 式 (1.63) で現れた三角関数の性質から, 次のような単振動の性質を表す物理量がわかる. まず, 三角関数は 2π を基本周期とする周期関数であること $\sin(\omega t + \alpha) = \sin(\omega t + \alpha + 2\pi)$ から $\sin(\omega t + \alpha) = \sin(\omega(t + 2\pi/\omega) + \alpha)$ となり, $T = 2\pi/\omega = 2\pi\sqrt{m/k}$ が単振動の**基本周期**, つまり, 物体が 1 往復する間の時間になっていることがわかる. この基本周期は物理量としては時間なので, その単位は SI 単位系で [s] となる. 次に, この物体が 1 秒間にする往復回数 f は, $f = 1/T = \omega/2\pi = 1/2\pi\sqrt{k/m}$ で与えられ, 単振動の**振動数**と呼ばれる. この振動数の単位は, 基本周期の逆数なので, SI 単位系では [s^{-1}] であるが, [Hz] (ヘルツ) という誘導単位が一般的に使われることが多い. また, $\omega = 2\pi f = \sqrt{k/m}$ は**角振動数**と呼ばれる.

1.3.5 減衰振動

1.3.4 項で考察した単振動では物体に働く空気の粘性抵抗力は無視していた. しかし, 地球上で考える物体の振動運動では空気の粘性抵抗力を考慮する必要がある. この項では速度 v に比例する抵抗力 $-cv = -c(dx/dt)$ (c は正の定数) を考慮した振動運動を考えてみる.

[*1)] 数学の授業で, まだ, 定数係数 2 階常微分方程式を習っていない読者は公式と思ってよい. この公式が正しいかどうか疑わしいという場合には, $\dfrac{d^2x}{dt^2} + \omega^2 x = 0$ の左辺に (1.62) を代入し 0 になることを確かめればよいであろう.

1.3 運動方程式を解く

まず，運動方程式は (1.61) に抵抗力 $-c(dx/dt)$ を加え

$$m\frac{d^2x}{dt^2} = -kx - c\frac{dx}{dt} \tag{1.64}$$

となる．この運動方程式は $\omega = \sqrt{k/m}$, $\gamma = c/2m$ とおいて

$$\frac{d^2x}{dt^2} + 2\gamma\frac{dx}{dt} + \omega^2 x = 0 \tag{1.65}$$

と書き換える．運動方程式 (1.65) は，単振動の運動方程式と同様，定数係数 2 階常微分方程式になっている．運動方程式 (1.65) を解くとき，その一般解は係数 ω と γ の大小関係により分類される．

i) $\gamma^2 < \omega^2$ の場合：$x = e^{-\gamma t}\left\{C_1 \sin\left(\sqrt{\omega^2 - \gamma^2}\,t\right)\right.$
$\left. + C_2 \cos\left(\sqrt{\omega^2 - \gamma^2}\,t\right)\right\}$

ii) $\gamma^2 = \omega^2$ の場合：$x = (C_1 t + C_2)\,e^{-\gamma t}$

iii) $\gamma^2 > \omega^2$ の場合：$x = e^{-\gamma t}\left\{C_1 \exp\left(-\sqrt{\gamma^2 - \omega^2}\,t\right)\right.$
$\left. + C_2 \exp\left(\sqrt{\gamma^2 - \omega^2}\,t\right)\right\}$

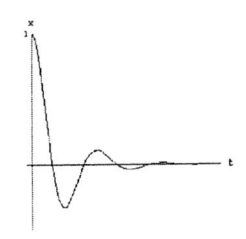

i) 減衰振動

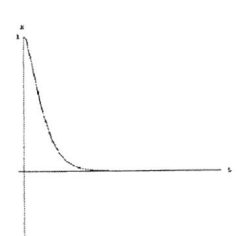

ii) 臨界減衰

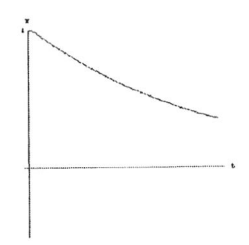

iii) 過減衰

図 **1.26** 初期条件「$x(0) = 1, \dfrac{dx}{dt}(0) = 0$」の下で求めた運動方程式 (1.65) の解

ここで，C_1, C_2 はそれぞれ積分定数である．初期条件「$x(0) = 1, dx/dt(0) = 0$」により積分定数を決めて，i)〜iii) をグラフにしたものが図 1.26 である．i) は**減衰振動**と呼ばれる現象で，振幅が減少しつつ振動する．また，単振動の周期 $T = 2\pi/\omega$ に対応する量が $T = 2\pi/\sqrt{\omega^2 - \gamma^2}$ になっていることがわかる．ii) は**臨界減衰**と呼ばれる現象で，この場合は振動せずに止まる．この現象は天秤をつり合わせるときに利用される．iii) は**過減衰**と呼ばれる現象で，この場合は振動せずにゆっくりと止まる．

練 習 問 題

1) 運動する物体の位置ベクトル $\boldsymbol{r} = x\boldsymbol{i} + y\boldsymbol{j} + z\boldsymbol{k}$ の各成分が時刻 t [s] において

$$\begin{cases} x = \sqrt{2}\{\sin(2\pi t) + \cos(2\pi t)\} \\ y = \sqrt{3}\{\sin(2\pi t) - \cos(2\pi t)\} \\ z = 1 \end{cases}$$

で与えられているとき，次の (1)〜(6) の問に答えよ．
   (1) この物体の軌跡の方程式を求め，その軌跡がどの様な図形か説明せよ．
   (2) この物体の時刻 t [s] における速度 $\boldsymbol{v}$ を求めよ．
   (3) この物体の時刻 t [s] における位置 $\boldsymbol{r}$ と速度 $\boldsymbol{v}$ の内積を求めよ．
   (4) この物体の時刻 t [s] における位置 $\boldsymbol{r}$ と速度 $\boldsymbol{v}$ の外積の z 成分を求めよ．
   (5) この物体の時刻 t [s] における加速度 $\boldsymbol{a}$ を求めよ．
   (6) この物体の加速度 $\boldsymbol{a}$ は任意の時刻においてある一点を向いている．その点の座標を求めよ．

2) 質量 m [kg] の物体を，図 1.27 のように，原点 O 上の高さ h [m] の地点から，水平方向と 30° をなす方向に速さ v_0 [m] で投げ出すとき，以下の (1)〜(5) の問に答えよ．ただし，重力加速度の大きさは g [m·s^{-2}] とし，X 軸は地面に沿って取り，Y 軸は鉛直方向に取るものとする．

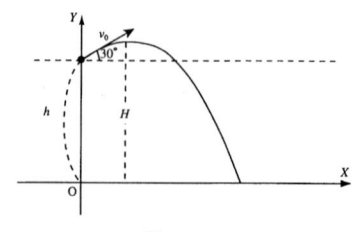

図 1.27

(1) この物体について X 方向と Y 方向の運動方程式をそれぞれ求めよ．ただし，時刻は $t\,[\mathrm{s}]$ とし，位置は $\boldsymbol{r}=x\boldsymbol{i}+y\boldsymbol{j}$ として答えよ．
(2) 時刻 $t\,[\mathrm{s}]$ におけるこの物体の速度の X 成分と Y 成分をそれぞれ t の関数として求めよ．
(3) 時刻 $t\,[\mathrm{s}]$ におけるこの物体の位置の X 成分と Y 成分をそれぞれ t の関数として求めよ．
(4) この物体の軌跡の方程式を求めよ．
(5) この物体が最高点に達したときの地面からの高さ H を求めよ．

3) 質量 $m\,[\mathrm{kg}]$ の物体を，図 1.28 のように，地面に沿った X 軸の原点から高さ $h\,[\mathrm{m}]$ の点から水平方向に速さ $v_0\,[\mathrm{m\cdot s^{-1}}]$ で投げ出した．この物体に働く空気抵抗力は速度に比例するものとして次の (1)〜(5) の問に答えよ．ただし，空気抵抗力の比例定数は $k>0$，重力加速度の大きさは $g\,[\mathrm{m\cdot s^{-2}}]$，投げ出したときの時刻を $0\,[\mathrm{s}]$，座標は下図の通りにとり，X 方向と Y 方向の基本ベクトルをそれぞれ $\boldsymbol{i}$ と $\boldsymbol{j}$ とする．

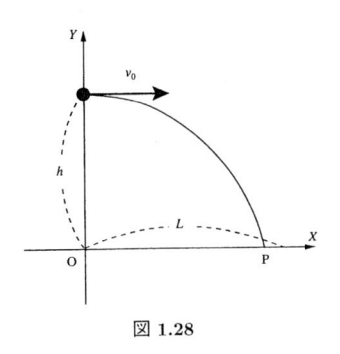

図 1.28

(1) 運動している間の時刻 $t\,[\mathrm{s}]$ における速度を $\boldsymbol{v}$ として，この物体の運動方程式を求めよ．
(2) この物体の運動方程式を解き，時刻 $t\,[\mathrm{s}]$ における X 方向の速度 v_x と Y 方向の速度 v_y をそれぞれ求めよ．
(3) 時刻 $t\,[\mathrm{s}]$ におけるこの物体の位置 $x\boldsymbol{i}+y\boldsymbol{j}$ を求めよ．
(4) この物体が地面につく前にほぼ終端速度になったとするとき，その終端速度を求めよ．
(5) この物体の到達距離 $\overline{\mathrm{OP}}$ は投げ出す高さ h を高くとっても距離 L を越えることはない．この L を求めよ．

4) 1.3.4 項で考えた単振動する物体について，次の (1),(2) の初期条件を課したとき，それぞれの単振動の振幅と初期位相および時刻 t における速度を求めよ．
(1) 時刻 $t=0$ のとき速度 $v_0>0$，位置 0．

(2) 時刻 $t=0$ のとき速度 0, 位置 $a>0$.

5) 1.3.5 項のようにばね定数 k のばねに質量 m の物体をつけて直線上を運動させる. この物体に速度 v に比例する抵抗力 $-cv$ が働くとして次の問に答えよ. ただし, k と c は正の定数とする.
    (1) この物体が減衰振動するためには c の値がどのような範囲にある必要があるか.
    (2) (1) の場合の時刻 $t\,[\mathrm{s}]$ における位置 x を求めよ. ただし, 積分定数は残したままでよい.

2

エネルギー保存則

　「都会はエネルギーに満ちている」,「あの人にはエネルギーがある」など,エネルギーという言葉は,日常の様々な領域で使われている.エネルギーは,本来,いかなる意味を持つのであろうか.この章では,力と並んで力学における重要な概念であるエネルギーについて学習する.エネルギーは,仕事と関連を持っている.物体の仕事をする能力が,**エネルギー**と呼ばれている.大きなエネルギーを持つ物体は,大きな仕事をすることができる.また,エネルギーには,運動エネルギー・位置エネルギー・化学エネルギー・電気エネルギーなど,様々な形態がある.これらのエネルギーを持つと,物体は,外界に仕事をすることができる.これらのエネルギーは,また,相互に転化することができる.運動エネルギーは位置エネルギーに,位置エネルギーは運動エネルギーに,運動エネルギーは電気エネルギーに変わることができる.このとき,エネルギーの総量が保存される.これがエネルギー保存則である.この章では,これらのことについて学習する.

2.1 仕　　　事

2.1.1 仕事の定義

　仕事という言葉は,日常生活においても使用されるが,物理学においては,次のような定義で使用される.図 2.1 のように,物体に力 F が作用して,力の方向に距離 s だけ動いたとする.このとき,力 F が物体にした**仕事** W は,力と移動距離の積であるとされる.すなわち

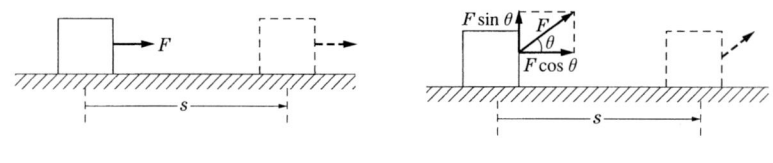

図 2.1 仕事の定義　　**図 2.2** 力の方向と移動方向が異なる
ときの仕事

$$W = F \cdot s \tag{2.1}$$

である．この定義から，大きな力が物体に作用しても，物体が動かないならば，力は仕事をしないことがわかる．仕事は，物体を動かそうとして加えた力の効果の大きさなのであり，加えた力の方向に物体が移動しないならば，力を加えた効果がないから，仕事もないのである．それでは，加えた力と逆の方向に物体が動いたときには，仕事はどうなるのだろうか．力と逆の方向に動いたのだから，仕事をしたのではなく，仕事をされたことになる．このことは，力の作用は，通常，二つの物体の間の作用であるから，仕事をする物体とされる物体が逆になることを意味している．また，仕事の単位は，国際（SI）単位でジュール [J] であり，1 [J] は，物体を 1 [N] の力で 1 m 動かすときの仕事量である．100 [g] のりんごに作用する重力は，$mg = (0.1 [\text{kg}]) \times (9.8 [\text{m} \cdot \text{s}^{-2}]) =$ 約 1 [N] であるから，1 [J] は，100 [g] のりんごを 1 [m] 持ち上げるときの仕事量であることがわかる．

2.1.2　力の方向と移動の方向が異なるときの仕事

加えた力の方向と物体が動いた方向が平行でないとき，力のした仕事はどうなるであろうか．加えた力を，物体が動いた方向と，それに垂直な方向に分解しよう（図 2.2）．物体が動いた方向と同方向の力の成分は，仕事をする力の成分である．一方，動いた方向と垂直な成分は，仕事をしない力の成分である．したがって，このときの仕事 W は，力の方向と動いた方向との角度を θ とすると，$W = sF\cos\theta$ となる．この式は，高校で学んだ内積（スカラー積とも呼ぶ）を用いると

$$W = \boldsymbol{F} \cdot \boldsymbol{s} \tag{2.2}$$

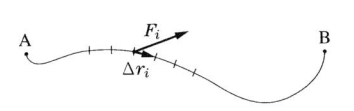

図 2.3 力と動く方向が変化するときの仕事

と表すことができる．ここで，s は物体の移動を表す変位ベクトルである．この式から，力を加えて効率的に仕事を行うには，物体が動く方向に力を加えればよいことがわかる．

2.1.3 力の大きさ・方向と動く方向が変化するときの仕事

物体が力の作用で動くとき，力の大きさ，力の方向および動く方向が変化するならば，仕事はどのように計算するのだろうか．物体の移動の経路を，変位ベクトル $\Delta \boldsymbol{r}$ の微小な区間に分割してみよう．$\Delta \boldsymbol{r}$ を非常に小さくすると，$\Delta \boldsymbol{r}$ を真っ直ぐな線分と見なせる．また，その区間での力の大きさ・方向を一定とすることができる．このとき，この微小区間での仕事は $\boldsymbol{F}_i \cdot \Delta \boldsymbol{r}_i$（$\boldsymbol{F}_i$ は i 番目の区間 $\Delta \boldsymbol{r}_i$ での力）となる（図 2.3）．すなわち，物体が経路を移動するとき，力のする仕事は，これらの微少区間の仕事を加え合わせたものとなり，次式となる．

$$W = \sum_i \boldsymbol{F}_i \cdot \Delta \boldsymbol{r}_i \tag{2.3}$$

$\Delta \boldsymbol{r}_i \to 0$ の極限においては，上式の和は積分となるから，A から B まで経路 L を動くとき，仕事の正確な計算式は，次式となる．

$$W = \int_{A\ (L)}^{B} \boldsymbol{F} \cdot d\boldsymbol{r} \tag{2.4}$$

ここで右辺は，経路 L に沿って A から B まで積分することを表している．この経路に沿う積分，すなわち線に沿う積分は，**線積分**と呼ばれている．

以下，仕事の計算の例として，ばねを引き伸ばすときの仕事と，距離の逆二乗に比例する引力を受ける物体を引き離すときの仕事を計算してみよう．ばねは分子の結合を記述するモデルとして，距離の逆二乗に比例する力はイオン間に作用する力として，化学・薬学の中に頻繁に現れることに注意しよう．

例 1 ばねを引き伸ばすときの仕事 ばねは平衡の位置からのずれに比例

する力で平衡の位置に戻ろうとするから，ばねの伸びを x とすると，ばねを引き伸ばす力 F は $F = kx$（k:ばね定数，**Hookeの法則**）と表すことができる．ばねを平衡の位置 $x = 0$ から $x = a$ まで，直線に沿って伸ばしたとすると，力の方向と動く方向は同じだから，仕事は

$$W = \int_0^a F dx = \int_0^a kx dx = \frac{ka^2}{2} \tag{2.5}$$

例2 距離の逆二乗に比例する引力を受ける物体を引き離すときの仕事

物体間の距離の逆二乗に比例する引力の例として，万有引力やクーロン力などがある．これらの力が物体間に作用しているとき，物体間の距離を $r = a$ から $r = \infty$ に引き離すのに必要な仕事を計算してみよう．引力は距離の逆二乗に比例するから，引き離すのに必要な力 F は，$F = k/r^2$（k：比例定数）と書ける．すなわち，$r = a$ から $r = \infty$ にするのに必要な仕事 W は，次式となる．

$$W = \int_a^\infty \frac{k}{r^2} dr = \frac{k}{a} \tag{2.6}$$

2.1.4 仕事率

問題によっては，仕事の全体的な大きさよりも，単位時間に行われる仕事の大きさが重要になる場合がある．たとえば，自動車が坂を登る場合，最終的に登った坂の距離よりも単位時間当りどれだけ登ったかを機能的に問われる場合が多い．生物の筋肉の機能的特性を調べる場合も，することができる仕事量よりも，単位時間にすることができる仕事量が問われる場合が多い．**仕事率**は，単位時間に行われる仕事量を表す物理量である．いま，物体が Δt の間に力 F の作用で $\Delta \boldsymbol{x}$ 動いたとすると，仕事率 P は，$P = $ 仕事量/時間 $= \boldsymbol{F} \cdot \Delta \boldsymbol{x}/\Delta t$ となる．$\Delta \boldsymbol{x}/\Delta t$ は速度 $\boldsymbol{v}$ に等しいから，結局，仕事率 P は次式で表される．

$$P = \boldsymbol{F} \cdot \boldsymbol{v} \tag{2.7}$$

仕事率の単位は，[J·s^{-1}] であり，この単位をワット [W] と呼ぶ．1[W] は，1秒間に1Jの仕事をする仕事率のことである．

2.2 運動エネルギー

1章で学習した運動の法則は,物体に力が作用すると加速度が生じるということを述べている.加速度が生じるということは,物体が動くということである.物体が動くということは,力が仕事をするということである.この力のした仕事は,どこにいったのだろうか.

2.2.1 運動エネルギーと仕事

考察を簡単にするため,一次元の直線運動を考える.この一次元運動の運動方程式 $ma = F$ は,$a = dv/dt$ (v:速度) であるから,次式で表せる.

$$m\frac{dv}{dt} = F \tag{2.8}$$

両辺に v を掛けると,$mvdv/dt = Fv$ となるが,左辺は $d(mv^2/2)/dt$ と変形できるから,次式を得る.

$$\frac{d}{dt}\left(\frac{mv^2}{2}\right) = Fv$$

この両辺を時間 t について t_1 から t_2 まで定積分すると,左辺は微分したものの積分であり,右辺は $\int Fvdt = \int Fdx/dt \cdot dt = \int Fdx$ と変形できるから,

$$\frac{mv_2^2}{2} - \frac{mv_1^2}{2} = \int_{x_1}^{x_2} Fdx \tag{2.9}$$

を得る.ここで,v_1,v_2,x_1,x_2 は,時刻 t_1,t_2 での速度と位置の値である.右辺は,力 F のした仕事を表している.一方,左辺は**運動エネルギー**と呼ばれる量 $mv^2/2$ の差を表している.すなわち,運動方程式 (2.8) を変形して得られた式 (2.9) は,力 F のした仕事が運動エネルギーの増加量に等しいことを表している (図 2.4).力 F が物体にした仕事は,運動エネルギーに転化したことを表している.言い換えれば,力 F のした仕事が運動エネルギーとして物体に保存されていることを表している.

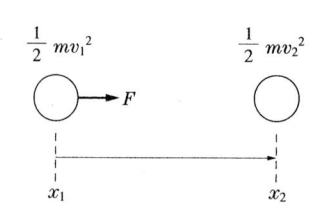

図 2.4 運動エネルギー
力 F のした仕事 $\int_{x_1}^{x_2} F dx$ は，運動エネルギーの増大 $\frac{1}{2}mv_2^2 - \frac{1}{2}mv_1^2$ に等しい．

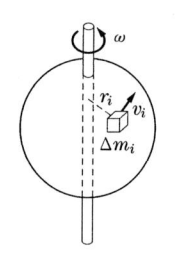

図 2.5 回転の運動エネルギー

2.2.2 運動エネルギーの意味

式 (2.9) は，力 F が，運動方程式に従って物体を加速するとき，力が物体にする仕事は，運動エネルギーとして物体に保存されることを示していた．すなわち，式 (2.9) は，また，**運動エネルギーをもつ物体は，運動エネルギーの分だけ，外界に仕事をすることができる**ことを示すのである．運動エネルギーをもつ物体は，自身の持つ運動エネルギーと引き換えに，外界に仕事をすることができる．運動エネルギーは，物体が外界にすることができる仕事量を表しているのである．

整理すれば，次のようになろう．運動エネルギー $mv^2/2$ は，運動している物体が外界にすることができる仕事量を表し，物体は，自身の運動エネルギーを減少させることによって外界に仕事をすることができる．

2.2.3 回転の運動エネルギー

物体が回転運動をするときにも，物体は運動エネルギーをもっている．薬学においては，遠心分離器・分子の自転等，様々な領域に回転運動が現れる．回転の運動エネルギーは，どのように表すことができるのだろうか．物体の回転の大きさを表す量は角速度 ω（単位時間に回転する角度）である．ここで，図 2.5 のような角速度 ω で回転軸の周りを回転する物体の運動エネルギーを計算してみよう．物体の各部分は，異なる速度で回転しているから，物体を質量 Δm_i の微小な部分に分割して，微小な部分の運動エネルギー計算し，それを加え合わせることによって全体の運動エネルギーを計算することができる．質量 Δm_i

の微小部分の回転軸からの距離を r_i とすると，物体の各部分は同じ角速度 ω で回転しているから，距離 r_i 部分の速度 v_i は $r_i\omega$ となって，Δm_i 部分の運動エネルギー $(1/2)\Delta m_i(v_i)^2$ は $(1/2)\Delta m_i(r_i\omega)^2$ となる．全体の運動エネルギー K は，これを加え合わせたものだから，

$$K = \sum_i \frac{1}{2}\Delta m_i(r_i\omega)^2 = \frac{1}{2}\left(\sum_i \Delta m_i(r_i)^2\right)\omega^2$$

となる．ここで，$\sum_i \Delta m_i(r_i)^2$ は，**慣性モーメント**と呼ばれる量で，物体の回転しにくさを表し，物体の形に依存した量である．$\sum_i \Delta m_i(r_i)^2 = I$ とすると，**回転の運動エネルギー K** は，次式で書ける．

$$K = \frac{1}{2}I\omega^2 \tag{2.10}$$

これから，回転運動の運動エネルギーも，速度 v を角速度 ω に，質量 m を慣性モーメント I に置き変えれば，並進運動の運動エネルギー $(1/2)mv^2$ と同じ形に書けることがわかる．

2.2.4 身のまわりの運動エネルギー

運動する物体を止めるには，力を加えるだけでよいと思い勝ちである．本当にそうであろうか．運動する物体を止めるために運動方向と逆方向の力を物体に作用する．すると物体は，その反作用として，作用と同じ大きさで逆方向の力を，力の作用者に作用する．物体は，静止するまで運動方向に動くから，物体が作用者に加える反作用の力が仕事をすることになる．その仕事量は，物体は自らの運動エネルギーを減少させることによって仕事をするのであるから，物体がもつ運動エネルギーの量である．物体は，自らの運動エネルギーの量だけ，力の作用者に仕事をすることによって，静止するのである．すなわち，力の作用者は，物体のもつ運動エネルギーの量だけ，物体がする仕事を引き受けないと静止しないのである．物体は，物体がもつ**運動エネルギー**を取り去らないと，静止しないのである．自動車を高速で運転するときの危険な理由がここにある．自動車を高速で運転すると，運動エネルギーは速度の2乗に比例するから，運動エネルギーは莫大な量となる．自動車を止めるとき，この運動エネ

ルギーを取り去る必要がある．この運動エネルギーの除去は，通常，ブレーキあるいはタイヤで行われる．ブレーキが真っ赤に加熱したり，タイヤが高温で溶けたりするのは，自動車の莫大な運動エネルギーが熱エネルギーに転化したからである．

2.3 位置エネルギーと保存力

2.3.1 重力の位置エネルギー

高さが高いところにある物体と低いところにある物体とでは，置かれた状況が違うように見える．高いところにある物体は，落下することによって外界に仕事をすることができる．一方，低いところにある物体は，これができない．物体の位置を変えることによって派生する物体の仕事をする能力（エネルギー）を，**位置エネルギー**という．まず，重力の作用の下にある物体の位置エネルギーについて考えてみよう．重力 mg の作用の下にある質量 m の物体に重力とつり合う外力 F を加えて高さ h に動かしたとする（図 2.6）．このとき，外力 F のする仕事は mgh である．すなわち，物体に mgh の仕事を加えると，高さ h に物体を上げることができる．この物体に加えられた仕事は，位置エネルギーとして物体に保存され，逆に，物体は落下することによって，この位置エネルギーを外界への仕事に変えることができるのである．

整理すると次のようになろう．**重力の位置エネルギー** mgh は，高さ h にある質量 m の物体が保持する能力（エネルギー）のことであり，物体は高さ

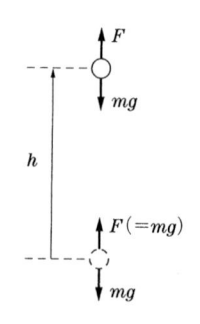

図 2.6 重力の位置エネルギー

を減じることによって，位置エネルギー分の仕事を外界にすることができるのである．高速道路で時速 $100\,[\mathrm{km \cdot h^{-1}}]$ で走行する自動車の運動エネルギーに等しい位置エネルギーを計算してみよう．$mgh = (1/2)mv^2$ であるから，$h = (1/2)v^2/g$ が成り立つ．時速 $100\,[\mathrm{km \cdot h^{-1}}]$ を国際単位（SI 単位）に直すと $100000\,[\mathrm{m}]/3600\,[\mathrm{s}] =$ 約 $27.8\,[\mathrm{m \cdot s^{-1}}]$ となるから，$h = (1/2)(27.8)^2/9.8 =$ 約 $39.4\,[\mathrm{m}]$ を得る．すなわち，時速 $100\,[\mathrm{km \cdot s^{-1}}]$ で走行する自動車のもつ運動エネルギーは，高さ $39.4\,[\mathrm{m}]$ にある自動車の位置エネルギーと同じである．時速 $100\,[\mathrm{km \cdot h^{-1}}]$ で走行する自動車が事物に衝突して放逸するエネルギーは，高さ $39.4\,[\mathrm{m}]$ にある自動車が落下して放逸するエネルギーと同じなのである．

2.3.2 ばねの位置エネルギー

伸びも縮みもない平衡状態にあるばねに外力を加えて引き伸ばしたとする．ばねを引き伸ばしたとき，外力がした仕事はどうなるのであろう．この場合も，外力がした仕事は引き伸ばされたばねに蓄えられているのである．引き伸ばされたばねは，平衡状態に戻ることによって，外力により加えられた仕事量だけ，外界に仕事をすることができるのである．この引き伸ばされたばねが持つ外界にすることができる仕事量を，**ばねの位置エネルギー**という．ここで，ばねの位置エネルギーを計算してみよう．平衡状態にあるばねに外力 F を加えて，長さ x だけ引き伸ばしたとする．ばねの復元力は kx（k:ばね定数）と表せるから，外力 F のする仕事 W は，前にも計算したように

$$W = \int_0^x F dx = \int_0^x kx dx = \frac{kx^2}{2} \tag{2.11}$$

となる．したがって，長さ x 伸びたばねの位置エネルギーは $kx^2/2$ となる．長さ x だけ伸びたばねは，この量だけ外界に仕事をすることができるのである．ばねの位置エネルギーは，伸び x の 2 乗に比例するから，伸びが増大すると著しく増大することがわかる．分子を組み立てる原子間力は，ばねの弾性力によって近似でき，分子が示す様々な現象は，ばねが相互に結び付ける物体の振舞いとして理解できる．分子の伸び・縮み等の変形のエネルギーは，ばねの位置エネルギーとして分子に蓄えられることに注意しよう．

2.3.3 距離の逆二乗に比例する力の位置エネルギー

万有引力やクーロン力は、大きさが**距離の逆二乗に比例する力**である。このような力の位置エネルギーは、どのようになるのであろうか。ここでは、距離の逆二乗に比例する引力 k/r^2 が作用する場合の位置エネルギーを求めることにする。ある点(力の中心)からの距離の逆二乗に比例する引力が物体に作用していたとする。この物体に引力とつり合う外力を加えて、A 点 (r_a) から B 点 (r_b) にもってくるとき、外力のする仕事が A 点と B 点の位置エネルギーの差である。この外力のする仕事 W は、2.1 節で述べたように、簡単に計算できて

$$W = \int_{r_a}^{r_b} \frac{k}{r^2} dr = -\frac{k}{r_b} + \frac{k}{r_a}$$

となるが、これが A 点に対する B 点の位置エネルギーになる。すなわち A 点、B 点の位置エネルギーを $\phi(A)$, $\phi(B)$ とすると、次式を得る。

$$\phi(B) - \phi(A) = -\frac{k}{r_b} + \frac{k}{r_a}$$

上式からわかるように、距離の逆二乗に比例する引力の位置エネルギーは、$r = 0$ で負の無限大になる。このため、$r = \infty$ を基準にして位置エネルギーが測られる。上式で、$r_b = \infty$ として $\phi(B) = 0$ とすると、$\phi(A) = -k/r_a$ を得る。すなわち、力の中心から距離 r での**位置エネルギー**は、

$$\phi(r) = -\frac{k}{r} \tag{2.12}$$

となる。位置エネルギーは、常に負で、物体が力の中心 ($r = 0$) に近づくと、急速に減少することがわかる。

2.3.4 保存力とポテンシャル

これまで、重力・弾性力・逆二乗力等の位置エネルギーの計算を行ってきた。位置エネルギーは、いかなる力でも計算できるのだろうか。位置エネルギーは、物体の位置を変えるとき外部から加えねばならぬ仕事量、あるいは物体が位置を変えるとき外界にすることができる仕事量で定義された。すなわち、位置エネルギーが一義的に決まるためには、物体が 2 点間を動いたときの仕事量が一

2.3 位置エネルギーと保存力

義的に決まらねばならない．換言すれば，どのように 2 点間を動いても，仕事量が同じでなければならない．この条件を満たす力は，**保存力**と呼ばれている．保存力は，位置エネルギーが定義することができる力で，後述するエネルギー保存則を満たす力である．重力・弾性力・万有引力・クーロン力は，典型的な保存力である．一方，保存力ではない力は，動く経路によって仕事が異なる力で，摩擦力等の散逸力がその例である．

それでは「どのように物体が 2 点間を動いても仕事量が同じである」という力が保存力であることの条件は，数学的にどのように表現できるのだろうか．いま，2 点を A, B とし，A, B を結ぶ二つの移動経路を α, β，物体に作用する力を $\boldsymbol{F}$ とすると，$\boldsymbol{F}$ が保存力である条件は，数学的に次式で表すことができる．

$$\int_{A\ (\alpha)}^{B} \boldsymbol{F} \cdot d\boldsymbol{r} = \int_{A\ (\beta)}^{B} \boldsymbol{F} \cdot d\boldsymbol{r}$$

ここで，左辺は経路 α 上を移動したときの仕事量，右辺は経路 β 上を移動したときの仕事量である．右辺の $\int_{A\ (\beta)}^{B} \boldsymbol{F} \cdot d\boldsymbol{r}$ は数学的に $-\int_{B\ (\beta)}^{A} \boldsymbol{F} \cdot d\boldsymbol{r}$ に等しいから，上式は $\int_{A\ (\alpha)}^{B} \boldsymbol{F} \cdot d\boldsymbol{r} = -\int_{B\ (\beta)}^{A} \boldsymbol{F} \cdot d\boldsymbol{r}$ に変形できる．右辺の項を左辺に移項すると，$\int_{A\ (\alpha)}^{B} \boldsymbol{F} \cdot d\boldsymbol{r} + \int_{B\ (\beta)}^{A} \boldsymbol{F} \cdot d\boldsymbol{r} = 0$ を得る．この式は，経路 α 上を A から B まで移動し，次いで経路 β 上を B から A まで移動するとき，力 $\boldsymbol{F}$ のする仕事が 0 に等しいことを示している．すなわち，ある点 A から出発して再び A に戻ってくるとき力のする仕事が 0 であること，換言すれば元に戻る経路を移動するとき力のする仕事が 0 であることを示している．元に戻る経路（閉経路）を一周する積分を $\int \boldsymbol{F} \cdot d\boldsymbol{r}$ で書くことにすれば，「どのように物体が 2 点間を動いても仕事量が同じである」という保存力の条件は，次式で表せることがわかる．

$$\oint \boldsymbol{F} \cdot d\boldsymbol{r} = 0 \tag{2.13}$$

（上式は，力 $\boldsymbol{F}$ が保存力であることの条件を**経路積分**を用いて表したものだが，この条件は微分演算子 rot を用いて rot $\boldsymbol{F} = \boldsymbol{0}$ と表せることに注意しよう．ここで，rot は力 $\boldsymbol{F}$ の回転の大きさを与える微分演算子である．すなわち上式は，力 $\boldsymbol{F}$ が空間を回るように変化するとき保存力でないことを示している．）

位置エネルギーは，また，**ポテンシャル**とも呼ばれる．いま，保存力の作用で，物体が，Δr だけ変位したとする．このとき，保存力 F のする仕事は，位置エネルギーすなわちポテンシャル U の減少量 ΔU に等しい．すなわち，F と Δr の成分表示を (F_x, F_y, F_z) および $(\Delta x, \Delta y, \Delta z)$ とすると，次式が成り立つことがわかる．

$$-\Delta U = \boldsymbol{F} \cdot \Delta \boldsymbol{r} = F_x \Delta x + F_y \Delta y + F_z \Delta z$$

上式は，保存力の力の成分が，次式で与えられることを示している．

$$(F_x, F_y, F_z) = \left(-\frac{\partial U}{\partial x}, -\frac{\partial U}{\partial y}, -\frac{\partial U}{\partial z}\right) \tag{2.14}$$

すなわち，保存力の場合，力の成分がポテンシャルの偏微分から得られ，保存力の力としての性質が，ポテンシャルから理解できるのである．ベクトル量で空間的変化が捉え難い力の性質が，スカラー量で把握が容易なポテンシャルからわかるのである．

2.4 エネルギー保存則

保存力においては，位置エネルギーを定義することができた．保存力の作用を受けて運動する物体に，位置エネルギーの考えを適用すると，新しい運動の表現が得られる．それが**エネルギー保存則**である．エネルギー保存則は，運動エネルギーと位置エネルギーの関係を表すもので，これらの和が保存されることを示す．エネルギー保存則によって，物体の運動が新しい観点から把握できると同時に，様々な運動の計算が容易に行えるようになる．

2.4.1 重力とエネルギー保存則

いま，重力 mg（g:重力加速度）の作用を受けて，質量 mg の物体が運動しているとする．座標系を垂直上方を正にとると，物体は次の運動方程式に従って運動する．

$$m\frac{dv}{dt} = -mg \tag{2.15}$$

2.4 エネルギー保存則

この運動方程式を解くことによっても，運動エネルギーと位置エネルギーの関係が得られるが，ここでは式 (2.15) を変形することによって，エネルギー保存則を求めることにする．2.2 節で運動エネルギーと仕事の関係を求めた方法を適用して，式 (2.15) の両辺に v を掛けると次式を得る．

$$m\frac{dv}{dt} \cdot v = -mg \cdot v$$

ここでは，物体の上昇運動・下降運動を考えているから，物体の位置を表す変数として高さ h を用いることにすると，上式は

$$\frac{d}{dt}\left(\frac{mv^2}{2}\right) = -\frac{d}{dt}(mgh)$$

と変形できる．右辺を左辺に移項すると，$d/dt(mv^2/2 + mgh) = 0$ が得られる．この式は，**運動エネルギー** $mv^2/2$ と**位置エネルギー** mgh の和が時間的に変化しないこと，すなわちエネルギーが保存されることを示している．これを数式で表現すると，次式となる．

$$\frac{mv^2}{2} + mgh = 一定 \tag{2.16}$$

これが**重力のエネルギー保存則**の表現である．エネルギー保存則は，物体が運動して速度 v・高さ h が変化するとき，運動エネルギーと位置エネルギーの和が変化しないように運動することを示している．

エネルギー保存則は，物体を投げ上げて高さが高くなると，位置エネルギーが増大して運動エネルギーが減少すること，逆に落下して高さが低くなると，位置エネルギーが減少して運動エネルギーが増大することを示している（図 2.7）．たとえば，初速度 v_0 で物体を投げ上げたとすると，投げ上げ点では位置エネルギー=0，最高点では運動エネルギー=0 であることから，$mv_0^2/2 = mgh$ が成り立ち，物体が到達可能な高さ h が，次式で与えられる．

$$h = \frac{v_0^2}{2g} \tag{2.17}$$

物体が落下する場合も同様で，高さ h_0 から落下したときの落下速度が，式 (2.16) から容易に導かれる．

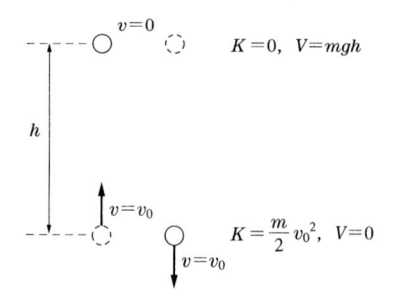

図 2.7 重力のエネルギー保存則
投げ上げ運動においては，運動エネルギー (K) と位置エネルギー (V) の和は，保存される．

2.4.2 ばね振動のエネルギー保存則

ばねの復元力も保存力で，位置エネルギーを定義することができた．物体がばねの力で運動するときにも，運動エネルギー + 位置エネルギー = 一定，すなわちエネルギー保存則を満たして運動するのだろうか．いま，質量 m の物体がばね定数 k のばねに結び付けられて運動していたとする．すると，物体は次の運動方程式に従って運動する．

$$m\frac{dv}{dt} = -kx \tag{2.18}$$

両辺に v を掛けると，$mdv/dt \cdot v = -kx \cdot v$ を得る．左辺は，$d/dt(mv^2/2)$ となり，左辺は $v = dx/dt$ に注意すると，$-d/dt(kx^2/2)$ となる．すなわち，

$$\frac{d}{dt}\left(\frac{mv^2}{2}\right) = -\frac{d}{dt}\left(\frac{kx^2}{2}\right)$$

を得る．右辺を左辺に移項すると，$d/dt(mv^2/2 + kx^2/2) = 0$ となり，**運動エネルギー + 位置エネルギー**が一定値を保ち，エネルギー保存則が成り立つことがわかる．したがって，ばねで物体が振動するときの**エネルギー保存則**の表現は，次式となる．

$$\frac{mv^2}{2} + \frac{kx^2}{2} = 一定 \tag{2.19}$$

この式は，物体の運動エネルギーとばねの位置エネルギーの和が一定であることを示し，位置エネルギー $= 0$ となる平衡状態 ($x = 0$) で，運動エネルギーが

2.4 エネルギー保存則　　　　　　　　　　　　　　　53

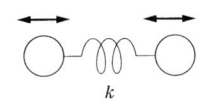

図 2.8 2 原子分子の分子振動

最大となること，ばねの復元力による振動運動は，物体の運動エネルギーとばねの位置エネルギーの間のエネルギーのやり取りであることを表している．

2 原子分子の分子振動は，ばねによって結ばれた二つの物体の振動をモデルに理解することができる（図 2.8）．原子間距離が増大すると位置エネルギーが増大するから，分子は，位置エネルギー = 0 の平衡状態の原子間距離を振動中心として，位置エネルギーが最大となって運動エネルギーが 0 になる原子間距離を最大振幅として，振動する．また，振動の振幅の大きさは，振動の初期に分子に与えられる振動の全エネルギー（運動エネルギー + 位置エネルギー）に比例して大きくなる．

2.4.3　クーロン力のエネルギー保存則

距離の逆二乗に比例する力も，位置エネルギーが定義でき，エネルギー保存則を考えることができる．ここでは，このような力の一つであるクーロン引力の場合のエネルギー保存則を考えてみよう．クーロン引力は，異符号の電荷やイオンを結び付ける力で，化学の広い領域で見ることができる力である．エネルギー保存則とは，運動エネルギーと位置エネルギーの和が，運動の過程において一定値をとり，保存されるというものだった．前節で述べたように，クーロン引力の場合，**位置エネルギー**は $\phi(r) = -k/r$ となるから，**エネルギー保存則**は，次式で表すことができる．

$$\frac{mv^2}{2} - \frac{k}{r} = 一定 \tag{2.20}$$

このエネルギー保存則から，原子核の周りの電子の運動，クーロン力で結合する異符号のイオンの運動を推察することができる．クーロン引力の場合，位置エネルギーが到るところ負の値を取り，$r = \infty$ において位置エネルギー = 0 となることから，全エネルギー（運動エネルギー＋位置エネルギー）が正の値と負の値とでは，運動の様子が大きく変わる．全エネルギーが正の場合，$r = \infty$

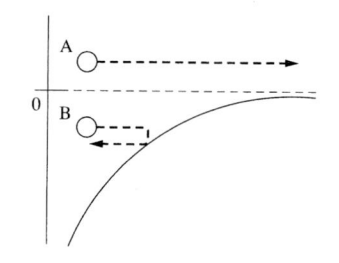

図 2.9 クーロン力のエネルギー保存則
全エネルギーが正の場合 (A) には，無限遠方に運動するが，負の場合 (B) には，限られた領域が運動領域になる．

において運動エネルギーが正の値をもつ．すなわち，$r = \infty$ で物体は速度をもつことになり，物体は力の中心から無限に離れることができる．全エネルギーが負の場合，式 (2.20) を満たす速度 v が存在する r の領域が物体の運動領域だから

$$\frac{mv^2}{2} = 全エネルギー + \frac{k}{r} > 0 \tag{2.21}$$

を満たす r の領域が物体の運動領域である．r が増大する方向に物体が運動していても $v = 0$ となる r に達すると r が減少する方向に運動の方向を変えるのである（図 2.9）．

2.4.4 力学的エネルギー保存則

以上のことから，物体に作用する力が保存力のとき，位置エネルギーが定義できて，(運動エネルギー) + (位置エネルギー) が一定となることがわかった．また，このエネルギー保存則から運動の様子が解析できることもわかった．このエネルギー保存則は，(運動エネルギー) + (位置エネルギー) を**力学的エネルギー**と名付け，**力学的エネルギー保存則**と呼ばれている．

2.5 散逸力とエネルギー保存則

力のする仕事が出発点と終着点の位置のみで決まって途中の経路によらないとき，すなわち物体に作用する力が保存力のとき，位置エネルギーの概念を導

入することによって，物体の運動をうまく取り扱うことができた．それでは，保存力ではない力が物体に作用するとき，エネルギー保存則はどのように形を変えるのであろうか．

2.5.1 散逸力

保存力でない力に，**摩擦力**がある．摩擦力は，物体の運動を止めようとする力で，運動方向と反対方向に作用する．したがって，摩擦力がする仕事は，必ず負ということになる．物体にする仕事が負であるということは，力学的エネルギー（運動エネルギー＋位置エネルギー）が摩擦力によって減少するということ，すなわち散逸するということを意味する．摩擦力によって，物体のもつ力学的エネルギーが散逸し，熱エネルギーになるのである．このことから摩擦力は**散逸力**と呼ばれている．散逸力の例には，ボールが空気中を飛ぶとき空気から受ける抵抗力，魚が水中を泳ぐとき水から受ける抵抗力，血液が流れるとき血管壁から受ける抵抗力，コロイド粒子が溶液中を動くとき溶液から受ける抵抗力などがある．

2.5.2 散逸力とエネルギー保存則

物体が散逸力を受けて運動するとき，エネルギー保存則はどのようになるであろうか．たとえば，図 2.10 のように，保存力である重力の他に，地面からの摩擦という散逸力，押す引く等の外力 F が加わって，物体が運動するとき，エネルギー保存則はどのようになるであろうか．これらの力が作用する物体の運動方程式を立て，力のする仕事を計算すると，エネルギー保存則として次式を得る．

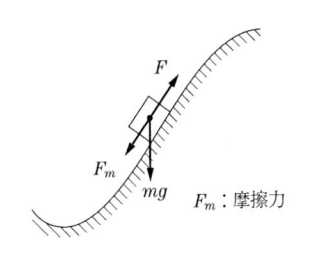

図 2.10 散逸力とエネルギー保存則

$$W = (K - K_0) + (V - V_0) + Q \qquad (2.22)$$

ここで，W は外力 F のした仕事，Q は散逸力により散逸したエネルギー，K，K_0 および V，V_0 は始状態と終状態の運動エネルギーと位置エネルギーである．外力 F のする仕事は，運動エネルギーと位置エネルギーの増分として物体に蓄えられるエネルギーと，散逸力により熱エネルギーに転化する量に等しいことがわかる．この式から，(運動エネルギー) + (位置エネルギー) の力学的エネルギーに，外力のする仕事と散逸エネルギーを加えるとエネルギー保存則が成り立つことが理解できよう．また，外力と散逸力が作用しないとき，上式が，前述の力学的エネルギー保存則になることも理解できよう．現実に生じる運動には，必ず，散逸力が加わることに注意しよう．**散逸力が小さくて無視できるときにのみ**，(運動エネルギー) + (位置エネルギー) = 一定という**力学的エネルギー保存則**が成り立つのである．

2.6 エネルギーの種類とエネルギー保存則

2.6.1 エネルギーの様々な形態

エネルギーには，様々な形態がある．物理学には，運動エネルギー，位置エネルギー等の力学のエネルギーの他に，熱エネルギーという熱力学のエネルギー，電気エネルギー，磁気エネルギー等の電磁気学のエネルギー等がある．また，化学には，化学エネルギーがあって，化学反応過程の中にエネルギーを蓄えることができる．物質は，外部から加えられたエネルギーをこれらの形態で内部に蓄えることができ，この蓄えられたエネルギーを利用して外部に仕事をすることができる．また，生物は，食物・養分として取り入れたエネルギーを，様々な形態のエネルギーとして身体の中に蓄えておいて，必要なとき，これらのエネルギーを仕事に変えることによって，身体や環境の状態を変えて生を保っている．

2.6.2 エネルギー転化

物質・生物が，外部から加えられたエネルギーを様々な形態で蓄えることが

できること，蓄えられたエネルギーを利用して外部に仕事ができることは，エネルギーをある形態から他の形態に変えることができること，すなわち**エネルギー転化**が可能であることを意味する．エネルギー転化は，自然の到るところで生じ，また利用されている．火力発電所，原子力発電所は，熱エネルギー，原子力エネルギーから電気エネルギーへのエネルギー転化である．電気モーター，自動車エンジンは，電気エネルギー，化学エネルギーから運動エネルギーへのエネルギー転化である．また，生物もエネルギー転化を利用して生を保っている．筋肉は，化学エネルギーから力学エネルギーへのエネルギー転化を利用し身体を動かしている．脳は，化学エネルギーから電気エネルギーへのエネルギー転化を利用して情報処理をしている．

2.6.3 全エネルギーの保存

このように自然には，様々なエネルギー転化がある．自然で生じる過程は，すべてエネルギー転化ともいえるのである．落下運動は，物体の位置エネルギーから運動エネルギーへのエネルギー転化であった．ばね振動は，物体の運動エネルギーとばねの位置エネルギーの間のエネルギー転化である．植物の光合成は，光エネルギーから化学エネルギーへのエネルギー転化である．動物の生存は，食物として取り入れた化学エネルギーから身体を動かすという力学エネルギーへのエネルギー転化である．このような自然界で生じるすべてのエネルギー転化に対して，エネルギーは必ず保存されると，物理学は主張する．自然界のエネルギー転化においては，エネルギーの形態に変化が起こるだけでエネルギーの量は変化しない，と物理学は主張するのである．これが，**エネルギー保存則**の最も普遍的な表現である．

2.6.4 永久機関の否定

このエネルギー保存則から，人類の長い間の夢であった**永久機関**が不可能であることが結論される．エネルギーは，形態を変えることができるが，エネルギーの量を変えることはできないのである．運動エネルギー等の力学エネルギーを産出するエンジン（機関）は，熱エネルギーあるいは化学エネルギーからのエネルギー転化を行っているだけで，エネルギーそのものを産出しているので

はないのである．動き回る生物も動き回る力学エネルギーを産出しているから一種のエンジンを作っているのであるが，やはりエネルギー転化を行っているだけで，エネルギー量は不変なのである．人類は，エネルギー転化を行えるのみで，エネルギーを作り出すことはできないのである．工学や生物のエンジンを考察するとき，エネルギー保存則でエネルギーの総量は保存されるから，いかなる形態のエネルギーがエネルギー転化に関与しているか，入力エネルギーの何割が力学エネルギーに転化するか (他は熱エネルギー等になる) が問題になるのみである．

練 習 問 題

1) 床の上にある質量 20 [kg] の物体にひもを付け，ひもを引いて物体を 30 [m] 移動した．物体に作用する重力と同じ大きさの力でひもを引き，ひもと床のなす角が 30 度であるとき，どれだけの仕事がされたことになるか．
2) 復元力が $F(x) = -kx$ (k:ばね定数, x:伸び) で与えられるばねがある．復元力とつり合う外力を加えて $x = a$ から $x = b$ まで引き伸ばすとき，外力のする仕事はいくらか．
3) 体重 70[kg] の人が 60 [km·h^{-1}] の速度でシートベルトを着けて自動車を運転している．(1) 彼の運動エネルギーはどれだけか．(2) 自動車がコンクリートの壁に衝突して前部を破損して止まるとき，彼はシートベルトに対してどれだけの仕事をしたことになるか．(3) 衝突において前部が 1 [m] 陥没して止まったとすると，彼がシートベルトに加えた力 (シートベルトが彼を支えた力) はどれだけか．
4) 静止していた質量 2 [kg] の物体が，傾き 60 度のなめらかな斜面を，5 [m] すべって落下した．落下点での物体の運動エネルギーと落下速度を求めよ．
5) ばね定数 k のばねの両端のおのおのに質量 m の物体を結び付け，自然の長さから x_0 だけ伸ばしたのち離して振動させた．ばねの自然の長さからのずれ x と速度 v の関係を求めよ．
6) あるエレベーターは，高さ 120 [m] の 20 階建てのビルの最上階まで，質量 200 [kg] の物体を 50 秒で持ち上げることができる．このエレベーターの仕事率はどれだけか．
7) 地球の周りを半径 r の円軌道を描いて周回している質量 m の人工衛星の運動エネルギーと力学的エネルギー (= 運動エネルギー + 位置エネルギー) を求めよ．ただし，地球と人工衛星の間には，GMm/r^2 (G:万有引力定数, M:地球の質量) 万有引力が作用しているものとする．
8) 水素原子内の電子は，電気力の引力の作用を受けて，原子核の周りを回っている．電子の軌道を半径 5.3×10^{-11} [m] の円とするとき，電子の運動エネルギーと力学的エネル

9) 水平との角度が 30 度の斜面を，150 [m] 滑り降りるスキーの滑降競技がある．滑り降りたときの選手の速度が 25 [m·s^{-1}] であるとき，散逸したエネルギーは全エネルギーの何パーセントか．また，散逸力は選手に働く重力の何パーセントか．

10) 水平な床の上に置かれた質量 7 [kg] の物体に一定の力 F を加えて動かした．動いた距離が 40 [m] になったとき，物体の速度は時速 50 [km] になった．加えた力の大きさを求めよ．ただし，動摩擦係数は 0.11 であるとせよ．

11) 棒高跳びは，選手が助走で得た運動エネルギーを，棒で身体の位置エネルギーに変えて，高く飛ぶゲームである．選手が助走で 9.7 [m·s^{-1}] の速度を得たとすると，飛ぶことができる高さはどれだけか．ただし，立っているときの人間の重心は地上から 1 [m] のところにあるとして計算せよ．

12) 質量 1 [kg] の鮭が，1.4 [N] の抵抗力を受けて，魚道を泳ぎ進んでいる．魚道は傾いていて，10 [m] 進むと高さが 1 [m] 高くなるという．鮭が 4 [m] 進んだとき，(1) 魚道との抵抗力に対して鮭がせねばならぬ仕事，(2) 鮭の位置エネルギーの増大量，(3) 魚道を進むために鮭がせねばならぬ仕事の総量，を求めよ．

13) 重い物体を持ち上げて体内の過剰な脂肪を消費するという食事療法をしている人がいる．いま，12 [kg] の物体を高さ 40 [cm] だけ 1500 回持ち上げた．(1) 彼がした仕事はどれだけか．(2) 体内の 1 [kg] の脂肪から 3.91×10^7 [J] のエネルギーが生まれ，その 18 % が力学的エネルギーに変わるとすると，どれだけの脂肪が消費されるか．

3

運動量保存則と角運動量保存則

　第 1 章では，物体の運動方程式を，位置や速度についての微分方程式として直接解き，位置や速度を時間の関数として表すことにより，その運動の様子を調べた．しかし，物体にかかる力がより複雑になる場合，その運動方程式を直接解くことは非常に難しくなることがある．そこで，この章では運動方程式を「直接解く」という立場から離れ，**保存則**という法則に注目して物体の運動を考えてみることにする．

　この保存則は，物体が運動している間，時間に依らず一定になる量（**保存量**）の存在を表す法則である．保存量になっている量は考えている物体の運動の仕方または物体にかかっている力の種類により様々である．そして，保存則は「物体にかかっている力が何々力の場合，その物体の何々量は保存する（一定になる）」という形に表すことができる．

　物理学において，多くの保存量が発見されているが，この章では特にニュートン力学でしばしば取り上げられる，運動量と角運動量についての保存則を紹介する．

3.1　運　動　量

　質量 m [kg] の物体が速度 $\bm{v}$ [m·s^{-1}] で運動している場合，その物体の**運動量** $\bm{p}$ [kg·m·s^{-1}] は

$$\bm{p} = m\bm{v} \tag{3.1}$$

で定義される．式 (3.1) の定義は，速度 v は一定の場合だけでなく，時刻 t の関数として変化する場合にも使われる．また，速度 v は元来ベクトル量なので，運動量も必然的にベクトル量になっていることに注意しよう．

物体の質量 m が時刻 t によらず一定ならば，運動量 $\bm{p}$ を用いて，(1.20) の運動方程式は

$$\frac{d\bm{p}}{dt} = \bm{F} \tag{3.2}$$

と書き換えられる．対象にしている物体の質量 m が時刻 t の関数として変化する場合には，運動量 $\bm{p}$ の時間微分は $\dot{\bm{p}} = \dot{m}\bm{v} + m\dot{\bm{v}}$ なので，

$$m\frac{d\bm{v}}{dt} + \frac{dm}{dt}\bm{v} = \bm{F} \tag{3.3}$$

となる．(3.3) の形の運動方程式で記述される物体の運動の例として，飽和水蒸気中を自己成長させながら落下する雨滴の運動や，燃料を燃焼させながら飛ぶロケットの運動などが挙げられる．これらの運動方程式を解くことは，多少手間がかかるので，ここでは省略する．また，この後の内容においても，特に断らない限り，物体の質量は定数として扱っていくこととする．

3.2 運動量保存則

質量 m の物体が，時刻 t の関数になった力 $\bm{F}(t)$ を受けながら運動している様子を思い浮かべてみよう（図 3.1）．この物体についての運動方程式は $d\bm{p}/dt = \bm{F}(t)$ である．もし，この物体に作用する力が任意の時刻で $\bm{0}$ ならば（等速直線運動），$d\bm{p}/dt = \bm{0}$（$\bm{p} = $ 一定）となり，運動量が保存量となることがわかる．これは**運動量保存則**の最も簡単な例で，一つの物体の運動において運動量が保存するのは等速直線運動の場合に限られるということを表している．次に，$\bm{F}(t) \neq \bm{0}$ の場合について考えてみよう．この場合，もちろん，運動量は時間変化をするので，運動量保存則は成り立たない．たとえば，図 3.1 のように時刻 t_1 における運動量 $\bm{p}_1$ と時刻 t_2 における運動量 $\bm{p}_2$ の差は運動方程式 $d\bm{p}/dt = \bm{F}(t)$ の両辺を時刻 t_1 から時刻 t_2 まで定積分することによって得られる．

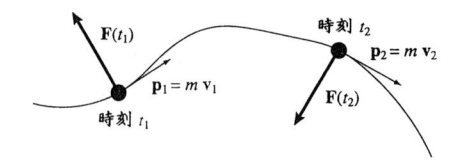

図 3.1 力 $F(t)$ を受けながら運動している物体

$$p_2 - p_1 = \int_{t_1}^{t_2} F(t)dt \tag{3.4}$$

ここで，(3.4) の右辺はこの物体が時刻 t_1 から時刻 t_2 に受ける**力積**と呼ばれる量である．つまり，運動方程式から得られた方程式 (3.4) は，物体の運動量変化 $p_2 - p_1$ は時刻 t_1 から時刻 t_2 までに受ける力積によるものであることを意味している．この力積が t での定積分になっているが，ベクトル量であり，その単位は [N·s]=[kg·m·s^{-1}] であることにも注意しよう．

3.3 衝　　　突

一つの物体の運動のみを考えている場合には，運動量保存則が成り立つのは等速直線運動の場合だけなので，あまり役に立たない法則のように思えるが，運動量保存則が威力を発揮するのは二つ以上の物体どうしの衝突においてである．この節では，3.2 節で紹介した運動量保存則に基づき，衝突のいくつかの例を考えてみよう．

3.3.1 直線上における衝突

質量 m の物体が直線上を，速度 v で等速度運動してきて壁と正面衝突するとしよう（図 3.2）．この物体が受ける力は壁と接している間に受ける力 $-F(t)$ のみで，その他では床との摩擦力や空気抵抗力は無視できるとする．もちろん，壁が衝突によって壊れたりすることもないとする．また，物体が受ける力 $-F(t)$ と壁が受ける力 $F(t)$ の間には作用反作用の法則が成り立っていることにも注意しよう．この物体は壁と接しているとき以外は等速直線運動をするので，衝突後の物体の速度を V とすると，式 (3.4) より，この物体の衝突前後での運動

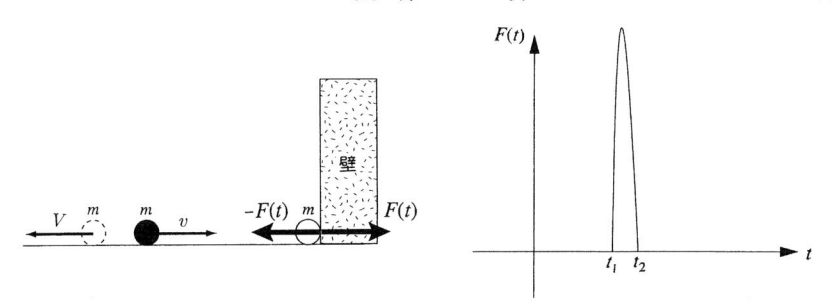

図 3.2　直線上における壁との正面衝突　　　　図 3.3　撃力の時間変化

量変化は
$$mV - mv = -\int_{t_1}^{t_2} F(t)dt \tag{3.5}$$
と書ける．ここで，物体が壁と接している間の時間は $t_2 - t_1$ とした．たとえば，速度 v が既知であるとし，式 (3.5) から，衝突後の物体の速度 v_2 を求めるようとするとき，形式的には $V = v - \dfrac{1}{m}\int_{t_1}^{t_2} F(t)dt$ と書けるが，右辺にある力積 $\int_{t_1}^{t_2} F(t)dt$ を一般的に求めることはできない．これは，衝突の際に物体が受ける力は短い時間に非常に大きな力になっていて（**撃力**と呼ばれる），$F(t)$ を時刻の関数として表すことが難しくなるからである（図 3.3）．また，この力は一般に保存力にはなっていないため，衝突前後での力学的エネルギーの保存が保証されない．

　力学的に衝突後の物体の速度 V を求めることができる場合はどのような場合であろうか？　これを明確にするため，**反発係数** e を導入する．その定義は
$$e = \frac{|V|}{|v|} \tag{3.6}$$
である．衝突前の速さ $|v|$ よりも衝突後の速さ $|V|$ の方が大きくなることは通常ないので，この反発係数のとり得る値は $0 \leq e \leq 1$ となる．特に，$e = 1$ の場合の衝突は**弾性衝突**と呼ばれる．この衝突が弾性衝突ならば，$|v| = |V|$ なので，衝突後の速度は $V = -v$ となり，さらに式 (3.5) より，壁が受ける力積は
$$\int_{t_1}^{t_2} F(t)dt = 2mv \tag{3.7}$$

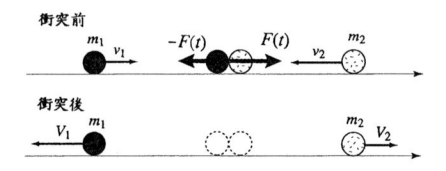

図 3.4 直線上における 2 物体の正面衝突

となることがわかる.また,このとき,衝突前後での力学的エネルギーは保存し $(mv^2/2 = mV^2/2)$,これが弾性衝突の特徴である.一方,$0 \leq e < 1$ の場合の衝突は**非弾性衝突**と呼ばれる.特に,$e = 0$ の衝突では,衝突後物体が壁にくっついてしまう状況を表している.非弾性衝突の場合 $|v| > |V|$ なので,衝突前後の運動エネルギーを比べると,$mv^2/2 > mV^2/2$ となる.したがって,衝突前後で力学的エネルギーは保存されないことがわかる[*1].これは $mv^2/2 = mV^2/2 + \alpha \, (\alpha > 0)$ と表すことができ,α は力学的エネルギーの損失と解釈できる.この力学的エネルギーの損失 α は物体や壁の熱エネルギーなどに転化されることが知られているが,これをニュートン力学の中で決定することはできず,したがってこの場合,衝突後の速度 V を一意的に求めることはできない.

次に,二つの物体が直線上で衝突する例を考えてみよう.質量 m_1 の物体と質量 m_2 の物体が同一直線上をそれぞれ速度 v_1 と速度 v_2 で等速度運動して来て,直線上のある点で衝突するとしよう.その衝突後の質量 m_1 の物体の速度 V_1 と質量 m_2 の物体の速度 V_2 を求めてみよう(図 3.4).このとき図 3.4 の右向きを正の向きにとっていることに注意しよう.また,速度 v_1, v_2 の向きは,図 3.4 の中では,$v_1 > 0, v_2 < 0$ ととっているが,この他の場合についても以下と同様に扱うことができる.質量 m_1 の物体と質量 m_2 の物体についてそれぞれ (3.4) に対応する式をたてると

$$\text{質量 } m_1 \text{ の物体}: m_1 V_1 - m_1 v_1 = -\int_{t_1}^{t_2} F(t) dt$$

(3.8)

[*1] 力学的エネルギー保存則は破れているが,熱力学的エネルギー保存則(熱力学第 1 法則)は成り立っている.

$$質量\ m_2 の物体：m_2 V_2 - m_2 v_2 = \int_{t_1}^{t_2} F(t) dt$$

ここで，$t_2 - t_1$ は 2 物体が接している時間である．これらの物体が接している間に及ぼし合う力の間には作用反作用の法則が成り立つので，(3.8) のそれぞれの式の右辺にある力積は消去することができ，次式を得る．

$$m_1 v_1 + m_2 v_2 = m_1 V_1 + m_2 V_2 \tag{3.9}$$

この方程式が 2 体衝突の前後における運動量保存則である[*1]．次に，この場合の反発係数をについて考えてみる．壁との衝突の場合は，壁が動いていなかったので，その反発係数は（衝突後の速さ）/（衝突前の速さ）であったが，運動している物体が二つの場合の反発係数はそれらの相対速度の大きさの比として定義される．したがって，この場合の反発係数 e は

$$e = \frac{|V_2 - V_1|}{|v_2 - v_1|} \tag{3.10}$$

と定義される．この反発係数が $e = 0$ の場合，衝突後二つの物体は一体となって運動することを表している．弾性衝突 ($e = 1$) の場合には，衝突前後で力学的エネルギーが保存されるので

$$\frac{m_1 v_1{}^2}{2} + \frac{m_2 v_2{}^2}{2} = \frac{m_1 V_1{}^2}{2} + \frac{m_2 V_2{}^2}{2} \tag{3.11}$$

が成り立つ．(3.9) と (3.11) を連立して，V_1, V_2 について解くと

$$V_1 = \frac{(m_1 - m_2)v_1 + 2m_2 v_2}{m_1 + m_2}, \quad V_2 = \frac{2m_1 v_1 - (m_1 - m_2)v_2}{m_1 + m_2} \tag{3.12}$$

を得る．(3.12) のほかに自明な解 $V_1 = v_1$, $V_2 = v_2$ があるが，これは二つの物体が衝突しない場合を表している．このような状況は $0 \leq v_1 < v_2$ のときに考えられる．

[*1] ここでは 2 体衝突の場合の運動量保存則を扱っているが，一般の n 体衝突の場合にも，物体間に働く力積は作用反作用の法則により消去でき，同様の運動量保存則が成り立つ．

3.3.2 平面上における衝突

平面上において，質量 m_1 の物体 A と質量 m_2 の物体 B がそれぞれ速度 $\boldsymbol{v}_1$ と速度 $\boldsymbol{v}_2$ で等速度運動して来て，ある点で弾性衝突する場合を考えよう（図 3.5）．衝突後の物体 A と物体 B のそれぞれの速度を $\boldsymbol{V}_1$ と $\boldsymbol{V}_2$ とすると，衝突前後で運動量保存則

$$m_1\boldsymbol{v}_1 + m_2\boldsymbol{v}_2 = m_1\boldsymbol{V}_1 + m_2\boldsymbol{V}_2 \tag{3.13}$$

が成り立つ．また，この場合の反発係数 e は

$$e = \frac{|\boldsymbol{V}_2 - \boldsymbol{V}_1|}{|\boldsymbol{v}_2 - \boldsymbol{v}_1|} \tag{3.14}$$

で定義される．弾性衝突の場合には $e = 1$ なので，$(\boldsymbol{V}_2 - \boldsymbol{V}_1)^2 = (\boldsymbol{v}_2 - \boldsymbol{v}_1)^2$ である．さらに，弾性衝突の場合，衝突前後における力学的エネルギー保存則

$$\frac{m_1}{2}|\boldsymbol{v}_1|^2 + \frac{m_2}{2}|\boldsymbol{v}_2|^2 = \frac{m_1}{2}|\boldsymbol{V}_1|^2 + \frac{m_2}{2}|\boldsymbol{V}_2|^2 \tag{3.15}$$

が成り立つ．ここで，直線上での衝突の場合と同様に，(3.13) ～ (3.15) の方程式を連立して，衝突後の速度 $\boldsymbol{V}_1$, $\boldsymbol{V}_2$ を求めることができるであろうか？これは一般的に解くことはできないが，ある特定の状況の下では可能である．

ここで，衝突する 2 物体の質量が等しく ($m_1 = m_2$)，衝突前に一方の物体が静止している ($\boldsymbol{v}_2 = \boldsymbol{0}$) 場合を考えてみよう（図 3.6）．この場合の運動量保存則 (3.13) は

$$\boldsymbol{v}_1 = \boldsymbol{V}_1 + \boldsymbol{V}_2 \,, \tag{3.16}$$

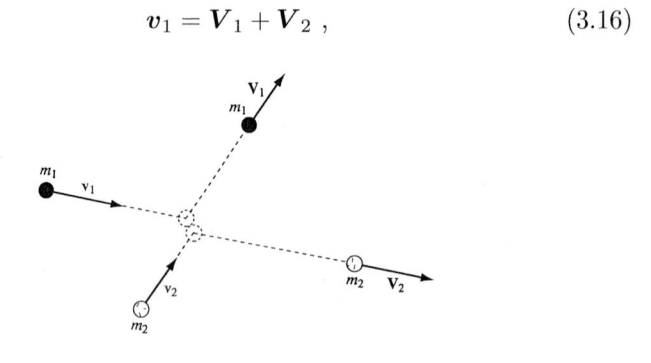

図 3.5 平面上における 2 物体の衝突

3.4 角運動量　　　　　　　　　　　　　　　　　　　　67

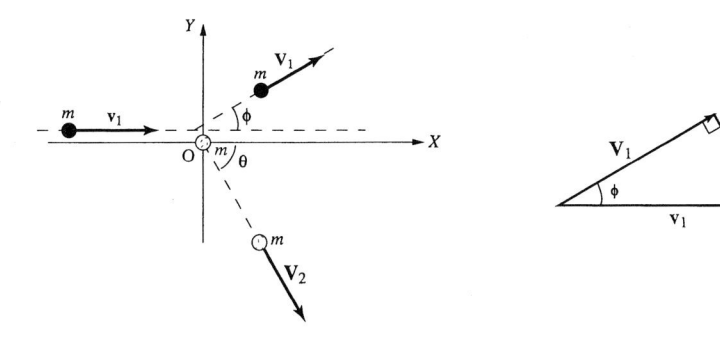

図 3.6　一方の物体が衝突前に静止している
　　　　場合の平面上における衝突

図 3.7　速度ベクトルが作る直角三角形

となり，力学的エネルギー保存則 (3.15) は

$$|v_1|^2 = |V_1|^2 + |V_2|^2 \tag{3.17}$$

となる．式 (3.16) と式 (3.17) から，速度ベクトル v_1, V_1, V_2 は図 3.7 のように直角三角形を成すことがわかる．また，速度ベクトル v_1 と速度ベクトル V_1 が成す角度 ϕ と速度ベクトル v_1 と速度ベクトル V_2 が成す角度 θ の和は $\phi + \theta = 90°$ となることがわかるが，ϕ と θ の比は上の条件だけでは決まらない．

3.4　角運動量

物体の**角運動量** L はその物体の位置ベクトル r と運動量 p の外積として定義される．

$$L = r \times p \tag{3.18}$$

定義式 (3.18) から角運動量も一種のベクトル量になっていることがわかる．また，この物体の質量を m，速度を v として，運動量を $p = mv$ と書くと

$$L = m(r \times v) \tag{3.19}$$

と表すこともできる．この角運動量の単位は $[\mathrm{m}^2 \cdot \mathrm{kg} \cdot \mathrm{s}^{-1}] = [\mathrm{J} \cdot \mathrm{s}]$ である．式 (3.18) と式 (3.19) の定義および外積の性質（付録 A.2 節参照）からわかるよう

に，角運動量 L は位置ベクトル r，速度ベクトル v，運動量 p のそれぞれと必ず直交する．

$$r \cdot L = v \cdot L = p \cdot L = 0 \tag{3.20}$$

したがって，物体の角運動量 L はその位置ベクトル r と速度ベクトル v または運動量 p が張る平面に必ず垂直になっている（図 3.8）．

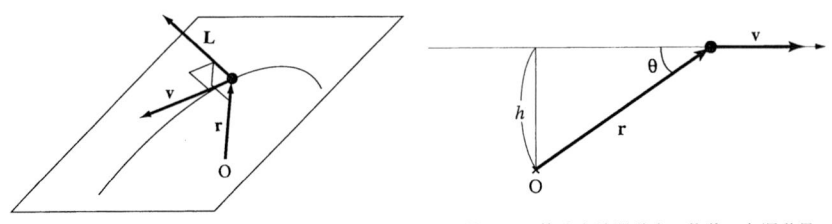

図 3.8 角運動量　　**図 3.9** 等速直線運動する物体の角運動量

具体的な運動について角運動量を計算してみよう．まずは等速直線運動の例を考えてみよう．図 3.9 のように平面上で，原点 O からの距離 h の直線上を速度 v で等速度運動する，質量 m の物体がある．この物体の位置ベクトルを r とする．この物体は等速度運動をしているので，速さ $|v| = v$ は一定である．また，この物体の軌跡である直線と位置ベクトル r の成す角を θ とすると，$|r| = h/\sin\theta$ と表される．以上のことに注意して，角運動量 L を表す．まず，この物体の角運動量 L の向きは，右ねじの法則から，この紙面の表から裏に向かう向きになっている（図 3.9）．次に，この物体の角運動量の大きさ $|L|$ は

$$|L| = m|r||v|\sin\theta = mhv \tag{3.21}$$

となる．h と v は共に一定なので，$|L|$ は一定である．したがって，等速直線運動している物体の角運動量 L は常に一定になっていることがわかった．

次に，XY 座標の原点を中心とする，半径 r の円上を等速円運動している，質量 m の物体の角運動量を求めてみよう（図 1.6 参照）．この物体の時刻 t 秒における位置ベクトル $r = x\boldsymbol{i} + y\boldsymbol{j}$ の各成分は

$$x = r\cos\omega t, \ y = r\sin\omega t, \tag{3.22}$$

速度 $\boldsymbol{v} = v_x\boldsymbol{i} + v_y\boldsymbol{j}$ の各成分は

3.5 角運動量保存則

$$v_x = -r\omega \sin \omega t \ , \ v_y = r\omega \cos \omega t \tag{3.23}$$

と表される（例題 1.2, 1.3 では $r = 2$, $\omega = 2$ としていた）．したがって，角運動量 L の成分は

$$L = m(r \times v) = mr^2 \omega k, \tag{3.24}$$

ここで，k は Z 軸方向の基本ベクトルである．式 (3.24) から，等速円運動する物体の角運動量も，時刻 t によらず，一定になっていることがわかる．

上の二つの例では，どちらの角運動量も一定であることがわかったが，では，一般の運動（加速度運動）ではどうであろうか？ これについての解答は次の節の角運動量保存則で明らかになる．

3.5 角運動量保存則

まず，物体の運動方程式 $dp/dt = F$ を，角運動量 L を用いて書き換えてみよう．運動方程式の両辺に物体の位置ベクトル r の外積を作用する．

$$r \times \frac{dp}{dt} = r \times F \tag{3.25}$$

式 (3.25) の左辺は $d(r \times p)/dt$ と書き換えることができる[*1)]．したがって，運動方程式 (3.25) はこの物体の角運動量 $L = r \times p$ を用いて

$$\frac{dL}{dt} = N \tag{3.26}$$

と表すことができる．ここで，右辺にあるベクトル量 $N = r \times F$ はトルク（または力のモーメント）と呼ばれる．式 (3.26) から，トルク N がゼロベクトル

[*1)] 詳しく書くと次の通りである．積の微分規則から

$$r \times \frac{dp}{dt} = \frac{d(r \times p)}{dt} - \frac{dr}{dt} \times p$$

右辺の第 2 項を物体の質量 m と速度 $v = \dfrac{dr}{dt}$ を用いて書くと

$$\frac{dr}{dt} \times p = m(v \times v) = 0$$

となり，$r \times \dfrac{dp}{dt} = \dfrac{d(r \times p)}{dt}$ が示せた．

ならば角運動量 L は時間に依らず一定になることがわかる．つまり，$N = 0$ のとき角運動量保存則が成り立つということである．

次に，この物体にかかるトルク N がゼロベクトルになる状況を具体的に考えてみよう．その定義から，トルクは物体の位置ベクトル r とかかる力 F の外積で与えられているので，もちろん，物体に力がかかっていないとき ($F = 0$) にはゼロベクトルである．つまり，前節で具体的に計算した，等速直線運動する物体の角運動量が保存するという例はこの事実からもわかる．しかし，$N = r \times F = 0$ の状況は $F = 0$ の場合だけではない．$F \neq 0$ の場合，外積の一般的な性質から，物体の位置ベクトル r とかかる力 F が互いに平行になっていれば，$N = 0$ が成立する．このとき，r と F は互いに従属なので，力は

$$F = K(r)r \tag{3.27}$$

という形に書くことができる．ここで，係数 $K(r)$ は位置ベクトル r の大きさ $r = |r|$ のスカラー関数である．式 (3.27) の形に書ける力は**中心力**と呼ばれる．したがって，角運動量保存則は「かかっている力が中心力ならば，その物体の角運動量は保存する」と言い表すことができる．

では，実際中心力になっている力の例を挙げてみよう．

例 3.1 直線上を運動している物体にかかっている力は必ず中心力になっている．物体が直線上を運動しているとき，原点をその直線上にとれば，位置ベクトルと力は必ず平行になることは明らかである．より具体的には，第 1.3.4 項で考えた，単振動する物体がばねから受ける力は中心力になっている．

例 3.2 等速円運動している物体にかかっている力（向心力）$F \propto r(t)$ は中心力になっていることがわかる（図 1.6 参照）．

例 3.3 万有引力 (1.22) は中心力である．万有引力の形 (1.22) を見ると，(3.27) の係数 $K(r)$ に相当するのは $-G_N(mM)/r^3$ であることがわかる．

したがって，例 3.1~3.2 の力のもとで運動する物体の角運動量は保存する．

また，中心力は必ず保存力になっていることに注意しよう．これは，(3.27) の中心力の回転（rot$F$．付録 A.5.4 参照）を直接計算して，ゼロベクトルにな

ることからわかる．これは各自で計算して，確かめてみよう．しかし，この逆「保存力は必ず中心力になっている」は必ずしも成り立たない．たとえば，地球上で重力 $-mg\bm{k}$ を受けながら放物運動する物体を考えてみよう．重力 $-mg\bm{k}$ は保存力であるが，その方向は必ずしもその物体の位置ベクトルと平行にはならない．

練 習 問 題

1) XY 平面上を運動する質量 m [kg] の物体の位置ベクトル $\bm{r} = x\bm{i} + y\bm{j}$ の成分が時刻 t [s] の関数として

$$\begin{cases} x = \sin(\omega t) - \cos(\omega t) \\ y = \sin(\omega t) + \cos(\omega t) \end{cases}$$

で与えられているとき，次の (1) ～ (3) の問に答えよ．ただし，ω は正の定数とする．
   (1) この物体の運動量を求め，それが保存量になっているか否かを答えよ．
   (2) この物体の角運動量を求め，それが保存量になっているか否かを答えよ．
   (3) この物体にかかっているトルクを求めよ．

2) 図 3.10 のように，原点に静止している質量 m [kg] の物体 A に向かって質量 $2m$ [kg] の物体 B が X 軸上を速さ v [m·s^{-1}] $(v > 0)$ で等速直線運動してきて，弾性衝突をした．衝突後，物体 B は X 軸と $30°$ をなす方向に等速直線運動し始めた．次の (1) ～ (3) の問に答えよ．
   (1) 衝突後の物体 B の速さ v' を求めよ．ただし，$v' > 0$ である．
   (2) 衝突後の物体 A の速度の大きさを求めよ．
   (3) 衝突後の物体 A の速度と X 軸のなす角度 θ を求めよ．

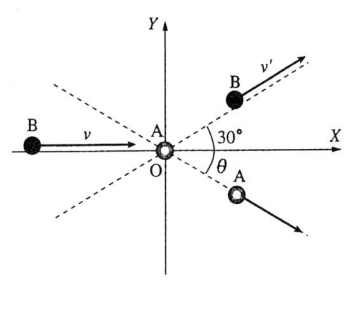

図 3.10

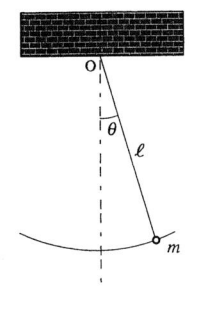

図 3.11

3) 図 3.11 のように，長さ l [m] の糸の一端に質量 m [kg] の物体をつけた振り子を天井の点 O からつるし，鉛直面内で微小振動させる．点 O を通る鉛直線と糸のなす角度を θ [rad] とし，摩擦や空気抵抗は無視できるとして，次の (1) ～ (5) の問に答えよ．
   (1) 点 O を原点としたとき，この物体の角運動量を求めよ．ただし，紙面の裏から表を向く単位ベクトルを $\boldsymbol{k}$ として答えよ．
   (2) 点 O を原点としたとき，この物体にかかるトルクを求めよ．
   (3) 時刻 t [s] における角度 θ についての運動方程式を求めよ．
   (4) (3) の運動方程式で $\sin\theta \approx \theta$ と近似して，θ を時刻 t の関数として求めよ．
   (5) この運動の周期を求めよ．

4) 図 3.12 のように，糸の一端に質量 m [kg] の物体をつけ，もう一端は板の中心にあけた小穴を通し，この物体を水平な板面上で速さ v_0 [m·s^{-1}]，半径 r_0 [m] の等速円運動をさせる．このとき，小穴を通した糸の一端は一定の力 F [N] で下に引っ張っている．摩擦や空気抵抗は無視できるとして，次の (1) ～ (5) の問に答えよ．
   (1) この物体の角運動量の大きさと向き ((ア) (イ) のいずれか) を答えよ．
   (2) 糸がこの物体を引っ張っている力 F の大きさを答えよ．
   (3) この物体にはたらくトルクを求めよ．
   (4) この糸を下方にゆっくりと引っ張って，等速円運動の半径を $r_0/2$ [m] に縮めたとき，この物体の速さを求めよ．(このとき力 F の大きさは一定ではない．)
   (5) (4) において糸を下に引っ張る力がした仕事を求めよ．

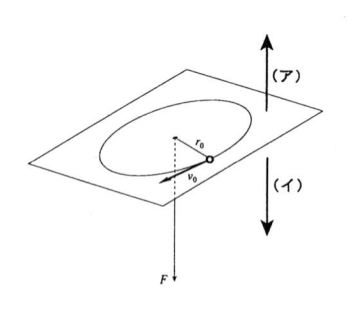

図 3.12

4

弾性体と流体

　これまで，物体に外力が作用したとき物体はいかに運動するかを議論してきた．そこでは物体として，形を持たない点のような微小物体，あるいは形はあっても変形しない堅い物体を考えていた．だが，現実の物体は力を加えると形を変える．液体・気体になると，決まった形をもたず，容器を変えるだけで，簡単に形を変えてしまう．このような変形しうる物体は，薬学の様々な分野で見られる．人体を構成する骨は加わる力によって変形するし，製薬工場の機材となる角材やパイプは変形を考慮して設計されている．また，人体中では血液等の流体が流れの現象を見せており，医薬品は流体の形で人間に使用され，薬学実験の多くは流体中の化学反応が基盤となっている．この章では，変形しうる物体，すなわち弾性体と流体は，いかに取り扱うのか，いかなる振舞いを見せるのか，いかなる法則に従うのかを考察することにしよう．

4.1 弾　性　体

4.1.1 弾性と塑性

　図 4.1(a) のように物体の一端を固定し，他端に力を加えて，引っ張ったとする．加えた力を F，物体の伸びを δx とすると，このときの両者の関係は図 4.1(b) のようになる．すなわち，F が小さいときには F と δx は比例するが，F が大きくなると比例から外れて伸び δx が大きくなり，最後には F を大きくしなくても伸びるようになって物体は破損してしまう．加える力が小さくて F と δx が比例する領域で，増大させた F を逆に減少させていくと，同

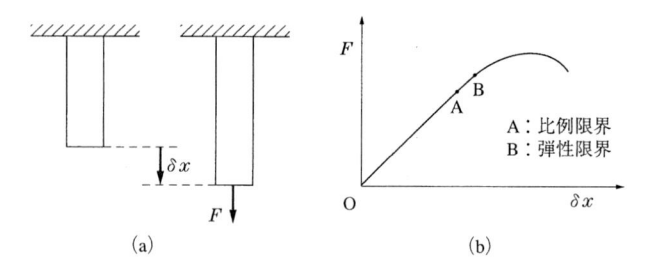

図 4.1 弾性と塑性

じ比例直線に沿って減少し，$F=0$ となると $\delta x=0$ となる．すなわち，力を取り除くと変形がなくなってしまう．この加える力をゼロにすると変形がなくなる物体の性質を**弾性**という．加える力が大きくて比例直線から外れる領域から F を減少させると，増大するとき描いた $F-\delta x$ 曲線に従って δx は減少しなくなり，$F=0$ となっても変形 δx が残るようになる．このような，力を加えた結果，物体が恒久的に変形する性質を**塑性**という．弾性は，加えた力によって生じた変形が力を除くと元に戻る性質であり，塑性は，加えた力によって生じた変形が永続的に残る性質である．どのような物体も，加える力が小さいときには弾性という性質を，大きくなると塑性という性質を示すことに注意しよう．自動車のボディが，衝突によって壊れるのは塑性という性質をもつからであり，小さな衝撃によって変形しても元に戻るのは弾性という性質をもつからであり，一枚の鉄板からプレスによって加工できるのは塑性という性質を利用しているからである．

4.1.2 弾性体

弾性という性質を示す物体を**弾性体**という．弾性体においては，加えた力とその結果生じた変形は比例する（正確には，弾性領域と比例領域は異なるが，両者はほとんど等しい．図 4.1(b) 参照）．すなわち

$$F = k\,\delta x \qquad (k:弾性定数) \tag{4.1}$$

と書ける．ばねの場合，弾性定数 k は，ばね定数とも呼ばれる．これを **Hooke の法則**という．弾性定数は，物体の幾何学的形状によって異なり，物質固有の

値をもたない．力と変形の関係を表す式 (4.1) を，物質の特性を表すものにするには，応力というものを考えねばならない．

4.1.3 応　　　力

図 4.2 のように床の上にある物体に上から外力を加えて押したとする．外力を加えることにより物体は変形するが，物体が変形すると，物体の内部に変形に抵抗する力ができる．変形が大きくなって，変形に抵抗する力が増大し，それが外力につり合うようになると，変形の増大は止まる．すなわち，物体の変形は，物体内部の変形に抵抗する力が，外力につり合うようになるまで，増大するのである．この物体の変形により物体内部に生じる力を**応力**（stress）という．外部環境の過度の刺激によって，人間の心身的機能が不調をきたすとき，ストレスが原因と医師から告げられる．この医学用語「ストレス」は，物理用語「応力」に起源をもっている．外部環境の作用によって，心身の構造機能が変形し，人間の心身が不調をきたすのである．物理学の応力は，人間の心身に生じるストレスの構造を，うまく表現していると思われる．物体内部の力である応力は，物理的にいかに表せばよいのか．外力によって変形した物体の断面を考えると，断面には変形によって生じた応力が作用している（図 4.3）．張力によって伸びた物体には断面に互いに引っ張る力が作用し，圧縮力により縮んだ物体には互いに押し合う力が作用している．これらが応力である．応力は，物体の変形によって生じる内力だから，伸び縮み等の変形に比例するものである．伸び縮みに比例する力は，単位面積当りの力である．すなわち，応力は，液体気体の内部に作用する圧力と同じく，単位面積当りの力で表される．

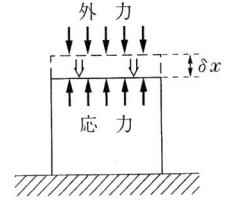

図 4.2　変形と応力

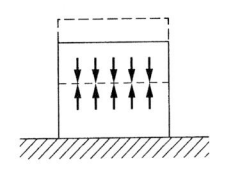

図 4.3　応　力

4.1.4 歪み

同じ外力を加えたとき，伸び・縮み等の物体の変形量は，物体の大きさに関係する．たとえば，長さが長いほど，変形量は大きい．すなわち，加えた外力と物質固有の比例関係にあるのは，変形の割合「物体の変形量」／「物体の大きさ」である．この変形の割合を**歪み**という．

4.1.5 弾 性 率

応力と歪みを用いると，外力によって生じる変形量と，変形によって生じる内力の関係が，次の比例関係によって表現できる．

$$応力 = \kappa \times 歪み \tag{4.2}$$

比例定数 κ は**弾性率**と呼ばれ，物質固有の値をもつ．応力は，外力とつり合う物体内部の力だから，外力に等しい．すなわち，物体に外力を加えたとき，物体の変形量が式 (4.2) から計算できる．外力による物体の変形には，多くの種類がある．引っ張りの外力によって伸びという変形が，物体をずらす外力によってずれが，圧縮する外力によって物体の体積圧縮が生じる．このそれぞれの変形に対して，伸びの弾性率，ずれの弾性率，体積圧縮の弾性率が定義される（図 4.4）．これらの弾性率は，それぞれ**ヤング率**，**剛性率**，**体積弾性率**と呼ばれている．表 4.1 に，いくつかの物質の弾性率を示す．

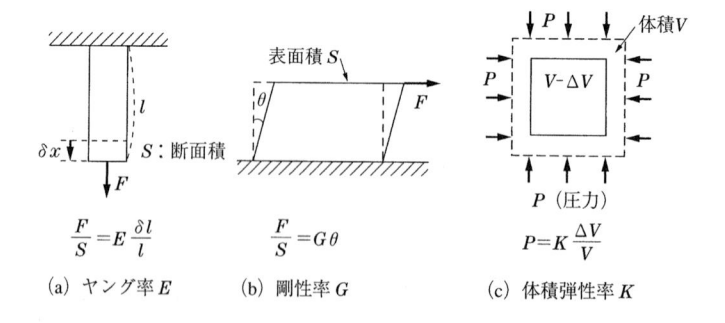

$$\frac{F}{S} = E\frac{\delta l}{l} \qquad \frac{F}{S} = G\theta \qquad P = K\frac{\Delta V}{V}$$

(a) ヤング率 E (b) 剛性率 G (c) 体積弾性率 K

図 4.4 様々な弾性率

表 4.1 固体の弾性率

物　　質	ヤング率 $E\,[\mathrm{N\cdot m^{-2}}]$	剛性率 $G\,[\mathrm{N\cdot m^{-2}}]$	体積弾性率 $K\,[\mathrm{N\cdot m^{-2}}]$
アルミニウム	0.71×10^{11}	0.24×10^{11}	0.70×10^{11}
真　　鍮	0.91×10^{11}	0.36×10^{11}	0.61×10^{11}
銅	$1.1\ \times 10^{11}$	0.42×10^{11}	$1.4\ \times 10^{11}$
鉄	0.91×10^{11}	0.70×10^{11}	$1.0\ \times 10^{11}$
鋼	$2.0\ \times 10^{11}$	0.84×10^{11}	$1.6\ \times 10^{11}$
鉛	0.16×10^{11}	0.56×10^{11}	0.77×10^{11}

4.1.6　ヤング率

ここでヤング率を例として，弾性体の性質を詳しく考察することにしよう．伸びの弾性率である**ヤング率** E は，物体の長さを l，断面積を S，加える力を F，伸びを Δl とすると，次式で定義される．

$$（応力\ \frac{F}{S}) = E\ (歪み\ \frac{\Delta l}{l}) \tag{4.3}$$

人間の骨のヤング率は，張力と圧縮力で違っていて，それぞれ $1.6 \times 10^{10}[\mathrm{N\cdot m^{-2}}]$，$0.9 \times 10^{10}[\mathrm{N\cdot m^{-2}}]$ である．また，加える外力を大きくすると物質は破壊するが，破壊が始まるときの応力（破壊応力）は物質によって決まっており，骨の場合，外力が張力のとき $12 \times 10^{7}[\mathrm{N\cdot m^{-2}}]$，圧縮力のとき $17 \times 10^{7}[\mathrm{N\cdot m^{-2}}]$ である．これらの骨の弾性的性質から，人間の大腿骨（最も細い部分の断面積が $6 \times 10^{-4}[\mathrm{m^2}]$）が圧縮力によって破壊するときの力の大きさ F が，次のように計算される．

$$\begin{aligned}F &= (破壊応力) \times (断面積) = (17 \times 10^{7}\,[\mathrm{N\cdot m^{-2}}]) \times (6 \times 10^{-4}\,[\mathrm{m^2}]) \\ &= 1.02 \times 10^{5}\,[\mathrm{N}]\end{aligned}$$

体重が $60\,[\mathrm{kg}]$ の人の重力は，$mg = (60\,[\mathrm{kg}]) \times (9.8\,[\mathrm{m\cdot s^{-2}}]) = 588\,[\mathrm{N}]$ だから，体重の約 173 倍の荷重に骨は耐えることがわかる．また，このときの骨の歪みは，歪み=(破壊応力)／(ヤング率)=$(17 \times 10^{7}\,[\mathrm{N\cdot m^{-2}}])$／$(0.9 \times 10^{10}[\mathrm{N\cdot m^{-2}}])$=0.019 すなわち，骨は 1.9％短くなることがわかる．

4.1.7　弾性エネルギー

外力によって物体が変形すると，物体は，加えられた力の方向に動くことになり，外力により仕事をされることになる．外力によりされた仕事は，変形の

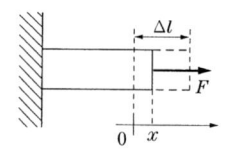

図 4.5 弾性エネルギー

エネルギーとして物体内部に蓄えられていて,再び外部に取り出すことができる.これを**弾性エネルギー**という.物体(長さ l,断面積 S,ヤング率 E)に,外力 F を加えて Δl 伸ばしたときの弾性エネルギーを計算してみよう.弾性エネルギーは外力のした仕事に等しく,外力のした仕事は外力を変形量 x で積分したものだから(図 4.5),次式となる.

$$(弾性エネルギー) = \int_0^{\Delta l} F dx = \int_0^{\Delta l} \left(\frac{ESx}{l}\right) dx$$
$$= \frac{ES}{2l}(\Delta l)^2 = \frac{ESl}{2}\left(\frac{\Delta l}{l}\right)^2 = \frac{EV}{2}(歪み)^2 \quad (4.4)$$

ここで V は物体の体積 (Sl) であるから弾性エネルギーは,エネルギー密度 $(E/2)(歪み)^2$ の歪みがもつエネルギーとして,物体に蓄えられていることが分る.

4.2 圧　　　力

4.2.1 圧　　　力

　気体や液体を扱うとき,必ず圧力が問題になる.**圧力**は,気体・液体を構成する物質が相互に及ぼす力である.たとえば,気体の中に仮想的な面を想定すると,面の両側の気体は力を及ぼし合っている.また,圧力をもつ気体が容器に入っていると,気体は容器との接触面で容器に力を及ぼす.これらの力が圧力である.気体・液体は面を介して力を作用するから,圧力は単位面積当りの力で表す.すなわち圧力 = 力÷面積である.この圧力の定義から,シリンダーに入った気体に面積 S のピストンを介して力 F を加えたとき気体の圧力 p は $p = F/S$ になること,圧力 p の気体が面積 S のピストンに及ぼす力 F は

$F = pS$ になることが理解できよう（図 4.6）．また，この定義から圧力の単位が SI（MKSA）単位系では [N·m^{-2}]，CGS 単位系では [dyn·cm^{-2}] となり，[N·m^{-2}] は [Pa]（**パスカル**）と呼ばれることに注意しよう．

4.2.2　液体の圧力

　液体の圧力は，液体の深さによって変化する．液体の各部分には重力が作用していて，液体を圧する重力が深さと共に大きくなるからである．ここでは，液体の圧力が深さによってどのように変化するかを考えることにしよう．いま，図 4.7 のような密度 ρ の液体中の深さ h にある仮想的な水平面（面積 S）を考え，ここでの液体の圧力を p としよう．この面の上には体積 Sh の液体があり，この液体の重力（ρShg, g:重力加速度）が，面を上から押している．一方，面の下には圧力 p の液体が力 pS で押し上げている．両者はつり合っているから，$pS = \rho Shg$ である．すなわち，

$$\text{深さ } h \text{ での液体の圧力 } p = \rho g h \tag{4.5}$$

であることがわかる．

　液体の圧力 $= \rho g h$ を使って，水面下 1 m での水圧を計算してみよう．水の密度は，MKSA 単位系で 1.0×10^3 [kg·m^{-3}] であるから，

$$\begin{aligned}\text{水面下 1 [m] での水圧} &= (1.0 \times 10^3\,[\text{kg} \cdot \text{m}^{-3}]) \cdot (9.8[\text{m} \cdot \text{s}^{-2}]) \cdot (1\,[\text{m}]) \\ &= 0.98 \times 10^4\,[\text{Pa}]\end{aligned}$$

であることがわかる．

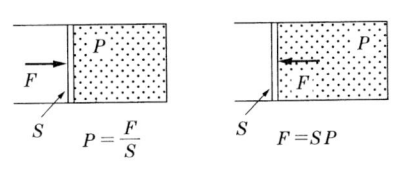

図 4.6　圧　力

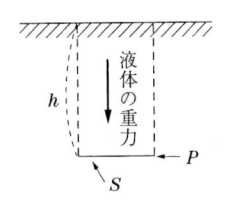

図 4.7　液体の圧力

4.2.3 大気圧

地表の大気にも重力が作用し，大気を地表に押しつけている．この大気の重力が地表を押す力によって**大気圧**が生じる．大気圧の大きさは，トリチェリの実験によって知られている（図 4.8）．水銀をいっぱいに満たした管を，水銀槽

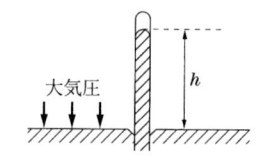

図 4.8 大気圧

の中に逆さまに立てると，管の中の水銀の一部は槽に流れ出て，管の上部にトリチェリの真空と呼ばれる真空をつくるが，すっかり流れ出ることはなく，水銀槽の表面から約 76 [cm] のところで止まる．これはどうしてであろうか．これは，水銀槽の水銀の表面に大気圧が作用し，水銀槽の水銀の圧力となって，管中の水銀を押し上げるからである．それでは，大気圧はいかなる大きさをもつのだろうか．**トリチェリの実験**において，水銀槽の水銀面に作用する大気圧と，管中の押し上げられた水銀柱による圧力は，つり合っている．すなわち，水銀柱による圧力がわかれば，大気圧がわかるはずである．通常の大気の下では，水銀柱の高さは約 76 [cm] となる．水銀の密度は 13.6×10^3 [kg·m^{-3}] であるから，

水銀柱の高さが76 [cm]の大気圧

$$= (13.6 \times 10^3 \,[\text{kg} \cdot \text{m}^{-3}]) \cdot (9.8 \,[\text{m} \cdot \text{s}^{-2}]) \cdot (0.76 \,[\text{m}])$$
$$= 1.013 \times 10^5 \,[\text{Pa}]$$

この大気圧の大きさを **1 気圧**という．

4.2.4　1 気圧

圧力の単位に，MKSA 単位系の [Pa]，CGS 単位系の [dyn·cm^{-2}]，ここで述べた気圧のほかに，100 [Pa]=1 [hPa] である [hPa]（ヘクトパスカル），水銀柱の高さ（[mm] 単位）で圧力の大きさを表示する [mmHg] がある．**1 気圧**を，こ

れらの単位で表すと次のようになる.

$$1\,気圧 = 1.013 \times 10^5\,[\text{Pa}] = 1.013 \times 10^6\,[\text{dyn}\cdot\text{cm}^{-2}]$$
$$= 1013\,[\text{hPa}] = 760\,[\text{mmHg}]$$

これらの関係を利用して,圧力の単位を相互に変えることができる.これらの関係は,また,通常の大気圧である1気圧がどのような圧力であるかを教える.1気圧は $1.013 \times 10^5\,[\text{Pa}]$ であるから,$1\,[\text{m}^2]$ に $1.013 \times 10^5\,[\text{N}]$ の力が作用する圧力,すなわち $1\,[\text{m}^2]$ に $1.034 \times 10^4\,[\text{kg}]$(約10トン)の物体の重力 (mg) が作用する圧力であることがわかる.1気圧$=1.013 \times 10^6\,[\text{dyn}\cdot\text{cm}^{-2}]$ からは,$1\,[\text{cm}^2]$ に $1.034 \times 10^3\,[\text{g}]$(約 $1\,[\text{kg}]$)の物体の重力による圧力であることがわかる.この物体の量を水の量に換算すると水 $1\,[\text{cm}^3]$ の質量は $1\,[\text{g}]$ であるから,高さ $1.034 \times 10^3\,[\text{cm}]$(約 $10\,[\text{m}]$)の水柱での圧力,水深約 $10\,[\text{m}]$ での水中での圧力であることがわかる.[hPa] は,天気予報の大気圧の表示に使用される単位である.1気圧は $1013\,[\text{hPa}]$ の大きさであり,また水柱の高さにして $10\,[\text{m}]$ すなわち $1000\,[\text{cm}]$ の圧力だから,$1\,[\text{hPa}]$ は水柱の高さ約 $1\,[\text{cm}]$ の圧力である.これから,$953\,[\text{hPa}]$ の熱帯性低気圧(台風)が来ると,海面の高さが $1013\,[\text{hPa}]$(1気圧)のときより $60\,[\text{cm}]$ 上昇することがわかる.

4.2.5 血　　圧

血圧は,心臓と同じ高さで測ることとされる.これはどうしてであろうか.それは,測定の高さが違うと液体の深さによる圧力変化が生じ,心臓の脈動によってつくる血圧を正確に測れないからである.それでは,脳の血圧は心臓よりどれだけ異なるのだろうか.脳は心臓より約 $35\,[\text{cm}]$ 高いところにあるから,脳の血圧は $\rho g(0.35[\text{m}])$ だけ心臓の血圧より小さい.血液の密度は水の密度にほとんど等しいから,この血圧の違いは次の値となる.

$$脳と心臓の血圧の違い = (1.0 \times 10^3[\text{kg}\cdot\text{m}^{-3}]) \cdot (9.8[\text{m}\cdot\text{s}^{-2}]) \cdot (0.35[\text{m}])$$
$$= 3430[\text{Pa}] = 25.7[\text{mmHg}]$$

筋性静脈への点滴は,ボトルを高いところに置き,点滴液の圧力を静脈圧

より大きくすることによって行われる．筋性静脈の静脈圧は，人によって異なるが，約 12 [mmHg] であるとされる．ボトルはどれだけの高さに置かねばならないのだろうか．生理食塩液やブドウ糖等の点滴液の密度は，ほとんど水の密度に等しいから，静脈圧 12 [mmHg] に等しいボトルの高さ h は，次の関係式を満たす；水銀の密度 $\times g \times 0.012$ [m] = 水の密度 $\times g \times h$，すなわち $(13.6 \times 10^3 \,[\mathrm{kg \cdot m^{-3}}]) \cdot (0.012\,[\mathrm{m}]) = (1.0 \times 10^3\,[\mathrm{kg \cdot m^{-3}}]) \cdot h$．これから $h = 0.16$ [m]，すなわち 16 [cm] 以上の高さにボトルを置かねばならないことがわかる．

4.2.6 気体ボンベの圧力

研究や治療に酸素や二酸化炭素を封入した**気体ボンベ**を使用する．使用中の気体ボンベの気体の残量は，圧力からどのように計算されるのだろうか．気体ボンベに取り付けられている圧力計の目盛の単位は，1 [cm²] 上の物体の質量を表す [kg·cm⁻²] であることに注意しよう．前に述べたように，1 気圧は 1 [cm²] 上に約 1 [kg] の物体の重力が作用する圧力であった．すなわち，1 気圧 = 約 1 [kg·cm⁻²] である．一定量の気体の体積変化は，ボイルの法則に従う．ボンベの体積を V_0，圧力を p，1 気圧の外部に放出されたときの気体の体積を V とすると，ボイルの法則 $pV =$ 一定 より $(1\,[\mathrm{kg \cdot cm^{-2}}]) \cdot V = (p\,[\mathrm{kg \cdot cm^{-2}}]) \cdot V_0$，すなわち $V = (p\,[\mathrm{kg \cdot cm^{-2}}]) \cdot V_0$ となる．圧力計の数値に体積を掛けたものが，ボンベの気体の残量になるのである．

4.2.7 大気中の液体の圧力

大気中に液体があるとき，深さ h での**液体の圧力**は，液体と大気との境界には大気の重力による大気圧が作用しているから，液体の重力による圧力 $\rho g h$ に大気圧を加えたものになる（図 4.9）．すなわち

$$\text{大気中の液体の深さ } h \text{ での圧力} = \text{大気圧} + \rho g h \tag{4.6}$$

人間が水面下 40 [m] に潜ると，10 [m] の深さで圧力が 1 気圧増大するから，圧力は 4 気圧増大し，身体には全体で 5 気圧の圧力が作用することになるのである．

図 4.9 大気中の液体の圧力

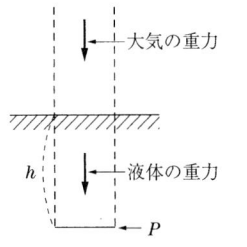

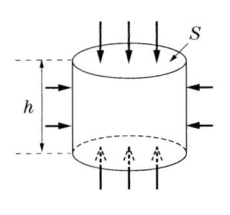

図 4.10 浮 力

4.3 アルキメデスの原理

4.3.1 浮　　力

　流体中の物体は，まわりの流体から受ける圧力の合力として**浮力**を受ける．いま，図 4.10 のような液体中に位置する円筒形の物体（高さ h，断面積 S）を考えよう．側面（円筒面）に作用する圧力は軸対象であるからつり合うが，上面と下面に作用する圧力は下面の方が大きく，合成すると上方への力すなわち浮力となる．液体の密度を ρ とし，上面に作用する圧力を p とすると，下面に作用する圧力は $p + \rho g h$ である．浮力は，下面で物体を押し上げる力と，上面で物体を押し下げる力の差であるから，

$$浮力 = (p + \rho g h) \cdot S - p \cdot S = \rho g \cdot h S = \rho V g \tag{4.7}$$

ここで $V(=hS)$ は物体の体積であるから，ρV は物体と同体積の流体の質量である．したがって「流体中の物体はその物体が押しのけた流体の重さに等しい**浮力を受ける**」ことがわかる．これを **Archimedes の原理**という．物体が流体中で浮かんでいる場合は，流体中に沈んでいる物体の体積を V とすると，浮力はやはり $\rho V g$ となる．質量 1 [g] の物体の重さを 1 [g 重] で表すと，浮力は ρV となることに注意しよう．金属の物体（体積 5 [cm^3]，質量 30 [g]）を水（密度 1.0 [g·cm^{-3}]）の中に入れると，$\rho V = (1.0\,[\text{g·cm}^{-3}]) \cdot (5\,[\text{cm}^3]) = 5\,[\text{g}]$ であるから，5 [g 重] だけ物体は軽くなるのである．同じ物体を油（密度 0.8 [g·cm^{-3}]）の中に入れると，$\rho V = 4$ [g] であるから，4 [g 重] だけ軽くなることがわかる．また，同じ物体を水銀（密度 13.6 [g·cm^{-3}]）の中に入れると，物体の密度は水

銀の密度より小さいから，物体は浮かぶことになる．物体が水銀の中で浮かんでいるとき，物体の重力と浮力はつり合っているから，物体が水銀の中に沈む体積 V は，(水銀の密度 $13.6\,[\mathrm{g\cdot cm^{-3}}]$)・$V=30\,[\mathrm{g}]$ より，約 $2.2\,[\mathrm{cm^3}]$ となる．

4.3.2 遠心機中の浮力

遠心機は，大きな分子と小さな分子とを分離するのに使用される．このとき，分離される分子は溶液中に溶けていて，分子には溶液による**浮力**が作用している．遠心機は，遠心力により地球上の重力の何万倍もの重力を作る装置である．遠心機中の試料に作用する外力には，重力 mg（m:試料の質量）と遠心力 $mr\omega^2$（r:遠心機の回転半径，ω:角速度）があるが，遠心機の角速度は非常に大きいので，重力の効果は無視できる．すなわち，試料は，$r\omega^2$ の重力加速度をもつ重力の下にあるかのように振る舞い，遠心機の回転数を毎秒 1000 回転とすると重力加速度の 100000 倍もの**見かけの重力加速度** $g_e(=r\omega^2)$ を受けることになる．遠心機で遠心分離する分子は溶液に溶けていて，見かけの重力加速度 g_e を与える遠心力は溶液と分子に作用する．すなわち，溶液の中に遠心力による圧力差ができ，これが溶けている分子に浮力として作用する．この浮力の大きさは，遠心力が見かけの重力加速度 $g_e(=r\omega^2)$ をもつ重力のように作用することを考えると，$\rho V g_e$（ρ:溶液の密度，V:溶けている粒子や分子の 1 個の体積）となる．すなわち，遠心機で遠心分離中の分子が受ける力は，分子の密度を ρ_0 とすると $(\rho_0 - \rho)V g_e$ となるのである．

4.3.3 比　重　計

血液や尿などの液体の**比重（密度）**の測定にも，Archimedes の原理が使用される．たとえば，硫酸銅溶液を利用する血液比重測定法は，硫酸銅溶液の中に血液 1 滴を滴下し，その浮沈を調べて比重の値を判断する．滴下した血液の重さは，硫酸銅溶液による浮力により，$(\rho_b - \rho_s)V$（ρ_b:血液の密度，ρ_s:硫酸銅溶液の密度，V:血液の体積）となるから，滴下した血液が上方に浮き上がれば血液の比重は硫酸銅溶液の比重（1.06 前後）より小さい，途中に止まれば硫酸銅溶液と同等である，下方に沈めば硫酸銅溶液より大きいと判断される．

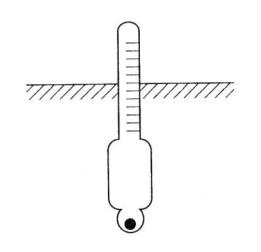

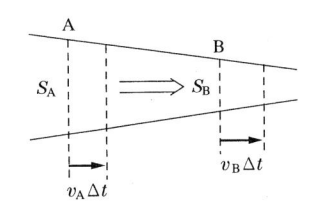

図 4.11 尿比重計　　図 4.12 連続の方程式

浮子の浮沈から比重を測定する**尿比重計**（図 4.11）も Archimedes の原理を利用している．浮子に作用する重力と浮力は，浮子は尿中に浮かんでいるからつり合っている．すなわち，尿の密度を ρ，浮子の質量を m，浮子の尿中の体積を V とすると，$\rho V = m$ が成り立つ．これから $\rho = m/V$ が得られ，尿中の浮子の体積 V を測ることにより，比重が測定されることになる．

4.4 流体の運動

ここでは，流体が流れているとき，すなわち運動しているとき，流速，圧力，流れの高さなどの流れの変量がいかに変化するか，いかなる運動の法則が成り立つか，それらからいかなる結果が帰結するかを調べることにする．

4.4.1 連続の方程式

非圧縮性（密度 $\rho=$一定）の流体がパイプ（管）や血管を流れているとする．パイプや血管は細くなったり太くなったりするが，一定時間に流れる流体の量は到るところ等しいであろう．この関係を数式で表したものが，**連続の方程式**である（図 4.12）．断面積 S のパイプを流速 v の流体が時間 Δt 流れるとき，Δt 間の流体の移動距離は $v\Delta t$ であるから，パイプの断面を通り抜ける流体の量は $Sv\Delta t$ となる．いま，一つのパイプの二つの部分 A，B を考え，その部分のパイプの断面積を S_A，S_B，流速を v_A，v_B として，Δt 間に流れる流体の量を考える．上で述べたようにパイプの断面積が変化しても，流れる流体の量は到るところ同じであるから，$S_A v_A \Delta t = S_B v_B \Delta t$ が成り立つ．すなわち，パイプの任意の断面 A，B に対して，次式が成り立つ．

$$S_A v_A = S_B v_B \tag{4.8}$$

この式が非圧縮性流体の流れの連続性を表す**連続の方程式**で，パイプの断面積が変化するときの流速の変化などの計算に使用される．

4.4.2　流線と流管

いま，大きな容器の中を流体が流れているとする．流体の1点にスポイトでインクを垂らしたとすると，インクは流体と共に流れて，一本の線を描くであろう．これが**流線**である．時間的に変動しない定常流においては，一本の流線は交差しない．交差すれば交差点には二つの方向の流速があることになるからである．流線が交差する流れは乱流と呼ばれ，複雑な取り扱いが要求される．流線が交差しない流れは，流線流あるいは層流と呼ばれる．ここでは，流線流に限って考察することにする．このような流れの中に円状の流体の部分を考えると，円の各部分の流線は管を作るであろう（図 4.13）．この管は**流管**と呼ばれる．時間的に変化しない定常流においては，流体は流管の中をそこにパイプがあるかのように流れることになる．

4.4.3　ベルヌーイの定理

このような一つの流管を流れる流体に対して力学のエネルギー保存則を適用してみよう．適用するにあたって次の仮定をしよう．(1) 流体は非圧縮性で密度が変化しない．(2) 流管を形成して流れる流線流である．(3) 各部分の流速・圧力は時間的に変化しない．(4) 隣り合う流管を流れる流体間に摩擦が作用しない非粘性流体である．これらの条件を満たす流体が，図 4.14 で示す流管を流れていたとする．流管内の流体の二つの部分 A，B が，時間 Δt の間に流体の流

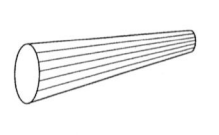

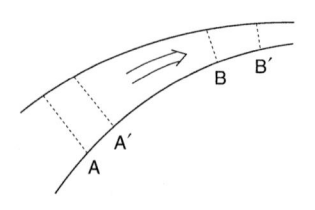

図 4.13　流線と流管　　　　　　　　　図 4.14　ベルヌーイの定理

れによって，A′, B′ に移動したとする．流体の密度を ρ，流体の A の部分の流速，圧力，基準水平面からの高さ，流管に垂直な断面積を v_A, p_A, h_A, S_A とし，B の部分のそれぞれを v_B, p_B, h_B, S_B とする．この AB 部分の流体の流れに対してエネルギー保存則を適用する．流体の流れによって，AB 部分が A′B′ 部分に移動したのだから，この流体の流れによって，AA′ 部分の力学的エネルギーがなくなり，BB′ 部分の力学的エネルギーが増えることになる．また，A 部分では AB 部分の外圧（大きさは p_A）の方向に流体が移動し，B 部分では内圧（大きさは p_B）の方向に移動しているから，A 部分では AB 部分は外部から仕事をされ，B 部分では外部に仕事をしていることになる．すなわち，流体 AB 部分のエネルギー保存則は，次のようになる．

(A 部分で外からされる仕事) − (B 部分で外にする仕事) =

(BB′ 部分の力学的エネルギー) − (AA′ 部分の力学的エネルギー)

A 部分の外圧による力は $p_A S_A$，B 部分の内圧による力は $p_B S_B$，AA′ と BB′ の移動量はそれぞれ $v_A \Delta t$, $v_B \Delta t$ となることに注意すると，エネルギー保存則は次のようになる．

$$p_A S_A \cdot v_A \Delta t - p_B S_B \cdot v_B \Delta t = \left(\frac{1}{2}\rho v_B{}^2 + \rho g h_B\right) S_B \cdot v_B \Delta t - \left(\frac{1}{2}\rho v_A{}^2 + \rho g h_A\right) S_A \cdot v_A \Delta t$$

式 (4.8) の連続の方程式が成り立つことに注意すると次式が求まる．

$$\frac{1}{2}\rho v_A{}^2 + \rho g h_A + p_A = \frac{1}{2}\rho v_B{}^2 + \rho g h_B + p_B \tag{4.9}$$

A, B は，一つの流管の任意の 2 点であるから，同一流管内を流れる流体に対して，あるいは同一流線上を流れる流体に対して

$$\frac{1}{2}\rho v^2 + \rho g h + p = 一定 \tag{4.10}$$

が成り立つ．これが流体のエネルギー保存則で，**Bernoulli の定理**と呼ばれている．Bernoulli の定理の適用においては，一つの流線あるいは流管によって結ばれる 2 点の間でのみ成り立つことに注意せねばならない．

4.4.4 流速と圧力の関係

Bernoulli の定理は，流体の運動が示す現象の概要を知るのに便利な定理である．Bernoulli の定理を用いて，流速と圧力の関係を調べてみよう．流体の流れが速くなると，圧力はどのように変るのだろうか．いま，図 4.15 のように，半

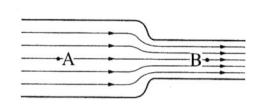

図 4.15 流速と圧力の関係

径が途中で変化するパイプが水平に置かれていて，内部を流体が流れていたとする．半径が大きい流体の部分を A，半径が小さい流体の部分を B とすると，A，B は流線で結ばれているから，Bernoulli の定理が適用できるはずである．2 点の高さは同じであるから $h_A = h_B$ とすると，Bernoulli の定理 (4.9) から，次式を得る．

$$\frac{1}{2}\rho v_A{}^2 + p_A = \frac{1}{2}\rho v_B{}^2 + p_B \tag{4.11}$$

A 部分のパイプの断面積は大きく B 部分の断面積は小さいから，連続の方程式 (4.8) より $v_A < v_B$ となる．これを式 (4.11) に適用すると $p_A > p_B$ を得る．すなわち，半径が変化するパイプの中を流体が流れているとき，半径が細い部分の流体の圧力は太い部分の圧力より小さいのである．

式 (4.11) は，Bernoulli の定理を満たす流体の**流速と圧力の関係**を与える．すなわち，流速が増大すると圧力が減少することを示している．この現象は，様々なところに見られ，また広い分野で利用されている．水道の蛇口から流れ落ちる水流にスプーンを近づけると吸い寄せられるのは，スプーンの水流に触れた部分の圧力が減少するからである．列車が高速でトンネル内に入ると耳に異常を感じるのは，トンネル内では列車と周りの空気との速度差が大きくなって，列車内の圧力が減少するからである．飛行機が大気中を飛ぶ揚力を得るのは，翼の上面では空気の流速が大きく下面では小さいことから，翼の上面の圧力が下面の圧力に比して小さくなって上向きの力が発生するからである．水流ポンプ（アスピレーター）が空気や液体を吸引するのは，高速の水流によりポンプ部分の圧力が減少するからである（図 4.16）．

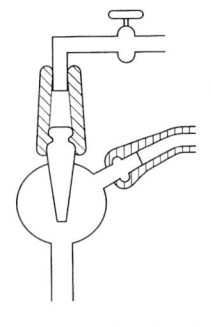

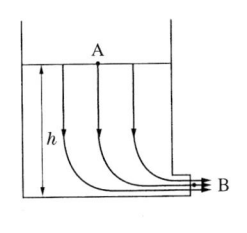

図 4.16 水流ポンプ　　　　　図 4.17 トリチェリの法則

4.4.5 トリチェリの法則

　液体を入れた容器の側面や底の穴から液体が流れ出すとき，どのような流速で液体は流れ出すのであろうか．底に液体の流出口がある図 4.17 のような容器があるとする．容器中の液体の大気との境界面を A，液体が流出口から大気中に出たところを B とすると，容器中の液体は必ず B を通って流出するから，A 点と B 点は流線で結ばれている．すなわち，この 2 点に対して Bernoulli の定理が適用可能となる．A 点の流速は，液面の高さが低下する速度となるが，小さい流出口で単位時間の流出量が少ない場合を考えると，無視でき $v_A = 0$ とできる．圧力 p_A, p_B については，共に大気に接しているから，$p_A = p_B = p_0$（p_0:大気圧）となる．高さ h_A, h_B については，高さを容器の底を基準にして測ることにすれば，$h_A = h, h_B = 0$ とすることができる．このとき，**Bernoulli の定理**を表す式 (4.9) は，$\rho g h = (1/2)\rho v_B^2$ となって，流出口からの流速 v_B は，次式で与えられることがわかる．

$$v_B = (2gh)^{\frac{1}{2}} \qquad (4.12)$$

　上式の**トリチェリの法則**は，物体の自由落下に相当する流体の運動である．流体の位置エネルギーが，運動エネルギーに転化して流出するのである．トリチェリの法則は，点滴ボトルの管から薬液が流出するとき，サイフォンの原理を利用して水槽から水を汲み出すときにも使用できることに注意しよう．

4.4.6 静圧と動圧

流体の流れの中に障害物があって流れを止めるとき，障害物直前の流体の圧力はどれだけ増えるだろうか．障害物の影響がない流体の点 A と，障害物直前の流体の点 B を図 4.18 のようにとると，A と B を流線で結んで流体は流れる

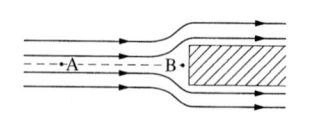

図 4.18 障害物直前の圧力

から Bernoulli の定理が適用できる．A と B は同じ高さであり，B での流速は障害物により止められて非常に小さいと考えられるから $v_B = 0$ である．したがって，**Bernoulli の定理**の式 (4.9) は，次式となる．

$$\frac{1}{2}\rho v_A{}^2 + p_A = p_B \tag{4.13}$$

すなわち，**障害物直前の圧力** p_B は，流れている部分の圧力 p_A より，$(1/2)\rho v_A{}^2$ だけ大きいことがわかる．圧力 p_A を**静圧**，$(1/2)\rho v_A{}^2$ を**動圧**という．障害物により流れが止められると動圧の分だけ流体の圧力が増えるのである．動圧は，流れている流体がもつ直接測定できない圧力であることに注意しよう．たとえば，心臓は筋肉の収縮により心臓内の血液の圧力を大きくして血液を送り出すが，心臓を出て血管を流れるようになると，血液の圧力は動圧分だけ小さくなるのである．すなわち，(心臓での血液の圧力) = (血管での静圧) + (血管での動圧) が成り立つのである．人間の血圧は血液の流れを止めて測定するが，これは血流を止めることによって静圧+動圧，すなわち心臓が作った圧力を測定するためである．

4.4.7 流 量 計

ここで，これまで学んだ流体の性質を利用する流体の流量の測定法について述べておこう．流速と圧力の関係を表す式 (4.11) に，流体の連続を表す式 (4.8) を代入すると，次式を得る．

$$p_A - p_B = \frac{1}{2}\rho v_A{}^2 \left(\left(\frac{S_A}{S_B}\right)^2 - 1\right) \tag{4.14}$$

すなわち，断面積が変化する管に流体を流して，太い部分と細い部分の圧力差 $(p_A - p_B)$ を測定すると，断面積 (S_A, S_B) は予めわかっているから，流速 v_A がわかって流量が測定されることになる．この測定法は，動物の動脈における血液の流量の測定に使用される．

流量は，また，動圧を測定をすることによってもわかる．**障害物直前の圧力を与える式** (4.13) から，

$$p_B - p_A = \frac{1}{2}\rho v_A{}^2 \tag{4.15}$$

障害物直前の圧力 p_B は，流体の中に小さな障害物を入れることにより測れるから，これと静圧 p_A との差から流速 v_A が測定されることになる．この方法によって，航空機等の速度が測定される．

4.5 粘性と運動物体が受ける抵抗

流体の流れの直角方向に流速の大きさが変化するとき，流体間には**粘性力**が作用する．流速の速い流体の部分は遅い部分を加速しようとし，遅い部分は速い部分を減速しようとするのである．粘性力が作用するときには，Bernoulli の定理が成り立たないことは，前節で述べた通りである．

4.5.1 粘 性 率

粘性力は，どのように表現されるのだろうか．いま，流体が水平方向に流れていて，流速は上へ行くほど大きいとする（図 4.19）．流体中に水平面を考えると，水平面の上部の流体は下部の流体より流速が大きいから，上部の流体は下部の流体を加速しようとし，その反作用として，下部の流体は上部の物体を減速しようとする．この上下の流体が相互に作用する力が粘性力である．この粘性力は，上述の作用のメカニズムからわかるように，流速 v の速度勾配に比例する．すなわち，水平方向に x 軸，鉛直方向に y 軸を取ると，面積 S の水平面に作用する粘性力 F は，次式で表すことができる．

$$F = \eta S \frac{dv}{dy} \tag{4.16}$$

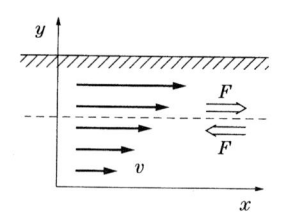

図 4.19 粘性率

ここで，η は**粘性率**と呼ばれ，流体の粘度の大きさを表している．粘性率の単位は SI（MKSA）単位系で [Pa·s] であるが，CGS 単位系のポアズ（Poise）も使用されることがある．代表的な物質の粘性率を表 4.2 に示す．

4.5.2　ハーゲン-ポアズイユの法則

粘性をもつ流体が管の中を流れるとき，管の断面を一様な流速で流れるのではなく，管壁に接触する部分では粘性により流速が 0 となるから，管の中心の流速が最大となる速度分布で流れることになる（図 4.20）．また，管の中に流体を流すとき，管壁から粘性抵抗が作用するから，外力を加える必要がある．この外力は，管の入口と出口の圧力差 Δp によって与えられる．半径 r，長さ l の水平な円管を単位時間に流れる流体の量 Q は

$$Q = \frac{\pi r^4}{8\eta l}\Delta p \tag{4.17}$$

で与えられる．ここで η は流体の粘性率である．この管を流れる流体の量を与える法則を，**Hagen-Poiseulli**（ハーゲン-ポアズイユ）**の法則**と呼ぶ．Q が

表 4.2　粘性率 ($20°$, [Pa·s])

水	1.005×10^{-3}
正常な血液	3.015×10^{-3}
エチルアルコール	1.200×10^{-3}
空気	1.81×10^{-5}

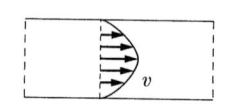

図 4.20　ハーゲン-ポアズイユの法則

半径の 4 乗に比例することに注意しよう．半径が 1/2 になると，Q は 1/16 になるのである．血液は血管を Hagen-Poiseulli の法則に従って流れるが，血液の流れる量は血管壁の緊張度に大きく影響されるのである．

4.5.3 運動する物体に作用する粘性抵抗

いままで，流れる流体が示す性質について考察してきたが，ここでは流体中を運動する物体が示す性質について考察することにしよう．流体中を物体が運動するとき，どのような力を物体は受けるのだろうか．物体の大きさが比較的小さく，ゆっくりと運動するとき，物体は**粘性抵抗**と呼ばれる力を受けて運動する．これは，物体が流体中を運動するとき，粘性により流体を引きずって運動し，流体中に流速の速度勾配ができることによるものである．粘性抵抗の大きさ F は，一般に速度に比例するから，k を比例定数として，次式のように書ける．

$$F = kv \tag{4.18}$$

たとえば，半径 r の球形の物体が粘性率 η の流体中を流速 v で運動するとき，粘性抵抗 F は，**Stokes**（ストークス）**の法則**と呼ばれる次式になることが知られている．

$$F = 6\pi r v \eta \tag{4.19}$$

空気中の微小な水滴やちり，溶液中の巨大分子は，Stokes の法則に従う抵抗力を受けて運動することが知られている．

4.5.4 慣 性 抵 抗

比較的大きい物体が速い速度で流体中を運動するとき，粘性抵抗に代って慣性抵抗が主たる抵抗力になる．**慣性抵抗**は，流体中を運動する物体が質量をもつ流体を押して物体と同じ速度にするときに生じる抵抗力である．したがって，慣性抵抗 F は速度 v の 2 乗に比例するから，比例定数を k' とすると次式のように書ける．

$$F = k'v^2 \tag{4.20}$$

実際，断面積 S をもつ物体が，密度 ρ の流体中を動くとき，流体から受ける慣性抵抗は，次式で与えられることが知られている．

$$F = \frac{1}{2} C \rho v^2 S \tag{4.21}$$

ここで，C は 0.5～1 の定数で物体の形によって決まる定数である．野球やゴルフのボールは，慣性抵抗を受けて運動する．また，高速で走行する自動車も (4.21) で表される慣性抵抗を受けて走るが，定数 C の値が小さい自動車がよいデザインの自動車である．すなわち，断面積 S が同じでも C の値が小さくて，慣性抵抗が小さい自動車がよいデザインの自動車である．

練 習 問 題

1) 長さ 70[cm]，半径 0.3[mm] の円柱の針金の一端を固定し，他端に質量 3.7[kg] の物体をつるした．針金のヤング率が 9.5×10^{10} [N·m^{-2}] であるとき，針金の伸びる長さを求めよ．
2) 筋肉と骨を結合する人体の組織である腱は，弾性体として扱うことによって伸び縮みが計算できる．足の腱の長さが 9.5[cm]，太さが直径 0.44[cm]，ヤング率が 1.61×10^8 [N·m^{-2}] である人が，30[kg] の子供を抱き上げるとき，腱はどれだけ縮むか．
3) 長さ L，断面積 S，質量 M，ヤング率 E の針金がある．この針金をつるすとき，自重で伸びるが，この伸び Δx を求めよ．
4) 長さ L，断面積 S，ヤング率 E の針金がある．針金の一端を固定し，他端に質量 M の物体をつるして上下に振動させるとき，振動の角振動数を求めよ．ただし，針金の質量は無視せよ．
5) 水面下 10[m] での圧力を，気圧，[Pa]，[mmHg] の単位で求めよ．ただし，水面には 1 気圧の大気圧が作用しているものとする．
6) 内部の空気の圧力が外部より 0.05 気圧低い部屋があって，面積 2.3[m^2] の戸で出入りできるようになっている．戸に作用する力を求めよ．
7) 水が一杯に入った直方体の水槽がある．直方体の高さを h，底面の 2 辺の長さを l_1，l_2 とするとき，四つの側面に作用する力を求めよ．
8) ヘリウムを入れた容積 100[m^3] の気球は何 [kg] まで物体をつり上げることができるか．大気とヘリウムの密度をそれぞれ，1.29[kg·m^{-3}]，0.18[kg·m^{-3}] とする．
9) 金属塊をベンゼン溶液に入れて重さを計ったら 529[g 重] であった．金属塊とベンゼン溶液の密度を，それぞれ 7.64[g·cm^{-3}]，1.21[g·cm^{-3}] として，金属塊の体積を求めよ．
10) 海面上の高さが 20[m] の円筒状の氷山がある．海面下に隠れている部分は何 [m] か．

ただし，海水と氷の密度は，それぞれ 1.025×10^3 [kg·m^{-3}]，920[kg·m^{-3}] とする．

11) 直径が変化するパイプの中を，密度 0.92 [g·cm^{-3}] の流体が流れている．直径が 7 [cm] のパイプの部分を流れる流体の圧力は，3 [cm] のパイプの部分の圧力より 1.52×10^3 [Pa] だけ圧力が高かった．直径が 7 [cm] の部分と 3 [cm] の部分の流速を求めよ．

12) 半径 r のシリンダーをもつ注射器に，水を入れて水平に置き，ピストンに力 F を加えた．注射針から出る水の流速 v は，$v = (2F/\rho\pi r^2)^{1/2}$ で与えられることを示せ．ここで，ρ は水の密度である．

13) 重力の作用の下にある血液で，血球の沈降速度を測定した．血球は，血漿中をストークスの法則に従って沈降する．沈降速度が 7.2 [mm·h^{-1}] であるとき，血漿の粘性率はいくらか．ただし，血漿の比重を 1.027，血球の比重を 1.089，血球の直径を 7.4 [μm] として計算せよ．

5

波　動

われわれの身のまわりにはいろいろな波が存在する．音の波，光の波，電気の波，浜辺に打ち寄せる波，そして生命活動における脳波の波などである．ここではこれらの波のもつ基本的な性質について調べてみよう．

5.1　波動の基本

静かな水面に小石を投げ入れると同心円状の波紋が広がっていく（図 5.1）．このとき水面に浮かんでいる木の葉があれば，それは上下に動くだけで，水平方向にはほとんど動かない．このことは水が波紋とともに移動していくのではなく，振動状態だけが移動していることである．このように空間のある状態（**振動**）がその空間（水）の性質に応じた速度で広がっていく現象を**波**という．この水のように波を伝えるものを**媒質**という．媒質は振動を伝えるが，振動の位相が等しい点をつなげた面を**波面**という．波面が球面のときは**球面波**，平面のときは**平面波**という．波の進行方向を**射線**といい，射線は波面に垂直である．媒質が射線と平行な振動を伝えるとき**縦波**といい，射線に垂直に振動する波を**横波**という．

一般に波動では，何らかの物理量が空間的にも時間的にも周期的に変化しながら伝播してゆく．x 軸方向に伝播する物理量を y 軸で表し，ある時刻での波の空間的変化を図示すると，図 5.2 のようになる．y は水面波では高さ，電磁波では電磁場の強さ，空気中を伝播する音波では空気の密度である．

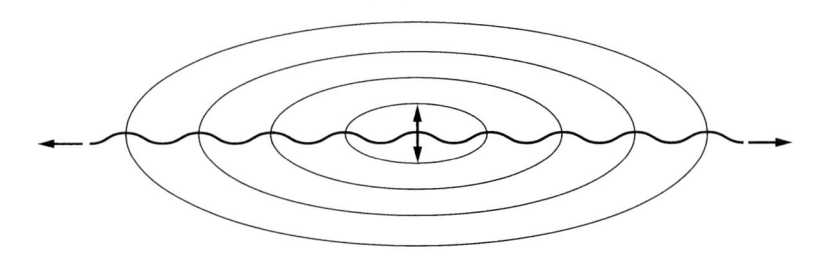

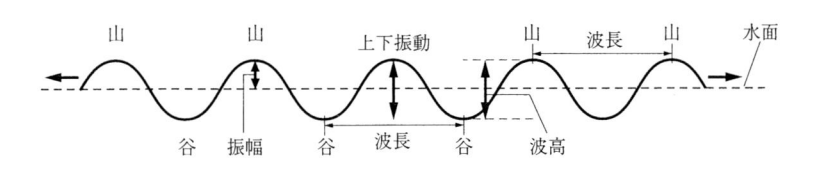

図 5.1 水面にできた波紋と水の上下振動

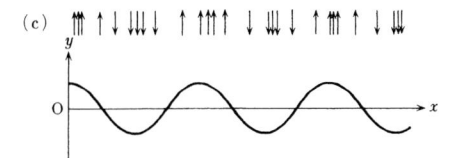

図 5.2 様々な波動とその表示
ばねと空気中の疎密波（a および b）と電磁波 (c) は同じような波形で表示できる．

5.1.1 波の数学的表現

同一位相面すなわち波面の進む速さ v を**位相速度**という．いま位置 x，時刻 t での媒質の変化を $y(x,t)$ とすると，右向きに進む波および左向きに進む波は，それぞれ

$$y(x,t) = f(x - vt) \tag{5.1}$$

および

$$y(x,t) = g(x + vt) \tag{5.2}$$

として表される．そして x 方向に沿って伝わる波には正の方向に進む波と負の方向に進む波が共にあってよいから各部分の変位はこの両者の和である．したがって，

$$y(x,t) = f(x - vt) + g(x + vt) \tag{5.3}$$

となる．これが一般に x 軸に沿って進む波を表す式である．式 (5.1)，式 (5.2)，または式 (5.3) を微分することにより

$$\frac{\partial^2 y}{\partial t^2} = v^2 \frac{\partial^2 y}{\partial x^2} \tag{5.4}$$

を満足していることがわかる．この式を**波動方程式**という．媒質が単振動しているとき，式 (5.3) は定数 k を導入して

$$y(x,t) = a\sin[k(vt \pm x) + \alpha] \tag{5.5}$$

と書ける．ここで，a は**振幅**，α は**初期位相**を表す．また波の振動数を ν，波長を λ として

$$k = \frac{2\pi}{\lambda}, \quad \omega = 2\pi\nu \tag{5.6}$$

とおくとき，k を**波数**，ω を**角振動数**という．したがって，一般に波は，角振動数 $\omega (= 2\pi\nu)$ を用いて

$$y(x,t) = a\sin(\omega t \pm kx + \alpha) \tag{5.7}$$

と表すことができる．これを正弦波という．

5.1.2 波の位相速度

媒質中を波が伝わるのは，着目する媒質が次々と媒質に力を与えるからである．したがって，媒質の微小部分の運動方程式が波動方程式になる．弦や棒についての波動方程式から位相速度を調べてみよう．

(1) 張力 T で引っ張られた線密度 σ の弦を伝わる横波の場合（図 5.3）
微小部分の y 方向の運動方程式

$$(\sigma \Delta x)\frac{\partial^2 y}{\partial t^2} = T\left(\frac{\partial y}{\partial x}\right)_{x+\Delta x} - T\left(\frac{\partial y}{\partial x}\right)_x \tag{5.8}$$

5.1 波動の基本

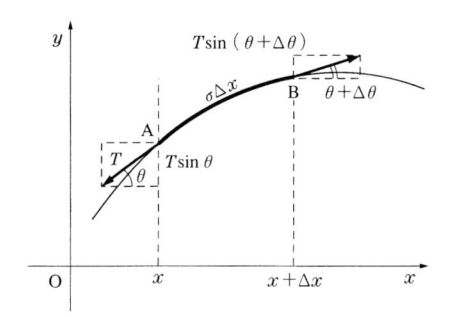

図 5.3

これに

$$\left(\frac{\partial y}{\partial x}\right)_{x+\Delta x} = \left(\frac{\partial y}{\partial x}\right)_x + \left(\frac{\partial^2 y}{\partial x^2}\right)\Delta x \tag{5.9}$$

の関係を用いると，式 (5.8) は

$$\frac{\partial^2 y}{\partial t^2} = \frac{T}{\sigma}\frac{\partial^2 y}{\partial x^2} \tag{5.10}$$

になる．これが**弦の波動方程式**であり，式 (5.4) と式 (5.10) から位相速度 v は

$$v = \sqrt{\frac{T}{\sigma}} \tag{5.11}$$

となる．張力が大きく，線密度が小さいほど速さは大きくなる．

(2) 密度 ρ，ヤング率 E の棒を伝わる縦波の場合（図 5.4）

$$F = ES\left(\frac{\Delta y}{\Delta x}\right)_x \simeq ES\left(\frac{\partial y}{\partial x}\right)_x \tag{5.12}$$

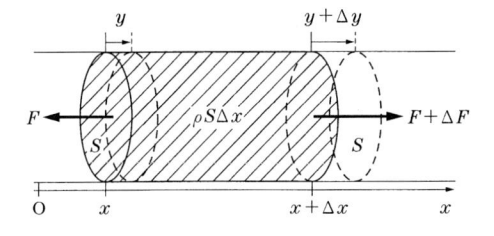

図 5.4

x と $x+\Delta x$ の間に働く力の合力は

$$ES\left(\frac{\partial y}{\partial x}\right)_{x+\Delta x} - ES\left(\frac{\partial y}{\partial x}\right)_x = ES\frac{\partial^2 y}{\partial x^2}\Delta x \tag{5.13}$$

となる．したがって，質量 $\rho S\Delta x$ の部分は結局 ΔF の力を受けているので，

$$\frac{\partial^2 y}{\partial t^2} = \frac{E}{\rho}\frac{\partial^2 y}{\partial x^2} \tag{5.14}$$

が運動方程式，すなわち棒を伝わる**縦波の波動方程式**である．これの位相速度 v は

$$v = \sqrt{\frac{E}{\rho}} \tag{5.15}$$

であり，ヤング率が大きく，密度が小さいほど速く伝わる．

5.1.3 波のエネルギー

波動は波形が媒質中を伝わる現象だが，このとき媒質自身は運ばれないけれども，波はエネルギーを運ぶ．このエネルギーは，媒質の各部分が運動することによる運動エネルギーと，変位によって生じる位置エネルギーとの和であるが，媒質の各部分は進行方向の隣接する部分に力学的仕事をすることによって，エネルギーが伝えられていく．いま，

$$y = A\sin\left(2\pi\nu t - \frac{2\pi}{\lambda}x\right) \tag{5.16}$$

の正弦波を考えると，位置 x の点の媒質自身の速度は，

$$v = \frac{dy}{dt} = 2\pi\nu A\cos\left(2\pi\nu t - \frac{2\pi}{\lambda}x\right) \tag{5.17}$$

で与えられる．x 方向に垂直の単位断面積を考えると，dx の長さには ρdx（ρ は密度）の質量があるので，1波長内の運動エネルギーの値は，

$$\begin{aligned}E_K &= \int_0^\lambda \frac{1}{2}\rho\left(\frac{dy}{dt}\right)^2 dx = 2\pi^2\rho\nu^2 A^2 \int_0^\lambda \cos^2\left(2\pi\nu t - \frac{2\pi}{\lambda}x\right)dx \\ &= \pi^2\rho\lambda\nu^2 A^2\end{aligned} \tag{5.18}$$

となる．位置エネルギーも，1波長内で

$$E_P = \pi^2 \rho \lambda \nu^2 A^2 \tag{5.19}$$

となる．したがって，1波長の全エネルギーは，

$$E = E_K + E_P = 2\pi^2 \rho \lambda \nu^2 A^2 \tag{5.20}$$

となり，このエネルギーが通過する時間は，周期 $T = \lambda/v$ であるから，単位時間，単位面積当り

$$I = \frac{E}{\lambda/v} = 2\pi^2 \rho \nu^2 A^2 v \tag{5.21}$$

のエネルギーが流れていることになる．これを**波の強度**という．この式より強度は振幅の2乗と，振動数の2乗に比例することがわかる．

5.1.4 波の反射と屈折
a. 反射の法則
　水面に広がる波を上から見ていると，波は障害物にあたると反射する．このとき水と物体面との境界面に入射する波（入射波）と反射する波（反射波）の振動数，速さ，波長は等しい．入射波の進行方向を示す入射線と境界面に垂直な直線である法線とのなす角 i を入射角といい，反射波の進行方向と示す反射線と境界面の法線とのなす角 r を反射角という．波の反射では，「入射線，反射線および法線は同一平面内にあり，入射角 i ＝ 反射角 r である」が成り立ち，これを**反射の法則**という（図 5.5）．
b. 波の屈折の法則
　水深が少しずつ浅くなっている海岸に打ち寄せる波は，波面が海岸線に平行になっている．これは海面を進む波の速さは水深が浅くなるにつれて遅くなるからである．このように波が速さの違うところへ進むときに，波の進む方向が変化する現象を波の屈折という．
　図 5.6 に示すように，波は媒質 I と媒質 II の境界面に入射すると，境界面で一部分は反射し残りは透過する．透過するとき波は屈折する．このとき振動数は入射波と変わらず，波長が波の速さに比例して変化する．屈折波の進行方向を示す屈折線と境界面の法線とのなす角 r を屈折角といい，入射線と法線との角，すなわち入射角 i とで次の関係が成り立つ．

図 5.5　　　　　　　図 5.6

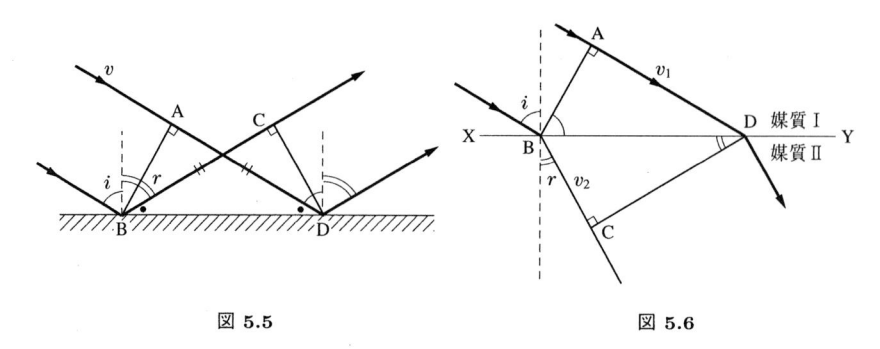

「入射線，反射線および法線は同一平面内にあり，

$$\frac{\sin i}{\sin r} = \frac{v_1}{v_2} = \frac{\lambda_1}{\lambda_2} = n_{12} \tag{5.22}$$

である」．n_{12} を媒質 I に対する媒質 II の **相対屈折率** という．これを波が媒質 I (波の速さ v_1, 波長 λ_1) から媒質 II (波の速さ v_2, 波長 λ_2) へ屈折して進むときの **屈折の法則** という．

5.1.5 波の位相と強度の変化

媒質 I から媒質 II に向かって波が進むとき，境界面 ($x=0$) での一部は反射し，残りは透過する．いま図 5.7 のように入射波を y_0, 反射波を y_r, 透過波を y_t とし

$$y_0 = \sin\left[2\pi\nu\left(t - \frac{x}{v_1}\right)\right] \tag{5.23}$$

$$y_r = a_r \sin\left[2\pi\nu\left(t + \frac{x}{v_1}\right) + \alpha_r\right] \tag{5.24}$$

$$y_t = a_t \sin\left[2\pi\nu\left(t - \frac{x}{v_2}\right) + \alpha_t\right] \tag{5.25}$$

とする．媒質 I と媒質 II での波の速さを v_1, v_2 とすると，反射や透過では振動数は変わらないので $k_1 = \omega/v_1, k_2 = \omega/v_2$ である．

(1) 弦を伝わる横波の場合

境界 $x=0$ で両側の変位と力の関係式は等しいので

$$(y_0 + y_r)_{x=0} = (y_t)_{x=0} \tag{5.26}$$

5.1 波動の基本

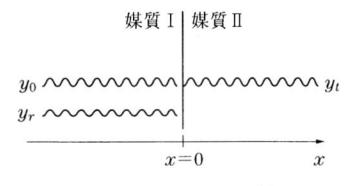

媒質 I | 媒質 II

図 5.7

$$\left(\frac{\partial y_0}{\partial x} + \frac{\partial y_r}{\partial x}\right)_{x=0} = \left(\frac{\partial y_t}{\partial x}\right)_{x=0} \tag{5.27}$$

を満たさなければならない．結果的に反射波の位相は，$v_1 > v_2$，すなわち密度の小さい媒質から大きい媒質に波が入射する固定端の場合は π だけずれ，$v_1 < v_2$ のとき，すなわち自由端の場合は位相は変化しない．

反射波と透過波の振幅は常に次のようになる．

$$a_r = \left|\frac{v_1 - v_2}{v_1 + v_2}\right|, \quad a_t = \frac{2v_2}{v_1 + v_2} \tag{5.28}$$

いま入射波，反射波，透過波の強度を I_0, I_r, I_t とすると，これらはそれぞれの振幅の2乗に比例するので

$$R = \frac{I_r}{I_0} = \left(\frac{v_1 - v_2}{v_1 + v_2}\right)^2 \tag{5.29}$$

$$T = \frac{I_t}{I_0} = 1 - R = \frac{4v_1 v_2}{(v_1 + v_2)^2} \tag{5.30}$$

となる．R を**反射率**，T を**透過率**という．反射率は v_1 と v_2 の差が大きいほど大きい．

(2) 棒や流体中を伝わる縦波の場合

境界での力の関係式は

$$K_1\left(\frac{\partial y_0}{\partial x} + \frac{\partial y_r}{\partial x}\right)_{x=0} = K_2\left(\frac{\partial y_t}{\partial x}\right)_{x=0} \tag{5.31}$$

となる．ここに K_1, K_2 は媒質 I, II の弾性率で $K_1 = v_1^2 \rho_1$，$K_1 = v_1^2 \rho_1$ である．この場合の反射率 R と透過率 T は

$$R = \frac{I_r}{I_0} = \left(\frac{v_1 \rho_1 - v_2 \rho_2}{v_1 \rho_1 + v_2 \rho_2}\right)^2 \tag{5.32}$$

$$T = \frac{I_t}{I_0} = 1 - R = \frac{4v_1\rho_1 v_2\rho_2}{(v_1\rho_1 + v_2\rho_2)^2} \tag{5.33}$$

となる．$v\rho$ を**音響インピーダンス**という．

5.1.6 波の合成
a. 干渉

媒質中の一点に同時にいくつかの波が来るとき，それぞれの波による変位を重ね合わせたものがその点の変位になる．これを**重ね合わせの原理**（principle of superposition）という．この結果，二つの波が強め合って変位を大きくしたり，弱めあって変位を小さくしたりする．これを**波の干渉**という．いま振動数も速度も等しい二つの波を

$$y_1 = a_1 \sin(\omega t - kx + \alpha_1) \tag{5.34}$$

$$y_2 = a_2 \sin(\omega t - kx + \alpha_2) \tag{5.35}$$

とすると，この合成波は

$$y = a \sin(\omega t - kx + \alpha) \tag{5.36}$$

で，振幅 a と初期位相 α は，それぞれ

$$a = \sqrt{a_1^2 + a_2^2 + 2a_1 a_2 \cos(\alpha_1 - \alpha_2)} \tag{5.37}$$

$$\tan\alpha = \frac{a_1 \sin\alpha_1 + a_2 \sin\alpha_2}{a_1 \cos\alpha_1 + a_2 \cos\alpha_2} \tag{5.38}$$

である．

b. うなり (beat)

振幅 a，速度 v は等しく振動数が僅かに異なる二つの波が重なるとき，うなりの現象が起こる．いま振動数が ν_1 と ν_2 の二つの波を

$$y_1 = a \sin(2\pi\nu_1 t - k_1 x) = a \sin\left[2\pi\nu_1\left(t - \frac{x}{v}\right)\right] \tag{5.39}$$

$$y_2 = a \sin\left[2\pi\nu_2\left(t - \frac{x}{v}\right)\right] \tag{5.40}$$

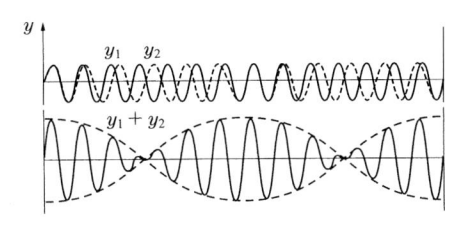

図 5.8

とすると，この合成波は

$$y = y_1 + y_2 = 2a\cos\left[\pi(\nu_2 - \nu_1)\left(t - \frac{x}{v}\right)\right]\sin\left[\pi(\nu_2 + \nu_1)\left(t - \frac{x}{v}\right)\right] \tag{5.41}$$

となる．この式の cos の項は極めて小さな振動数 $|\nu_2 - \nu_1|$ で振動していることを示しているので振幅と見なすことができる．図 5.8 は合成波を示す．

c. 定在波 (standing wave)

振動数 ν，振幅 a，速さ v が等しく，進行方向が逆の二つの波を

$$y_1 = a\sin\left[2\pi\nu\left(t - \frac{x}{v}\right)\right] \tag{5.42}$$

$$y_2 = a\sin\left[2\pi\nu\left(t + \frac{x}{v}\right)\right] \tag{5.43}$$

と書くと，これらの合成波は，$v/\nu = \lambda$ を用いて

$$y = y_1 + y_2 = 2a\cos\left(\frac{2\pi x}{\lambda}\right)\sin(2\pi\nu t) \tag{5.44}$$

となる．振幅を表す cos の項は t に無関係に位置 x だけによって決まる．このように振幅が時間に無関係で位置のみで決まる波を**定在波**という．

(1) 固定端—固定端では反射波の位相は π だけ変わるので，式は

$$y = 2a\sin\left(\frac{2\pi x}{\lambda}\right)\cos(2\pi\nu t) \tag{5.45}$$

となる．これは，$x = 0, \lambda/2, \lambda, \cdots$ で振幅が 0 となり**節 (node)** といい，$x = \lambda/4, 3\lambda/4, \cdots$ で振幅が最大となり**腹 (loop)** という（図 5.9）．

(2) 自由端—自由端では反射波の位相は変わらないので，式は

図 5.9   図 5.10

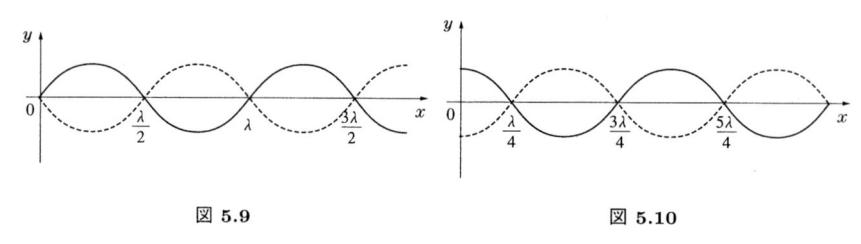

$$y = 2a\cos\left(\frac{2\pi x}{\lambda}\right)\sin(2\pi\nu t) \tag{5.46}$$

となる．これは，$x = 0, \lambda/2, \lambda, \cdots$ で腹，$x = \lambda/4, 3\lambda/4, \cdots$ で節となる（図 5.10）．

5.1.7 ドップラー（Doppler）効果

波源や観測者が媒質に対して運動しているときは，基の振動数と異なる振動数が観測される．この現象をドップラー効果という．この効果は音波，光波ともに観測されるが，ここでは音波を例にとる．

いま，静止している観測者に音源が近づく場合を考えよう．図 5.11 に示すように，音速を c，音源の基の振動数を ν，音源の速さを v とする．音源が観測者に向かって進んでいれば，観測される振動数 ν' は，

$$\nu' = \frac{c}{c-v}\nu \tag{5.47}$$

となる．これは1秒後に音を発する位置は v だけ進み，$c-v$ の間に ν 個の波が圧縮されることになるからである．すなわち，音源が近づくと振動数が増えて聞こえることを意味している．逆に音源が観測者より遠ざかる場合には，分母が $c+v$ となり，観測される振動数 ν' は減少して聞こえる．

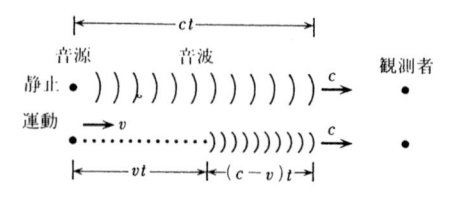

図 5.11 ドップラー効果

5.2 音　　　波

音は私たちの日常生活の中でも切っても切れない重要な関係にある．楽器の音，会話音，波の音，鳥のさえずり，そして虫の声などなど，様々な音が身のまわりから聴こえてくる．音の波は発音体の振動が空気密度の粗密の変化として伝わる縦波である．この意味で縦波を粗密波ともいう．ここでは音波の基本的なところを調べてみよう．

5.2.1　可聴音波と超音波

人が聞くことができる音の振動数は，およそ 20 Hz～20 kHz の範囲であり，これを可聴音波と呼び，これよりも大きい振動数の音波を超音波と呼ぶ．また 20 Hz 以下の振動数の音波を低周波音波と呼んでいる．

可聴音の領域で，音の特徴を示す要素として高低，音色，強弱があり，これらを音の三要素という．図 5.12 に示すように，音の高低は振動数の大小で決まり，音色は波形，強弱は振幅の大小に関係している．

超音波は人の耳に聞こえない振動数の高い音であり，コウモリやイルカなどがこれを発していることはよく知られている．超音波には，指向性，空洞作用，発熱作用，化学作用，光の回折作用，および洗浄作用など多くの特徴的な性質がある．今日では，これらの特徴が工業や医療に広く利用されている（超音波診断装置など）．

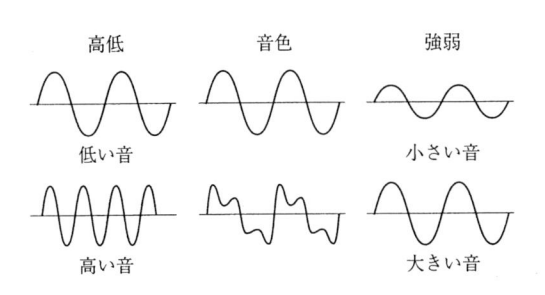

図 5.12

5.2.2 デシベルとホン

音の強さ I は音のエネルギーによって決まり，

$$I = 2\pi^2 \rho \nu^2 A^2 v \tag{5.48}$$

で表される．しかし強さが2倍になっても人の耳にはそれほど大きくなったとは感じられない．感覚上の音の強さを表すためには，I の常用対数をとって考えるのが便利である．人の耳に聞こえる最も小さい音の強さはだいたい $10^{-12}\,[\mathrm{W \cdot m^{-2}}]$ であるから，これを基準にとって

$$D[\mathrm{dB}] = 10 \log \frac{I}{10^{-12}} \tag{5.49}$$

で強度のレベルを定義する．D の単位は**デシベル**（**dB**）という．また騒音の大きさには**ホン**（**phon**）の単位を用い，これは 1000 [Hz] の音で n [dB] の強さの純音と同じ大きさに聞こえる音を n ホンと定義する．

5.2.3 音の速さ

空気中の音波の速さは温度によって決まる．気温 $t°\,[\mathrm{C}]$，1気圧の乾燥した空気中の音波の速さ V は

$$V = 331.45 + 0.607t\,[\mathrm{m \cdot s^{-1}}] \tag{5.50}$$

で与えられる．絶対温度 T の理想気体を伝わる音波の速さは，分子量 M，定圧比熱と定積比熱の比 $C_P/C_V = \gamma$ を用いて

$$V = \sqrt{\frac{\gamma RT}{M}} \tag{5.51}$$

で表される．水中での音速は約 $1500\,[\mathrm{m \cdot s^{-1}}]$，鉄では約 $6000\,[\mathrm{m \cdot s^{-1}}]$ である．

5.3 光　波

私たちの身のまわりには，太陽の光，月や星の光，蛍の光などの自然の光の他，蛍光灯や懐中電灯の光などの人工的な様々な光が存在する．光は音と同様

に，われわれが直接知覚できる身近な波動である．光の波動としての性質とそれに基づく現象についての光学を物理光学といい，光を光線として扱い光の経路だけを論じる場合を幾何光学と呼ぶ．ここでは光の基本的性質を調べてみよう．

また，光波は電磁波の一種で真空中を光速度約 $3 \times 10^8\,[\mathrm{m\cdot s^{-1}}]$ で伝わる横波であるが，光波は液体の表面波のように直接これを見ることはできない．しかし，一連の光線をとらえて，それに付属する量として直接測定することができる．それには，光の強さ，伝播速度，光圧および偏りがある．

5.3.1 光の反射と屈折

光波は異なる媒質の境界面に到達すると，その一部は反射波となり，残りは屈折波となって進入する．このとき，光波に対して Huygens の原理が適用できて反射の法則，および屈折の法則が成り立つ（図 5.13）．

(1) 境界面での法線，入射光線，反射光線，屈折光線は同一平面にある．
(2) 入射角と反射角は等しい．
(3) 入射側，反射側の媒質の真空に対する屈折率を n_1, n_2，入射角，屈折角を θ_1, θ_2 とすれば

$$n_1 \sin \theta_1 = n_2 \sin \theta_2 \tag{5.52}$$

が成り立つ．（Snell の法則）

真空中の光速を c，媒質中の光速を c_n とするとき，

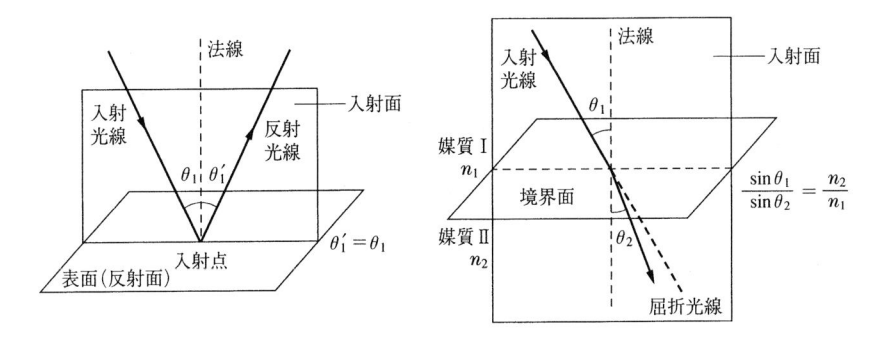

図 5.13 反射の法則（左）と屈折の法則（右）

$$\frac{c}{c_n} = n$$

をその媒質の(真空に対する)絶対屈折率,あるいは単に屈折率という.

日本薬局方の一般試験法では屈折率は空気に対する値で示し,通例,温度は20°[C],光線はナトリウムスペクトルのD線を用い,n_D^{20} で表す.

5.3.2 臨界角と全反射

屈折率の大きな媒質から小さな媒質に光が進んだ場合は,Snellの法則より,

$$\frac{\sin\theta_1}{\sin\theta_2} = \frac{n_2}{n_1} = n_{12} < 1$$

であるから,$\sin\theta_0 = n_{12}$ となる角度 θ_0 より入射角が大きくなると,対応する θ_2 は存在せず,したがって光線は全部反射されてしまう.すなわち,光が屈折率の大きい媒質Iから屈折率の小さい媒質IIに進む場合,入射角が**臨界角**を越えると光は媒質II中には進まず,その境界面で完全に反射される.この現象を**全反射**という(図5.14).

5.3.3 光の吸収,散乱,分散

光は媒質中を通過するとき,その強度は次第に減少していく.強度 I_0 で入射した光は厚さ x の媒質層を通過すると,その強度は

$$I = I_0 e^{-\mu x} \tag{5.53}$$

になる.これを**Lambert**(ランベルト)**の法則**という.これは希薄溶液などの媒質について一般的に成り立つ.気体や溶液については,吸収係数 μ がその濃度 C に比例する(**Beerの法則**)ので,$\mu = \varepsilon C$ とおくと

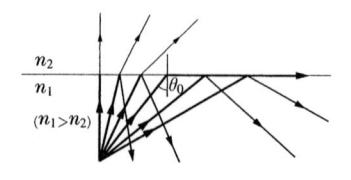

図 5.14 臨界角と全反射

$$I = I_0 e^{-\varepsilon C x} \tag{5.54}$$

となる．これを **Lambert-Beer**（ランベルト-ベール）**の法則**という．比例定数 ε は濃度 C をモル濃度で表すとき，**モル吸光係数**または**分子吸光係数**という．この法則は希薄溶液についてのみ成立する．この法則を利用して溶液の濃度を測定する装置に**比色計**（colorimeter）がある．

物質による光の吸収は物質の構造と密接な関係があり，物質に白色光を当て，分光計を用いて透過光を調べるとその物質の吸収係数 μ の波長 λ への依存性を示す吸収スペクトルが得られる．これによって物質の構造を知ることもできる．このとき吸収する電磁波の波長領域によって，紫外吸収，可視吸収，赤外吸収，マイクロ波吸収と呼ばれ，特に有機化学における物質同定の重要な手段となっている．このような方法を**分光分析法**（spectroscopic analysis）と呼ぶ．

一般に原子・分子に光が当ると，その中の電子は共鳴して振動するので，入射光と同じ振動数の二次波が発生し，あらゆる方向に広がる．これが**光散乱**（light scattering）である．

5.3.4　光の分散とスペクトル

白色光がプリズムに入射すると，屈折光はスクリーン上に赤，橙，黄，緑，青，紫の連続的に変化する色の順に配列する（図 5.15）．これは白色光がこれらの多数の単色光からなり，屈折率が色（波長）によって異なることを意味する．このとき，白色光は**スペクトル**（spectrum）に分解されたといい，このよ

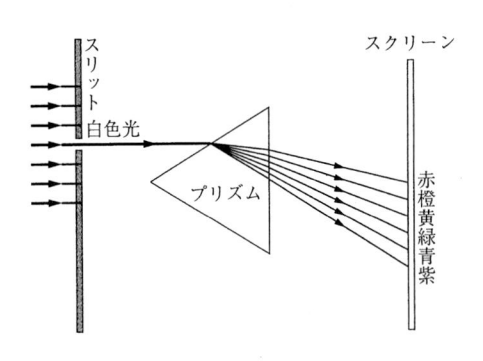

図 5.15

(a) 正常分散 (b) 異常分散（灰色部分）

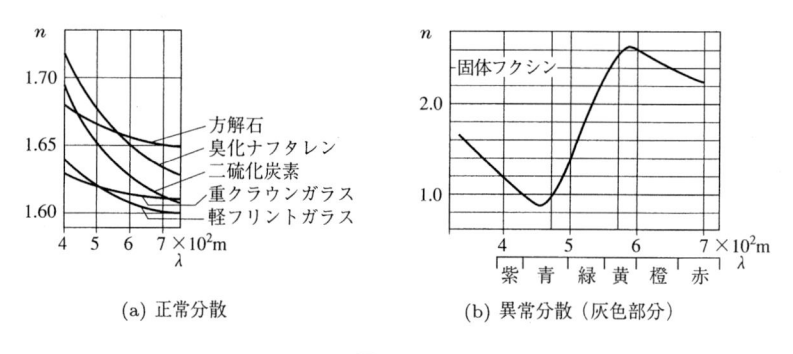

図 5.16

うに物質の屈折率が波長に依存する現象を光の**分散**（dispersion）という．いろいろな波長の白色光を物質に当て，各波長に対する屈折率を測定することによって，その物質の**分散曲線**が決定される．たとえば，ガラスなどの無色透明な物質では，可視光に対しては，屈折率が波長の増加に伴って減少する．このような分散を**正常分散**という．一方，色彩をもつ物質，たとえば赤い色素のフクシンではある波長の領域では屈折率が波長とともに増加する．このような分散を**異常分散**と呼ぶ．これはこの物質がその波長領域の光を吸収することによる（図 5.16）．

5.3.5 物体の色

透明な物体に白色光を当てたとき，すべての波長の光が一様な割合で吸収（**無選択吸収**）される場合には透過光は色づかない．しかし大部分の物質では波長によって吸収係数が異なる．そこで吸収係数の大きな波長の光は強く吸収（**選択吸収**）され，それ以外の波長成分を含む光だけを透過するので色づいて見える．この場合には透過光は選択吸収された光の色の**補色**となる．

（例） 緑色のガラスは赤と青色の光を選択吸収するので，それらの補色である緑色に見えるのである．

不透明な物体では，表面で反射する光の他に，内部に進入して反射，屈折を繰り返して再び外部に出てくるが，その間に選択吸収を受けるので物体が着色する．このような色を**物体色**（body color）という．この場合の物体色は選択吸収された色の補色となる．

（例）　木の葉の緑色

物体によっては，ある波長に対して強い選択吸収を示す．このような物体は表面でも選択反射を起こし，このような性質の反射に基づく色は**表面色**（surface color）と呼ばれる．

金属が示す金属光沢はこの表面色である．そして表面色を示す反射光と透過光の色とは互いに補色の関係にある．

（例）　金は黄金色であるが，その薄膜（金箔）の透過光は青緑色である．

5.3.6　光の干渉

2光波が1点に同時に到達して，互いに強め合ったり，弱め合ったりする現象を光の干渉（interference）という．これは波動であると考えることによって初めて説明できる現象で，回折現象とともに光が波動であることの証拠となっている．

a.　ヤングの干渉実験

Young（ヤング）が最初に行った干渉実験の概略は図5.17に示すようなものであった．単色光源 Q からの光をレンズ L によってほぼ平行とし，スリット S_0 に照射する．ここで S_0 が新しい光源となって，光は進み，次の二つのスリット S_1, S_2 を照射する．そしてこの二つのスリットから出射した光波は干渉し，後方に置かれたスクリーン上に明暗の干渉縞をつくる．縞の間隔は二つのスリット間隔や光の波長などで決まるが，その条件を図5.18を用いて数学的に導出してみよう．

光波が S_1, S_2 を同一の位相で出発すれば，スクリーン上の1点Pに到達する S_1, S_2 からの光路差 S_2N を求めると，明暗の縞の位置がわかる．

二つのスリットの間隔を $2d$，これらのスリット面からスクリーンまでの距

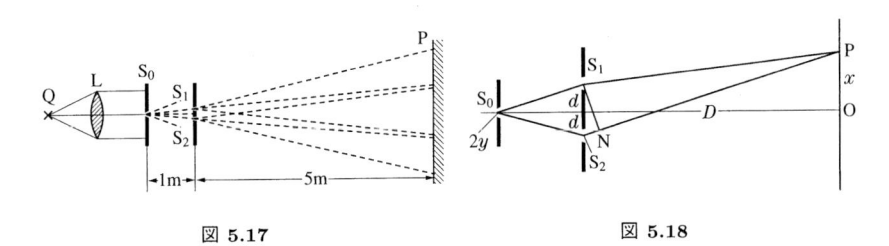

図 5.17　　　　　　　　　図 5.18

離を D,点 O から点 P までの距離を x とすると,

$$S_1P^2 = D^2 + (x-d)^2$$
$$S_2P^2 = D^2 + (x+d)^2$$

であるから,光路差は

$$S_2N = \frac{S_2P^2 - S_1P^2}{S_2P + S_1P} = \frac{4xd}{2D} = \frac{2xd}{D} \tag{5.55}$$

となる.ここで,$d, x \ll D$ のとき,$(S_2P + S_1P) \approx 2D$ とおく.よって,縞の明るくなるところは,

$$\frac{2xd}{D} = m\lambda \quad \text{より},\quad x = \frac{m\lambda D}{2d} \quad (m = 0, \pm 1, \cdots) \tag{5.56}$$

となり,暗くなるところは,

$$\frac{2xd}{D} = (2m-1)\frac{\lambda}{2} \quad \text{より},\quad x = \frac{(2m-1)\lambda D}{4d} \quad (m = 0, \pm 1, \cdots) \tag{5.57}$$

となる.結局,縞の間隔は,次数 m,$m+1$ に対応する x の値の差 Δx であるから,

$$\Delta x = (m+1)\frac{\lambda D}{2d} - \frac{m\lambda D}{2d} = \frac{\lambda D}{2d} \tag{5.58}$$

で与えられる.したがって,式 (5.58) より,$D, d, \Delta x$ を測定すれば,波長 λ を求めることができる.

5.3.7 光の回折

光波の進路に障害物があるときには,光波は直進せず幾何学的な影の部分にも回り込む.この現象を回折という.回折は波の特徴の一つであり,この回折現象は障害物や障害物に開けた穴(開口)の大きさが波長と同程度あるいはそれ以下のときに著しい.そして,障害物や開口による回折波の分布は,これらからの伝播距離によって変わり,この距離が比較的近い場合をフレネル(Fresnel)回折,非常に遠い場合をフラウンホーファー(Fraunhofer)回折と呼んでいる.

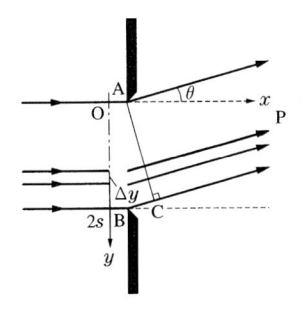

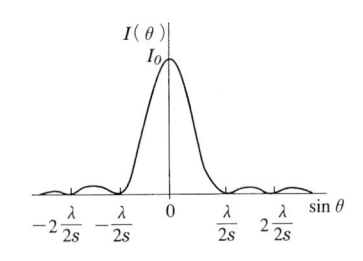

図 5.19 スリットによる回折　　図 5.20 スリットによる回折光の強度分布

a. スリットによるフラウンホーファー回折

図 5.19 に示すように，幅 $2s$ のスリットに波長 λ の平面波が入射する場合を考える．AB 間の各点から 2 次波が出て，P 点での合成波は AC 上の各波の加えたものに等しい．すなわち，その合成波 ξ は

$$\begin{aligned}
\xi &= A \int_0^{2s} \sin\left(2\pi y \frac{\sin\theta}{\lambda}\right) dy \\
&= \frac{A\lambda}{2\pi \sin\theta} \left[-\cos\left(2\pi \frac{\sin\theta}{\lambda} y\right)\right]_0^{2s} \\
&= \frac{A\lambda}{2\pi \sin\theta} \left[1 - \cos\left(2\pi \frac{\sin\theta}{\lambda} 2s\right)\right]
\end{aligned} \tag{5.59}$$

となる．ここに，A は入射波の振幅に比例した定数である．この式からわかるように，$2s\sin\theta = m\lambda$ $(m = 1, 2, 3, \cdots)$ のとき，$\xi = 0$ となる．実際の強度 $|\xi|^2 = I(\theta)$ を角度の関数として示したものが図 5.20 である．

b. 回折格子による回折

ガラス板や金属板に多数の平行な溝を等間隔につけたものを回折格子と呼び，そして溝の間隔を**格子定数**と呼ぶ．

図 5.21 に示すように，スリットの間隔を d とすると，θ 方向では隣り合ったスリットから出る回折光の光路差 Δ は $d\sin\theta$ であるから，

$$d\sin\theta = m\lambda \quad (m = 0, \pm 1, \cdots) \tag{5.60}$$

を満たす方向では，波が強め合い強度が極大となる．数学的な計算は省略するが，スリットの数が N のときの回折光の強度分布は図 5.22 に示すようになる．

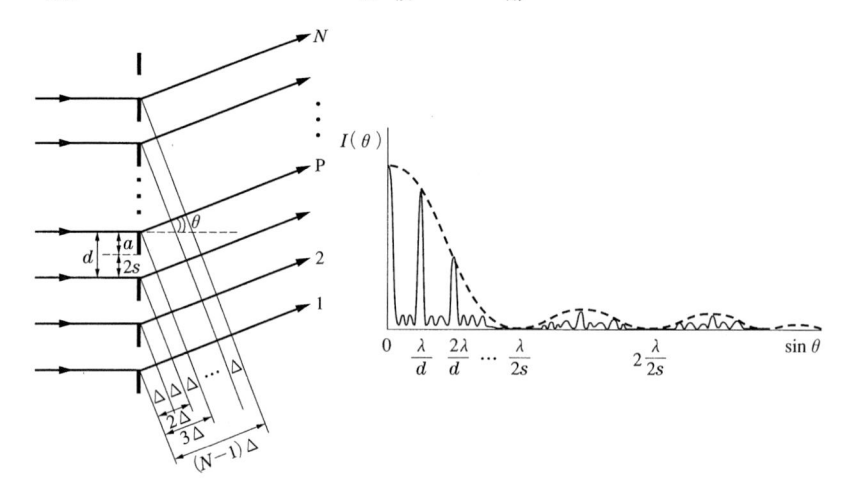

図 5.21　回折格子による回折（Δ は光路差）

図 5.22

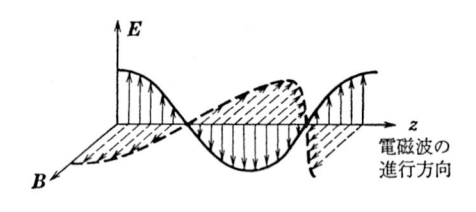

図 5.23　電磁波の進行

5.3.8　偏光と旋光

a. 偏　光

　光は電磁波の一種で，互いに直交して振動する電場と磁場が図 5.23 のように伝播していく．すなわち，電磁波は電場ベクトルが振動して波動となるものである．光の電場ベクトルがある規則に従って振動しているものを**偏光**という．光の電場ベクトル E が直線に沿って振動するものを**直線偏光**（図 5.24），ベクトル E の先端が円運動するものを**円偏光**（楕円偏光）（図 5.25）という．

　簡単な計算から，直線偏光は振幅が等しい二つの逆まわりの円偏光に，円偏光は振動面が 90° ずれた二つの直線偏光に分解できることがわかる．

図 5.24 直線偏光   図 5.25 円偏光

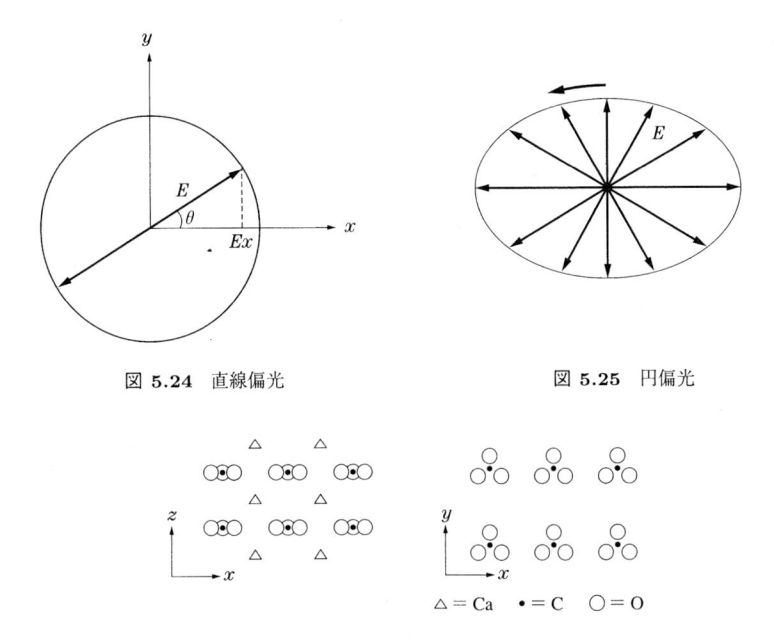

△ = Ca ● = C ○ = O

図 5.26

b. 複屈折

方解石を通して物体を見ると，二重に見える．この現象を複屈折という．方解石は図 5.26 のような立体構造をしているが，xy 面内の偏光と xz 面内の偏光とでは，性質に違いがあっても不思議ではない．実際，方解石のへき開面に垂直に光線を当てると，直進する光（**常光線**）と，Snell の屈折の法則に従わないで屈折する光（**異常光線**）とに分かれる．異常光線に対しては，結晶の異方性により，伝播速度が方向によって異なるために起こる．この複屈折性の結晶の性質をうまく利用して偏光を得る素子として**ニコルプリズム**（図 5.27，図 5.28）がある．これは方解石を適当な角度で切ったのち接着剤のカナダ・バルサムではり合わせたもので，直線偏光を取り出す偏光子として用いられる．

c. 旋光

水晶やショ糖など，ある種の有機物の水溶液に直線偏光を通すと，振動面が回転する．このことを**旋光**といい，旋光性を示す物質を**光学活性物質**という．光の進行方向から見て，時計まわりのものを**右旋性**，逆のものを**左旋性**と呼ぶ．

図 5.27

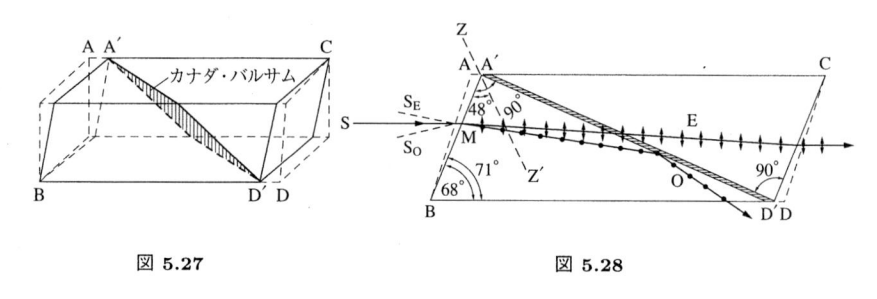

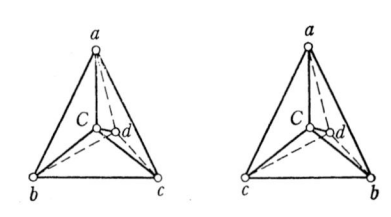

図 5.28

図 5.29　鏡映対称の立体構造

　有機物の中の炭素で，4個の互いに異なる原子または原子団と結合しているものを，不斉炭素という．不斉炭素を含む化合物は，互いに鏡像対称の位置にある二つの異なる立体構造をもつ（図 5.29）．光の電場は分子内の電子と相互作用をするために，これらの異なる立体構造をもつ分子に対して旋光性が生じると考えられる．両者が等しい割合で含まれる混合物は，右旋性と左旋性が打ち消し合って旋光性を示さない．これを**ラセミ体**という．
　光学活性体溶液の旋光角 $\theta°$ は，溶液の濃度 $C[\mathrm{g\cdot cm^{-3}}]$，通過する液層の厚さ $l[\mathrm{dm}]$ に比例し，

$$\theta = [\alpha]_\lambda^t Cl \tag{5.61}$$

で与えられる．$[\alpha]_\lambda^t$ は測定波長 λ，温度 $t°[\mathrm{C}]$，溶媒の種類で決まる定数で，**比旋光度**といい，右旋性のとき正，左旋性のとき負とする．

5.3.9　結像系と光学器械
　カメラや顕微鏡・望遠鏡などに用いられているレンズや鏡について，基本的な性質を調べてみよう．

a. 球面鏡

凹面鏡や凸面鏡の前方で光軸上に置かれた物体の像の位置と大きさを作図で求めるには，次の性質をもつ 4 本の光線のうちの任意の 2 本を利用すればよい．

(1) 光軸に平行な入射光線は反射後に焦点を通る．
(2) 頂点への入射光線は光軸に関して等しい角で反射される．
(3) 焦点を通る入射光線は光軸に平行に反射される．
(4) 曲率中心を通る入射光線は同じ経路へ反射される．

図 5.30 から図 5.33 に作図例を示す．

得られる像は，凹面鏡の場合，物体の位置が鏡の焦点より外側にあるとき倒立実像，内側にあるとき正立虚像となる．また，凸面鏡の場合は常に正立虚像となる．計算で像の位置を求めるには，次の公式を用いればよい．

$$\frac{1}{a} + \frac{1}{b} = \frac{1}{f} \left(= \frac{2}{R} \right) \tag{5.62}$$

a を物点距離，b を像点距離とし，

　　凹面鏡の場合，　　$R > 0, f > 0$
　　凸面鏡の場合，　　$R < 0, f < 0$

として計算する．

b. 球面における屈折

曲率半径 R_1 の球面（中心 C_1）が屈折率 n_1, n_2 の二つの透明な媒質を分けているとすると，物点の位置 a_1 に関して共役な像点の位置 b_1 との間には

$$\frac{n_1}{a_1} + \frac{n_2}{b_1} = \frac{n_2 - n_1}{R_1} \tag{5.63}$$

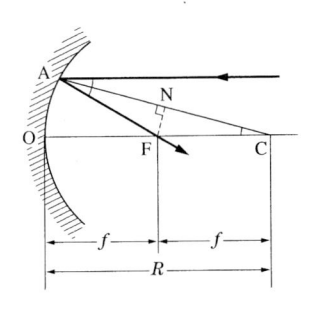

図 5.30　凹面鏡

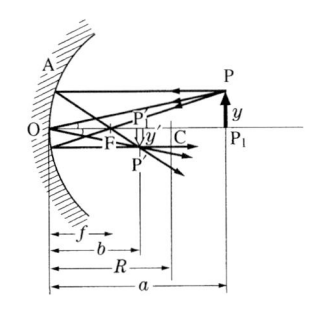

図 5.31　凹面鏡（実像）

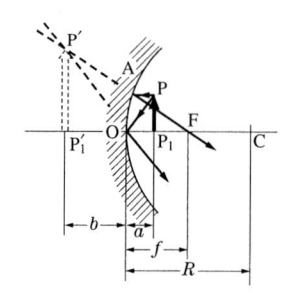

図 5.32 凹面鏡（虚像）　　**図 5.33** 凸面鏡

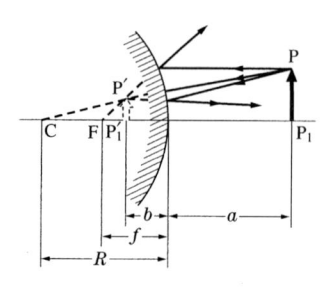

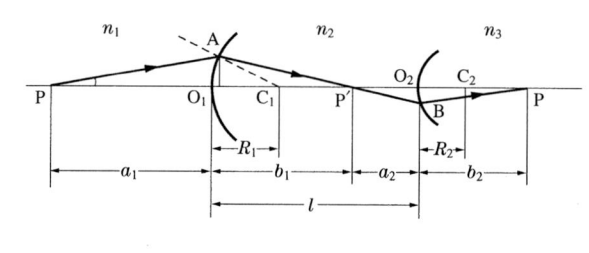

図 5.34

さらにこの球面の後方，距離 l に第 2 の球面（曲率半径 R_2，中心 C_2，媒質の屈折率 n_3）が存在するとき，第 2 の像点の位置 b_2 は

$$\frac{n_2}{a_2} + \frac{n_3}{b_2} = \frac{n_3 - n_2}{R_2}, \quad a_2 = l - b_1 \tag{5.64}$$

で与えられる（図 5.34）．

c. 薄肉レンズ

薄いレンズによる物体の像の位置とその大きさを作図で求めるには，次の三つの光線のうちで任意の 2 本を用いればよい．

(1) 光軸に平行に入射した光線は，凸レンズでは屈折後に焦点 F′ を通り，凹レンズでは屈折後に焦点 F′ から発したかのように進む．

(2) レンズの中央を通る光線の進行方向は不変である．

(3) 焦点 F に向かって入射する光線は屈折後に光軸に平行に進む．

薄いレンズの結像公式は

$$\frac{1}{a} + \frac{1}{b} = \frac{1}{f} \tag{5.65}$$

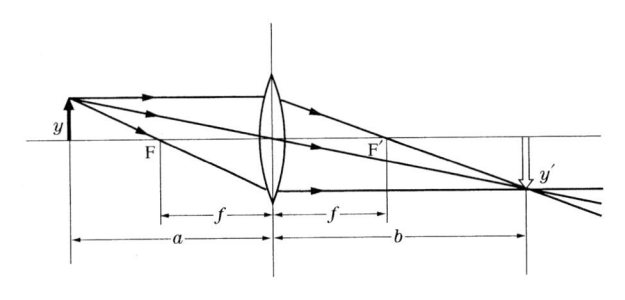

図 5.35 凸レンズ ($a > f$ の場合)

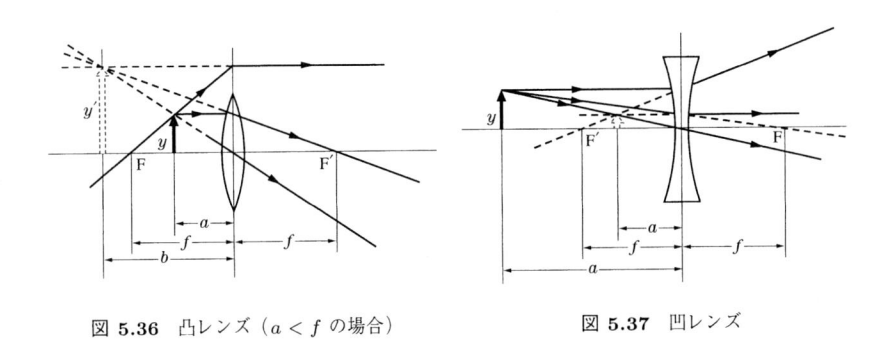

図 5.36 凸レンズ ($a < f$ の場合)   図 5.37 凹レンズ

である．ここで，凸レンズに対して $f > 0$，凹レンズに対して $f < 0$，物点に対して $a > 0$（虚物点に対して $a < 0$）のとき，

  $b > 0$ ならば像点はレンズに関し物点と反対側
  $b < 0$ ならば像点はレンズに関し物点と同じ側

とする（図 5.35, 図 5.36, 図 5.37 参照）．

d. レンズの収差

薄肉レンズによる結像公式は近軸光線だけを考慮して導出されたが，実際のレンズではこのような制限条件が満たされるとは限らない．そのために，この簡単な結像公式からわずかにずれを生じる．

白色光では光の分散によって波長ごとに像の位置がずれる．このような性質をレンズの**収差**と呼ぶ．それには，レンズの周縁に入射する光線と近軸光線とで焦点が異なる**球面収差**，近軸に斜めに入射する平行光線が1点に収束しない**像面のまがり**，点光源の像が互いに垂直な十字形になる**非点収差**，絞りにより

物体の像が変形する**像のゆがみ**，点光源の像が彗星のように尾を引く**コマ収差**，それに白色光を当てたとき分散によって像の周囲が色づく**色収差**がある．

練 習 問 題

1) $y = 0.02\sin(3x - 10t)$ で表される振幅 $0.02\,[\mathrm{m}]$ の正弦波の，(1) 波長，(2) 振動数，(3) 位相速度を求めよ．
2) x 軸方向に伝播する振幅 $5\,[\mathrm{cm}]$，波長 $4\,[\mathrm{cm}]$，振動数 $50\,[\mathrm{Hz}]$ の正弦波がある．
   (1) この波の波数，伝播速度，周期を求めよ．
   (2) 初期位相を 0 として，この波動の式を求めよ．
3) 音速を $340\,[\mathrm{m\cdot s^{-1}}]$ として，可聴音（$20\,[\mathrm{Hz}] - 20\,[\mathrm{kHz}]$）の波長の範囲を求めよ．
4) 音の強さが $1\,[\mathrm{W\cdot m^{-2}}]$ に達すると，人は苦痛を感ずる．この音は何デシベルか．
5) 静止している観測者の側を救急車が $1000\,[\mathrm{Hz}]$ のサイレンを鳴らしながら $20\,[\mathrm{m\cdot s^{-1}}]$ の速さで走行していった．このときの空気中の音速を $344\,[\mathrm{m\cdot s^{-1}}]$ とすれば，
   (1) 救急車が観測者に近づいているとき，観測者に聞こえる振動数はいくらか．
   (2) 救急車が観測者から遠ざかっているとき，観測者に聞こえる振動数はいくらか．
6) 光速を $3.0 \times 10^8\,[\mathrm{m\cdot s^{-1}}]$ として可視光（$7.8 \times 10^{-7} - 3.8 \times 10^{-7}\,[\mathrm{m}]$）の振動数の範囲を求めよ．
7) 光波が媒質 A から入射角 $45°$ で媒質 B に入射したところ，屈折角が $30°$ であった．媒質 A に対する媒質 B の相対屈折率を求めよ．
8) 長さ $2\,[\mathrm{cm}]$ の物体が焦点距離 $20\,[\mathrm{cm}]$ の凸レンズの左方 $25\,[\mathrm{cm}]$ のところにある．物体の像の位置，長さおよび性質を求めよ．
9) ショ糖の比旋光度は $\lambda = 5896\,[\text{Å}]$，$t = 20°\,[\mathrm{C}]$ で $66.5°$ である．溶液の液層の厚さ $d = 10\,[\mathrm{cm}]$ で旋光角が $10°$ のとき，ショ糖溶液の濃度 C を求めよ．
10) 図 5.38 を用いて厚さ d，屈折率 n の薄膜による干渉を考えてみよ．

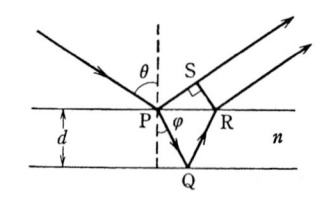

図 **5.38** 薄膜による干渉

6

静 電 場

　冬になると化学繊維でできたシャツの上に着たセーターを脱ぐときセーターがシャツに貼り付いたようになり，無理に離すとパチパチと音を立てるし，暗いところでは火花が見える．この現象は誰もが何度も経験していることだろう．また，粉薬を普通のビニールに入れようとすると散らばったりする．これは静電気によるものである．われわれの日常生活の中を見渡すと電灯，ラジオ，テレビ，電気洗濯機，電気冷蔵庫，電子レンジなどの電気製品がいっぱいである．これらの道具が作れるのは人間が電気と磁気に関わる現象を完全に理解できるからである．この章と次の章では電気，磁気の基本的な法則を示す．

6.1　静　電　気

　化学繊維のシャツと毛糸のセーターが擦れたときパチパチ音がしたり，スカートがストッキングをはいた足に貼り付く現象は，樹脂の化石である琥珀を毛皮などで擦ったときの現象として，ギリシャの昔から知られていた．このように摩擦によって生じ，力を及ぼし合う現象をひき起こす実体を摩擦電気，あるいは**静電気**という．静電気が生じても場合によって力の及ぼし方が違っている．そこで，静電気の生じ方の大きさを表す量を**電荷**という．静電気によって周りのものが吸い寄せられたり退けられたりすることから2種類あると考えられた．そして，絹布とガラスをこすったときガラスに生じる電荷を正電荷，フランネルでこすったエボナイトに生じた電荷を負電荷と呼んだ．そして同種の電荷どうしは反発し合い，異種の電荷は互いに引き合うことが確認された．この現象

は物質の構造に由来する．物質は原子の集まりであり，原子は電子と原子核で構成され，さらに原子核は陽子と中性子から成り，10^{-12} [cm] 程度の範囲で原子の中心に局在している．陽子と中性子の質量は共に電子の約1900倍であり，物質の質量はほとんど原子核によって決まっている．電子は負の電荷をもち，原子核を中心に 10^{-8} [cm] 程度に広がって存在して，原子の大きさを決めている．中性子は電荷をもたないが陽子は正電荷を帯びており，電子の電荷の大きさと等しい．電荷は電子や陽子に独立して存在するものではなく質量と同じくその粒子に固有の属性を示す物理量である．電子や陽子がもつ電荷の大きさを**素電荷**といい，国際単位系で $1.6021892 \times 10^{-19}$ [C] と測定されている．物質は通常，原子核の陽子の数と電子の数が等しくなっているので全体として電荷をもたないように見える．宇宙全体でもそうであろうと予想されている．しかし，部分的には電荷の存在に偏りが生じるのが普通であり，摩擦電気もその現象の一つである．違う物質の表面は電気的な性質が違うため，擦れ合うと電子の一部が片方の物質に移動し正負の電荷のバランスが崩れ，電気を帯びる．この現象を**帯電**という．

6.2 クーロンの法則

帯電しているものどうしが力を及ぼし合うことは容易に発見でき，2000年も前から知られていたが，その大きさについての法則を知るには18世紀まで待たなければならなかった．Coulomb は図6.1のような装置を作って実験をした．小さくて軽いコルクに帯電する電荷の量を変えて，ねじり秤で力の大きさ F を測定した．二つのコルクは小さくて点と見なせるとし，その距離を一定にして片方の電荷の量を増やすと力はそれに比例して増加することがわかった．これは電荷をそれぞれ Q_1, Q_2 とすると

$$F \propto Q_1 Q_2 \tag{6.1}$$

と書ける．また，電荷の量を固定して距離 r を変えると力の大きさは距離の2乗に反比例することがわかった．これを式に書くと

6.2 クーロンの法則

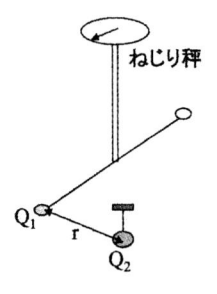

図 6.1 Coulomb の実験

$$F \propto \frac{1}{r^2} \tag{6.2}$$

のようになる．この二つの実験事実はまとめて

$$F = k\frac{Q_1 Q_2}{r^2}$$

と書かれ，**Coulomb の法則**と呼ばれている．また，この力を**クーロン力**という．国際単位系では比例定数 k が $1/4\pi\epsilon_0$ となるように電荷の単位を決め，[C] と書きクーロンと呼ぶようにした．ここで，ϵ_0 は**誘電率**と呼ばれ，

$$\epsilon_0 = 8.854 \times 10^{-12} [\mathrm{m^{-3} \cdot kg^{-1} \cdot s^4 \cdot A^2}]$$

という値をもっている．結局，国際単位系では，Coulomb の法則は

$$F = \frac{1}{4\pi\epsilon_0}\frac{Q_1 Q_2}{r^2} \tag{6.3}$$

という形で示される．電荷 Q_2 が電荷 Q_1 から受ける力の大きさは式 (6.3) であるが，方向は Q_1 と Q_2 を結ぶ直線上にあるので，Q_1 から Q_2 に向かう単位ベクトルを $\bm{r}/r$ とすれば，式 (6.3) に方向を加えて

$$\bm{F} = \frac{1}{4\pi\epsilon_0}\frac{Q_1 Q_2}{r^3}\bm{r} \tag{6.4}$$

と書く．

6.3 電　　場

　電荷の周りの空間にほかの電荷をもってくると，その電荷が力を受ける．このような空間を**電場**という．ある電場にその電場を乱さないような微少な電荷 Δq を置いて $\Delta \boldsymbol{F}$ の力を受けたときの電場を $\boldsymbol{E} = \Delta \boldsymbol{F}/\Delta q$ で表す．つまり，電場とは単位電荷が受ける力であり，正の電荷が受ける力の方向をもつベクトル量である．

　原点に電荷 Q があり，位置 $\boldsymbol{r}$ に微小な電荷 Δq があると，その間に働く力の大きさ $\Delta \boldsymbol{F}$ は Coulomb の法則より，

$$\Delta \boldsymbol{F} = \frac{1}{4\pi\epsilon_0}\frac{Q\Delta q}{r^3}\boldsymbol{r} \tag{6.5}$$

であるから，点電荷 Q が作る電場 $\boldsymbol{E}$ は

$$\boldsymbol{E} = \frac{1}{4\pi\epsilon_0}\frac{Q}{r^3}\boldsymbol{r} \tag{6.6}$$

となる．

　図 6.2 のように，N 個の電荷 $Q_1, Q_2, \cdots, Q_N$ がそれぞれ点 $\boldsymbol{r}_1, \boldsymbol{r}_2, \cdots, \boldsymbol{r}_N$ にあるとき，単位電荷が点 $\boldsymbol{r}$ で受ける力（電場）は，ある電荷 Q_k だけから

$$\boldsymbol{E}_k = \frac{1}{4\pi\epsilon_0}\frac{Q_k}{|\boldsymbol{r}-\boldsymbol{r}_k|^3}(\boldsymbol{r}-\boldsymbol{r}_k) \tag{6.7}$$

であり，それら全ての電荷から受ける力を合成したものであるから，電場 $\boldsymbol{E}$ は

$$\begin{aligned}\boldsymbol{E} &= \sum_{k=1}^{N}\boldsymbol{E}_k \\ &= \frac{1}{4\pi\epsilon_0}\sum_{k=1}^{N}\frac{Q_k}{|\boldsymbol{r}-\boldsymbol{r}_k|^3}(\boldsymbol{r}-\boldsymbol{r}_k)\end{aligned} \tag{6.8}$$

である．

　初めに述べたように，静電気を帯びたものはミクロに見ると電荷は素電荷の集まりであり，上の式のように和で表すが，マクロに見ると連続に分布しているように見える．そこで，図 6.3 に示すように位置ベクトル $\boldsymbol{r}'$ で表せる点の電荷

6.3 電 場

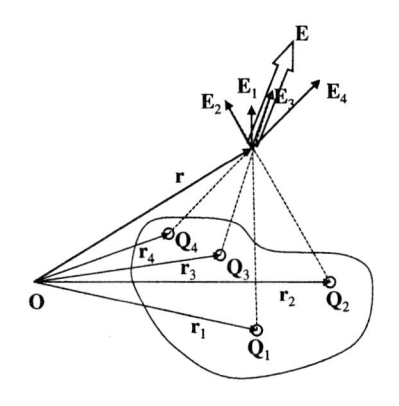

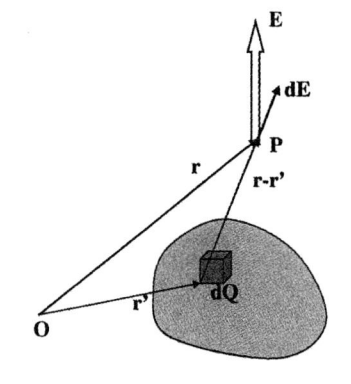

図 6.2 点電荷の周りの電荷　　**図 6.3** 連続に分布した電荷の周りの電場

密度 $\rho(\bm{r}')$ とすると，この点を含む微小な空間 $d^3\bm{r}'$ 内の電荷 dQ は $\rho(\bm{r}')d^3\bm{r}'$ であるから，この微小な電荷が位置ベクトル $\bm{r}$ で表せる点 P で作る電場 $d\bm{E}$ は

$$d\bm{E} = \frac{1}{4\pi\epsilon_0}\frac{\rho(\bm{r}')d^3\bm{r}'}{|\bm{r}-\bm{r}'|^3}(\bm{r}-\bm{r}') \tag{6.9}$$

である．点 P の電場 $\bm{E}$ は 式 (6.9) を全ての空間にわたって積分して得られる．すなわち，

$$\bm{E} = \frac{1}{4\pi\epsilon_0}\int\frac{\rho(\bm{r}')}{|\bm{r}-\bm{r}'|^3}(\bm{r}-\bm{r}')d^3\bm{r}' \tag{6.10}$$

である．

図 6.4 に示すように電場の 1 点に微小な電荷を置いて力の受ける方向に少しずつ移動していくと軌跡が描ける．この軌跡を**電気力線**という．出発点を変えると，電気力線は何本も引けるが交叉することはない．もし交叉点があれば，その点で方向が定まらず不都合である．電気力線の数を電場に直交する面では電場の強さに比例するように引くことにする．図 6.5 に示すように，ある電荷から等距離にある球面 S_1 では式 (6.6) からわかるように電場の強さが同じなので電気力線はどの部分でも等間隔になっているが，その外側の任意の曲面 S_2 では場所によって間隔が違うことがわかる．しかし，いったん描いた電気力線の数は，その電荷を囲む閉じた曲面をどのように変えても，その曲面全体から出てくる電気力線の数は変わらないことがわかる．これを **Gauss の法則**という．

国際単位系では電荷 Q から出てくる電気力線の数を Q となるよう定めるが，

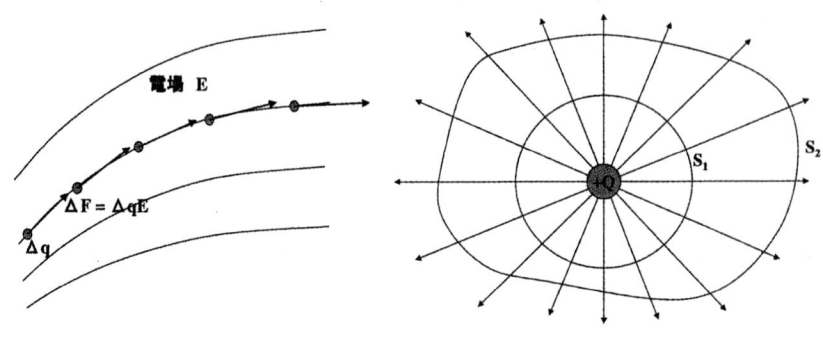

図 6.4 電気力線　　　　図 6.5 点電荷の周りの電気力線

任意の面を横切る電気力線の数は場所によって密であったり疎であったりする. そこで, ある点で, 電場に直交した単位面積当りに出てくる電気力線の数を**電束密度**として定義し, 電気力線の方向をもつベクトル量 D で表す. したがって, 電荷 Q を囲む閉局面の一部 ds から出てくる電気力線の数は, その微小な面 ds の法線ベクトル n とすれば, $D \cdot n ds$ であるから, 電荷 Q を囲む閉局面について積分すると,

$$\int D \cdot ds = Q \tag{6.11}$$

となる. 電束密度の方向は通常, 電場 E と同じだと考えられるから, 比例定数を k とすると, $D = kE$ である. 真空中で, 電荷 Q を中心にする半径 r の球面に適用すると, 電気力線はすべて動径方向を向いていることに注意して式 (6.6) を代入すると,

$$\int E \cdot ds = \frac{Q}{\epsilon_0} \tag{6.12}$$

である. 式 (6.11) より $k\int E \cdot ds = Q$ だから, $k = \epsilon_0$ である. したがって

$$D = \epsilon_0 E \tag{6.13}$$

と書ける.

6.4 電　　　位

電場の中に電荷 q があると，その点の電場 $\boldsymbol{E}$ に沿った力 $\boldsymbol{F} = q\boldsymbol{E}$ を受けているので，他に力がなければ電気力線に沿って移動し，電場はその電荷に対して仕事をする．いま，ある点 A から別の点 B に移動するとき，電場が電荷 q にする仕事 W を求めることを考える．電場は位置によって変わるが，電場の変化が無視できるくらい微小な位置の変化 $d\boldsymbol{r}$ の間にする仕事 dW は

$$dW = \boldsymbol{F} \cdot d\boldsymbol{r} = q\boldsymbol{E} \cdot d\boldsymbol{r} \tag{6.14}$$

であるから，点 A から点 B まで積分して，

$$W = q \int_{A}^{B} \boldsymbol{E} \cdot d\boldsymbol{r} \tag{6.15}$$

で与えられる．これは電荷 q に電場が仕事をしたことになる．見方を変えれば，この電場は点 A に置いた電荷 q を点 B まで運ぶ能力があり，その大きさは W であるということができる．その能力を電場の位置エネルギーという．力学的ポテンシャルで議論したように式 (6.15) の積分は経路に依らないことが証明され，電場 $\boldsymbol{E}$ は保存力場である．ここでこの単位電荷当りの仕事 ϕ を求めると

$$\phi = \frac{W}{q} = \int_{A}^{B} \boldsymbol{E} \cdot d\boldsymbol{r} \tag{6.16}$$

となり，基準点 B に対する点 A の**電位**といい，国際 (SI) 単位で [V] (ボルト) と表す．このとき基準点の電位は 0 ということになる．また，点 A から電荷を電場に対して垂直に移動しても仕事をしていないので，その点の電位は変わらない．このような点の集合を等電位面といい，図 6.6 に示すように，等電位面は互いに交差しない．また，基準点は等電位面上の点でもある．電場 $\boldsymbol{E}$ が保存力場であることから

$$\boldsymbol{E} = -\mathrm{grad}\phi$$

と書ける．また，ϕ を**静電ポテンシャル**という．

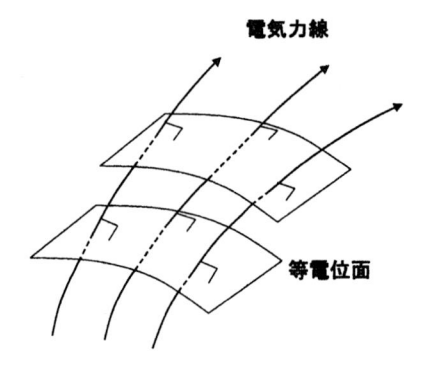

図 6.6　電気力線と等電位面

6.5　電場中の荷電粒子の運動

電場 E に電荷 q があるとき，電荷は力 $F = qE$ を受けて加速度運動する．前節でみたように電位差 V 間で電荷 q が電場からされた仕事は qV であり，電荷 q の運動エネルギーの変化になる．これは保存力場内での力学的エネルギー保存の法則からも容易に理解できる．

荷電粒子を加速することはいろいろなところで行われている．現代物理学の最大の興味である物質の起源を探るために電子や陽子を半径数キロの円周で加速したり，癌の放射線治療のために重イオンを加速しているほか，質量分析機では帯電した分子や原子を加速している．最近身近になったカラーインクジェットプリンターでは，インクの霧を帯電させて電場で加速している．電荷は素電荷を単位として増減するので，一つの電子が $1\,[\mathrm{V}]$ の電位差で受けるエネルギーをエネルギーの単位とするのが便利である．これを $1\,[\mathrm{eV}]$ という．したがって，

$$1\,[\mathrm{eV}] = 1.6 \times 10^{-19}\,[\mathrm{C}] \times 1\,[\mathrm{J} \cdot \mathrm{C}^{-1}] = 1.6 \times 10^{-19}\,[\mathrm{J}]$$

である．

6.6 導体

これまで，電荷は単独で空間に分布している状態を考えてきたが，日常ではいろいろな物質に帯電した状態として体験している．帯電の仕方では物質によって様子が大きく変わる．その様子は大まかに導体，絶縁体，半導体に分類される．ここではまず導体について考えてみよう．導体は電気を良く通すものとして知られており，ほとんどの金属が導体である．金属は金属結晶をしているが，結晶に関与していない電子があり，結晶内を自由に動ける状態になっている．これを**自由電子**という．このような導体に正に帯電したものを近づけると，負の電荷である自由電子はクーロン力によって引きつけられて表面に集まり，その表面は負に帯電する．他方，その反対側の表面は正電荷の原子核が動かずに残っているため，正に帯電している．この様子は図6.7に示すように，正電荷と負電荷が満遍なく混ざり合って中性になっているところに正電荷を近づけると負電荷は引き寄せられ，正電荷は反発して遠ざけられて移動するように見える．この現象を静電誘導という．移動し終わり定常状態になったときには導体の内部の電場は0であることが予想される．なぜなら，もし電場が0でなければ自由電子はまだ移動していなければならない．また，電場が0であることは導体が電場内におかれていても導体の全ての場所で等電位であることを意味している．導体を中空にしても同じである．病院で脳波をはかる部屋は導体で完全に覆われている．これは周りの電気的な影響を防ぐためであり，**静電遮蔽**（electric shield）といっている．雷が落ちるとき車の中にいるのが安全なのはこのためである．

半径 a の導体球に電荷 Q を帯電させると表面に均一に分布し，単位面積当りの電荷は $Q/4\pi a^2$ である．この状態は球対称であることから，図6.8に示すように，半径 r の面ではどの点も電場の強さは一定で動径方向を向いていると考えられる．そこで，半径 r の球面を閉曲面とし，その電場の大きさを E としてガウスの法則を適用すると，積分は

$$\int \boldsymbol{E} \cdot d\boldsymbol{s} = 4\pi r^2 E \tag{6.17}$$

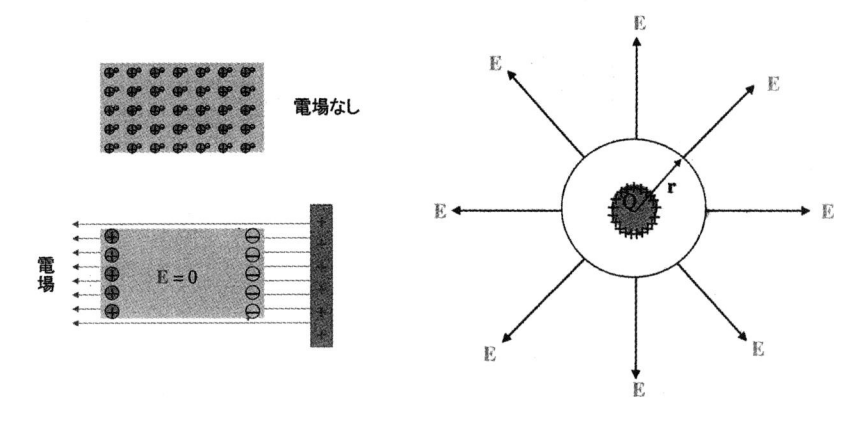

図 6.7 導体　　　　　　　　図 6.8 球状導体の周りの電場

であり，$r > a$ ならば，球面内に含まれる電荷は Q であるから，$4\pi r^2 E = Q/\epsilon_0$ となり，

$$E = \frac{Q}{4\pi\epsilon_0 r^2}$$

である．これは電荷が全て球の中心に集まったクーロン電場と同じになっている．$r < a$ のとき，球面内に含まれる電荷は 0 であるから，$E = 0$ となる．

　図 6.9 のように帯電していない二つの導体 A，B を近づけておき，導体 A の電子を導体 B に運ぶと導体 A は原子核の正電荷が残り正に帯電し，導体 B は負に帯電する．このとき，電場が生じるが導体 A から出た電気力線は必ず導体 B に達する．これは，両導体を囲む閉曲面について Gauss の法則を適用すると，閉曲面内の電荷の和が 0 になることから，無限遠方に逃げる電気力線がないことを意味している．このような導体の対を**蓄電器（コンデンサー）**という．極板 A，B に帯電した電荷をそれぞれ $+Q, -Q$ とし，その電位をそれぞれ ϕ_A, ϕ_B とすると，電位差 V は

$$V = \phi_A - \phi_B$$

であり，コンデンサーに蓄積される電荷は極板間の電位差に比例する．この比例定数を C とすれば

$$Q = CV \tag{6.18}$$

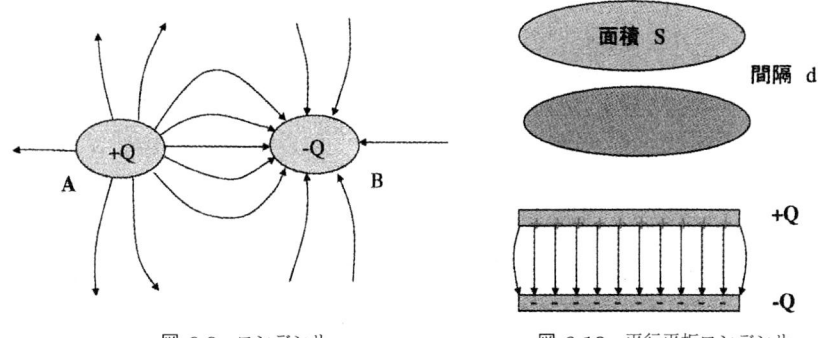

図 6.9 コンデンサー　　　　　**図 6.10** 平行平板コンデンサー

と書ける．C はコンデンサーによって異なる定数であるが，C が大きければ同じ電圧でも蓄積される電荷が大きくなることを示しているので，この比例定数 C を電気容量といい，1[V] の電圧で 1[C] の電荷が貯まるコンデンサーの**電気容量**を 1[F]（ファラッド）とした．

図 6.10 のように面積 S の平らな導体を狭い間隔 d で向かい合わせて帯電させると電気力線は極板間に集中し，外側にはほとんど漏れないので，近似的に均一で平行であると考えられる．その電場の大きさを E とする．そして，極板に帯電した電荷が Q のとき，片方の極板だけを囲む直方体の閉曲面に対してガウスの定理を適用すると積分 $\int \boldsymbol{E} \cdot d\boldsymbol{s}$ はコンデンサーの内側の面だけ 0 でないから，

$$\int \boldsymbol{E} \cdot d\boldsymbol{s} = ES$$

であり，Gauss の法則を適用して $ES = Q/\epsilon_0$ となる．また $V = Ed$ と式 (6.18) を用いると，このような平行平板コンデンサーの容量は

$$C = \frac{\epsilon_0 S}{d}$$

となる．

6.7 誘　電　体

絶縁体も分子の集まりであり，正の電荷をもつ原子核と負の電荷の電子から構成されているが，導体と違って価電子が分子に束縛され，物質中を自由に動け

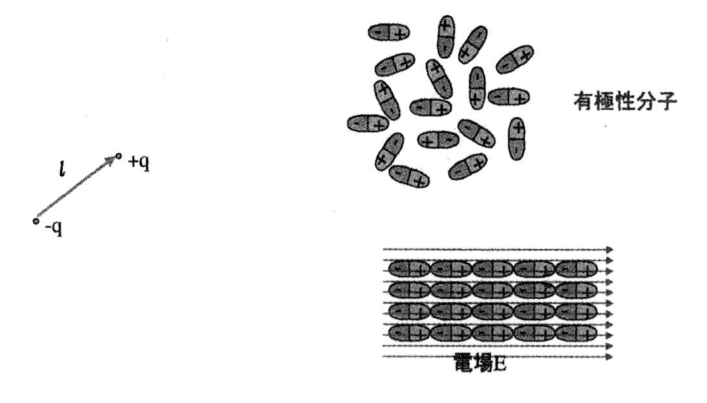

図 6.11　電気双極子　　　図 6.12　有極性分子と誘電分極

る電子がないので，電気を流すことができない．このような物質を**誘電体**，または絶縁体といい，電気機器の設計では重要な役割を果たしている．分子が対称であると正電荷と負電荷は均一になって分子内でも帯電していないように見える．このような分子を非極性分子という．また，分子の構造に偏りがあると正電荷と負電荷が分子内で局在化して，帯電して見える．このような分子を極性分子という．極性分子は正の点電荷 $+q$ と負の点電荷 $-q$ が距離 l 隔てた対として取り扱うことができる．このような点電荷の対を**電気双極子**という．図 6.11 のように負電荷の位置から正電荷の位置に至るベクトルを l とし，$\mu = ql$ を**双極子モーメント**として定義する．電気双極子が無秩序に存在すると巨視的にはやはり中性である．誘電体を電場の中に入れると，対称であった分子中の正電荷は電場の方向に力を受け，負電荷は電場と反対方向に力を受けるので電荷に偏りができて電気双極子となる．また，図 6.12 のように無秩序にあった電気双極子も正電荷を電場の方向に向けて揃う．この現象を**分極**という．局所的には電気双極子モーメントの和が 0 でない部分が連続して存在することを意味するので，分極 P を各点における単位体積当りの双極子モーメントとして定義する．誘電体中の正負それぞれの電荷密度が ρ のとき，電場によって正電荷と負電荷が l ずれたとすると分極の大きさは

$$P = \rho l \tag{6.19}$$

6.7 誘電体

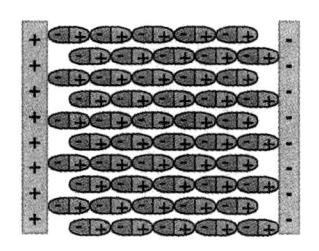

図 6.13 誘電体をはさむ平行平板コンデンサー

である．また，誘電体の表面で，電場の向いている側では正電荷が，その反対側では負電荷がそれぞれはみ出てくる．その量は単位面積当り ρl であり，分極を表している．いま，図 6.13 のように誘電体が平行平板コンデンサーの中にあり，極板に単位面積当り σ に帯電していると，誘電体内の電場は Gauss の法則を用いると，

$$\epsilon_0 E = \sigma - \rho l$$

したがって，

$$E = \frac{\sigma - \rho l}{\epsilon_0} = \frac{\sigma - P}{\epsilon_0} \tag{6.20}$$

このことから，電場 $\boldsymbol{E}$ は分極 $\boldsymbol{P}$ がわからなければ決まらない．そこで，分極 $\boldsymbol{P}$ が電場 $\boldsymbol{E}$ に比例するとき，

$$\boldsymbol{P} = \chi_e \epsilon_0 \boldsymbol{E} \tag{6.21}$$

と書き，χ_e を電気感受率として定義する．式 (6.20) を変形すると，$\sigma = \epsilon_0 E + P$ となるが，E と P はベクトル量であることから改めて，

$$\boldsymbol{D} = \epsilon_0 \boldsymbol{E} + \boldsymbol{P} \tag{6.22}$$

と定義すると，$\boldsymbol{D}$ は誘電体中の電束密度を意味している．また，

$$\boldsymbol{D} = \epsilon \boldsymbol{E} \tag{6.23}$$

と書き，ϵ を物質の誘電率という．式 (6.21) と式 (6.23) を式 (6.22) に代入して，

$$\epsilon = (1 + \chi_e)\epsilon_0 \tag{6.24}$$

表 6.1

パラフィン	1.9〜2.4
ポリエチレン	2.2〜2.4
ナイロン	5.0〜14.0
雲母	6.0〜8.0
石英ガラス	3.5〜4.0
メチルアルコール	4.67
四塩化炭素	2.24
ベンゼン	2.28
水	80.26
水素	1.00027
酸素	1.00055

を得る．また，

$$\kappa = 1 + \chi_e = \frac{\epsilon}{\epsilon_0}$$

を比誘電率として定義する．これは誘電体の種類を特徴づける量として測定されている．その例を表 6.1 に示す．

練 習 問 題

1) 純粋なダイヤモンド 12 [g] には何 [C] の正電荷があるか．
2) 水素原子の陽子と電子の間に働いているクーロン力はいくらか．ただし，電子は陽子から 10^{-8} [cm] 離れているとする．
3) 原点に 1 [C] の電荷があるとき，(3,4,0) [cm] の点における電場を示せ．また，この点で電子 1 個が受ける力の大きさはいくらか．
4) 電荷 Q があり，基準点が電荷から距離 r_B の点とし距離 r_A での電位を示せ．
5) 一様な電場 E に電荷 q で質量 m の粒子がある．電場による加速で初速度 0 のところから距離 d だけ進んだ．そのときの速度を示せ．
6) 導体 A の電位が 0 [V]，導体 B の電位が 100 [V] である．導体 A にある電子が導体 B に達するまでに受けるエネルギーはいくらか．
7) 1 [m] 四方の銅板を 2 枚 1 [mm] の間隔で近づけたときの電気容量はいくらか．また，銅板の両端に 100 [V] の電圧を加えたら，間にある電子が受ける力はいくらか．

7

電流と磁場

　前章では電荷が動かないときの現象を見てきたが，われわれの生活している中で利用している電気は電荷が動いている現象に基づくものがほとんどである．この章では電荷の動きに伴う現象について議論する．磁気の存在は14世紀の初めに羅針盤が発明される以前から知られていたと思われる．われわれは子供の頃，磁石で遊んだ経験があるし，日常生活の中に磁石を直接利用した道具が至る所に見られる．たとえば，ホワイトボードに紙を留るためのマグネット，オーディオカセットデッキ類のヘッド等がそうである．また，磁石はわれわれが利用する電気を創るにはなくてはならないものであるし，全ての電気製品の成り立ちは，電気と磁気が密接な関係で結ばれた原理に基づいている．

7.1　電　　　流

　電荷の流れを電流という．電流はいろいろな形で存在する．たとえば，稲妻は電子とイオンの流れであり，電解溶液に電極をつけて電圧を加えるとイオンによって電荷が運ばれ，電流が生じる．日常利用している電気製品で電気を流すために使われている電線では，負電荷である自由電子が流れて電流になっている．電流の大きさは加えた電場や物質の構造などに依存するし，時間によっても違う．そこで，短い時間 Δt の間に，ある断面を電荷 Δq が通過したならば，電流 I を

$$I = \frac{\Delta q}{\Delta t} \tag{7.1}$$

と定義する．国際単位系では $[\mathrm{C\cdot s^{-1}}]$ であり，[A]（アンペア）という．また，正電荷が流れる方向を正とするので，金属製の導線を流れる電子は電流の向きと反対に移動している．

7.2 電気抵抗

よく知られているように物質は質量のほとんどを原子核が占め，固体では電流に寄与するのは電子である．固定して物質の形を決めている原子核は電子の移動の妨げになる．物質に同じ電流を流そうとするとき，妨げの度合いが大きい物質なら大きな電圧が必要であろうし，妨げの度合いが小さければ小さな電圧でよいだろう．そこで，加える電圧 V は流す電流 I に比例することが確かめられる．その比例定数を R として，

$$V = RI \tag{7.2}$$

と書き，**Ohmの法則**と呼ばれている．比例定数 R を電気抵抗といい，単位は [V/A] であるが，一般に $[\Omega]$（オーム）と呼んでいる．

電気抵抗の大きさは物質の種類によっても異なるし，大きさや形に依存する．長さが l で断面積が A の物質の両端に電圧をかけたときの抵抗 R は長さ l に比例し，断面積 A に反比例することは容易に確かめられる．そこで，この比例係数を ρ とすれば，

$$R = \rho \frac{l}{A} \tag{7.3}$$

と書ける．この ρ を比抵抗または**抵抗率**といい，単位は $[\Omega \mathrm{m}]$ となる．これは形に依らない量であるが，物質の種類や純度などに依存するほか，温度によっても変化する．

Ohmの法則の見方を変えると，物質に流れる電流は加えた電圧に比例すると見ることができる．そこで，比例定数を σ とし，

$$I = \sigma V \tag{7.4}$$

と書き，σ を**電気伝導度**という．また，式 (7.2) と式 (7.4) から

$$\sigma = \frac{1}{R} \tag{7.5}$$

の関係にある．

電解質溶液に一組の極板をつけて電圧を架けると ＋ イオンは負極に，－ イオンは陽極にひきつけられる．イオンが極板に達すると陰極では ＋ イオンが極板から電子を受け取り，陽極では － イオンが電子を極板に与えて活性化するので，両極の周りにある分子と反応する．このように電解質溶液中の極板間では一方の極板から出た電荷が他方の極板に電荷が一様に流れているのではないが，回路としては正電荷あるいは負電荷が回路全体に一様に流れているように扱うことができる．

電解質溶液の電気伝導度は電解質の種類や濃度のほか，極板の形や大きさ，配置などに依存する，また温度にも依存する．面積 A の極板を平行に間隔 l で向かい合わせて電解質溶液につけたときの電気伝導度 σ は，極板間の電気力線がはみ出ないような近似で，面積に比例し間隔に反比例することが確められる．その比例定数を κ とすると，

$$\sigma = \kappa \frac{A}{l} \tag{7.6}$$

と書き，κ を比電気伝導度または**電気伝導率**という．また，式 (7.3) と (7.5) と (7.6) から $\kappa = 1/\rho$ の関係にあることがわかり，単位は $[\Omega^{-1}\cdot\mathrm{m}^{-1}]$ となる．

7.3　磁　　　場

方位磁石（磁針）は登山やハイキング等で日常利用している．これは磁針がいつも北を示してくれるからである．また，磁針を磁石に近づけると磁針はある決まった方向を指して止まる．このような現象を磁気といい，磁針に磁気による力を及ぼす空間を磁場という．図 7.1 のように細長い磁石を薄い紙の下に置き，上から鉄粉を振りかけると磁石の両端に鉄粉が集中する部分ができる．これを**磁極**といい，北を指す方を N 極，南を指す方を S 極と名づける．同じ種類の極どうしは反発し合い，異種極の間では引き合う力が働くことは容易に確かめられる．また，磁石を半分にしても N 極と S 極が切り離されることがなく，やはり両端に磁極が出き，図 7.2 に示すように短い磁石が 2 本できたことにな

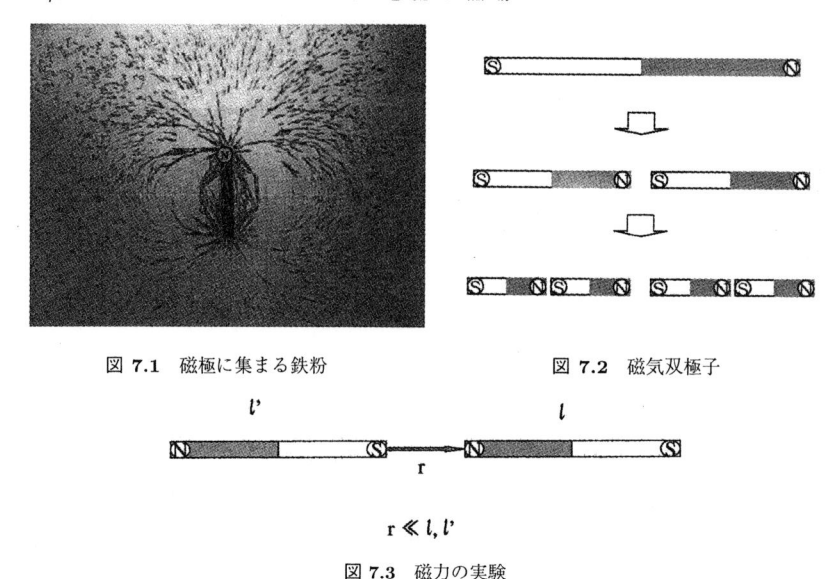

図 7.1 磁極に集まる鉄粉　　図 7.2 磁気双極子

$r \ll l, l'$

図 7.3 磁力の実験

る．さらにそれぞれを切ると 4 本の磁石ができたことになる．この現象は磁極が単独で存在せず，**磁気双極子**としてのみ存在することを意味している．磁極の大きさを表す量を**磁荷**という．図 7.3 のように，細長い磁石のどちらかの磁極を近づけ，反対側の磁極を離し，それぞれが影響しないようにすると，磁荷どうしが及ぼし合う力が磁荷の大きさや相対的な距離にどのように依存しているか確かめられる．その結果，二つの磁荷 q_m, q_m' が距離 r 離れているとき，磁荷の間に働く力 F は磁荷の積に比例し，距離の 2 乗に反比例することがわかった．したがって，以下のように書ける．

$$F = k_m \frac{q_m q_m'}{r^2} \tag{7.7}$$

これを磁荷に関する Coulomb の法則という．磁荷の単位を国際単位系で決めると比例定数 k_m が決まり，$k_m = 1/4\pi\mu_0$ と決まるので，式 (7.7) は

$$F = \frac{1}{4\pi\mu_0} \frac{q_m q_m'}{r^2} \tag{7.8}$$

と書かれ，磁荷の単位として [Wb]（ウェーバー）を導入した．ここで，μ_0 は真空の**透磁率**と呼ばれ，

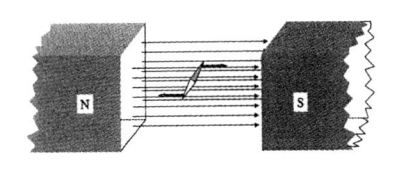

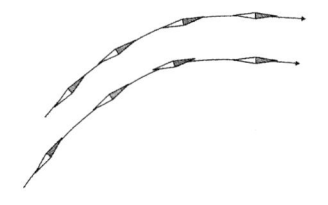

図 7.4 磁場中の磁針が受ける偶力   図 7.5 磁力線

$$\mu_0 = 4\pi \times 10^{-7} [\text{N} \cdot \text{A}^{-2}]$$

という定数である．この値については後で説明される．

ある磁場にその磁場を乱さないような微小な磁荷 Δq_m を置いて $\Delta \boldsymbol{F}$ の力を受けたときの磁場を $\boldsymbol{H} = \Delta \boldsymbol{F}/\Delta q_m$ で表す．つまり，磁場は単位磁荷が受ける力で，N極が受ける力の方向をもつベクトル量である．

図 7.4 のように，磁場中に磁針をおくとN極は正の方向に力を受け，S極は負の方向に力を受けるので磁針には偶力が働き，力の作用線が1直線になるように磁針の方向が決まる．図 7.5 のように，この磁針をその方向に沿って少しずつ移動していくと線が描ける．このような線を**磁力線**という．

7.4 電流による磁場

古くは電気と磁気は別の現象として捉えられていたが，1820年に H.C.Oersted が導線に電流を流すとその近くに置いた磁針は力を受け，方向を変えることを発見した．この現象は，電流によって周りに磁場ができたことを示している．続けて，A.M.Ampere は平行に置いた2本の導線に電流を流すと力を及ぼし合うことや，円形に巻いた導線（コイル）を自由に動くようにして電流を流すとコイルの面が南北を向くことを発見した．また，H.Davy と F.Arago はコイルの中に鉄の棒を入れると磁石になることを発見した．これらのことから電流により磁場が生じるし，円形の電流が磁気双極子に類似するものを作ると解釈される．したがって，磁気は電流に起因するものであり，前節で導入した磁荷の存在に起因するものではないと解釈するのが自然である．事実，N極だけとかS極だけと言った単一磁荷（monopole）は見つかっていないし，現在では巨視的

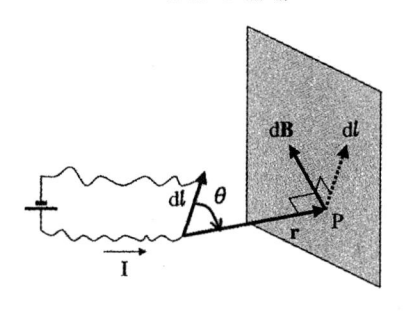

図 7.6 電流素片が作る磁場

には磁荷の対に見える磁針など永久磁石も，微視的に見ると分子や原子の状態によって現れる磁気双極子の集まりであることが知られている．

前節では磁場を単位磁荷当りに働く力として定義したが，差し当り磁荷の存在を考えないことにして，空間における磁気の強さと方向を定義する量として**磁束密度 B** を導入する．磁束密度と電流との関係は Oersted の発見後すぐに J.B.Biot と F.Savart によって詳しく調べられた．いま，図 7.6 のように任意な導線に定常電流 I が流れているとき，ある電流素片 Idl がそこから距離 r 離れた任意の点 P における磁束密度 dB は

$$dB \propto \frac{Idl\sin\theta}{r^2} \tag{7.9}$$

の関係がある．これは **Biot-Savart の法則**と呼ばれている．これを比例定数 k と電流素片から点 P までのベクトル r を用いて書き直すと

$$d\boldsymbol{B} = k\frac{Id\boldsymbol{l} \times \boldsymbol{r}}{r^3} \tag{7.10}$$

となる．回路全体の電流が点 P で作る磁場は式 (7.10) を積分して

$$\boldsymbol{B} = \int d\boldsymbol{B} = k\int \frac{Id\boldsymbol{l} \times \boldsymbol{r}}{r^3} \tag{7.11}$$

で与えられる．いま，特殊な場合として無限に長い直線電流があり，その直線から距離 r 離れたところの磁束密度 $\boldsymbol{B}$ は式 (7.11) を実行して求められるが，方向は電流を軸とした円の接線で，電流の方向に進む右ねじの回転方向を正にした方向になっていることから，容易に積分でき，大きさは

7.4 電流による磁場

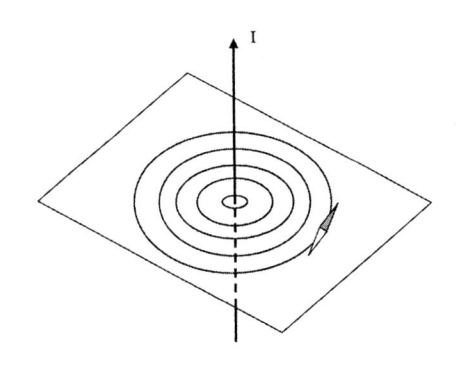

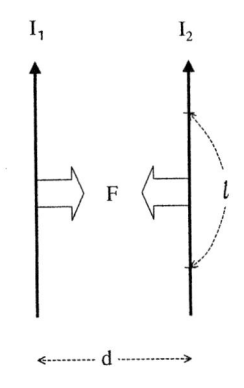

図 7.7 電流が作る磁場

図 7.8 電流どうしに働く力

$$B = k\frac{2I}{r} \tag{7.12}$$

となる．これを電流に垂直な平面で磁束密度の等しい点を辿った線を描くと図 7.7 に示すように電流を軸にした同心円状の磁場になることがわかる．

2 本の導線を平行にして近づけ，電流を流すと導線は互いに力を及ぼし合うことは実験によって確かめられるが，電流が片方だけだと力が働かないことは導線内の静止した電荷には力は作用していないことを意味しており，磁場中にある電流が力を受けていると解釈することができる．図 7.8 のように無限に長い直線電流 I_1 から距離 d に平行に置かれた長さ l の電流 I_2 が受ける力は，電流 I_1 が作る磁束密度 B に比例し，I_2 自身の大きさと長さ l に比例する力を受けることは容易に予想されるし，実験で確かめられる．これは $F = k'BI_2l$ と書けるが，電流 I_1 が作る磁束密度 B に式 (7.12) を用い，係数 kk' をあらためて k_c とすると

$$F = kk'\frac{2I_1}{d}I_2l = k_c\frac{2I_1I_2l}{d} \tag{7.13}$$

となる．言い換えれば，平行な 2 本の導線に流れる電流の間に働く力は二つの電流の積と電流の向き合った長さに比例して，電流間の距離に反比例する．ここで，電流の単位と比例係数はどちらか一方を任意に選べるが，国際単位系では次のように決めた．

2 本の細くて無限に長い導線を $1\,[\mathrm{m}]$ の距離で平行に置き，同じ大きさの電流を流して，導線 $1\,[\mathrm{m}]$ 当りに働く力が $2\times 10^{-7}\,[\mathrm{N}]$ のときの電流を $1\,[\mathrm{A}]$ と

した．この条件を式 (7.13) に代入すると $k_c = 1 \times 10^{-7}\,[\mathrm{N \cdot A^{-2}}]$ となる．この値を電気現象の法則と対称にするために

$$1 \times 10^{-7} = \frac{\mu_0}{4\pi}$$

と置いて，式 (7.13) を

$$F = \frac{\mu_0}{4\pi} \cdot \frac{2l}{d} \cdot I_1 I_2 \tag{7.14}$$

と書くことにした．単位の決め方について詳しい解説は他の教科書に委ねる．1 [A] の電流が決められると，1 秒間に流れた電荷を 1 [C] として，電荷の単位とすることができる．

電流の単位が決まったことで式 (7.12) の磁束密度の定義と係数 k を決めることができる．1 本の無限に長い直線状の導線に電流 I が流れているとき，導線から r の距離に電流 I に平行で長さ l の微小な試験電流 ΔI を置いたとき，試験電流が受ける力は式 (7.14) から，

$$F = \frac{\mu_0}{4\pi} \cdot \frac{2l}{r} \cdot I \Delta I \tag{7.15}$$

で与えられる．そこで，磁束密度を試験電流の単位長さ当り，単位電流当りに働く力として定義すれば，式 (7.15) から，

$$B = \frac{F}{l \Delta I} = \frac{\mu_0}{4\pi} \cdot \frac{2I}{r} [\mathrm{N \cdot m^{-1} \cdot A^{-1}}] \tag{7.16}$$

となる．磁束の単位として [Wb]（ウェーバー）を導入し，磁束密度の単位を改めて [Wb·m^{-2}] とすると，式 (7.16) と比較して

$$[\mathrm{Wb}] = [\mathrm{N \cdot m \cdot A^{-1}}]$$

を得る．また，[Wb] を磁荷の単位としても用いることができ，磁荷に関するクーロンの法則に関連づけたのが式 (7.8) である．

前章式 (6.13) で電場と電束密度の関係を定義したが，磁場 $\boldsymbol{H}$ と磁束密度が同様な形になるように

$$B = \mu_0 H$$

と書き磁場を定義する．無限に長い導線から距離 r 離れた点における磁場の大

7.4 電流による磁場

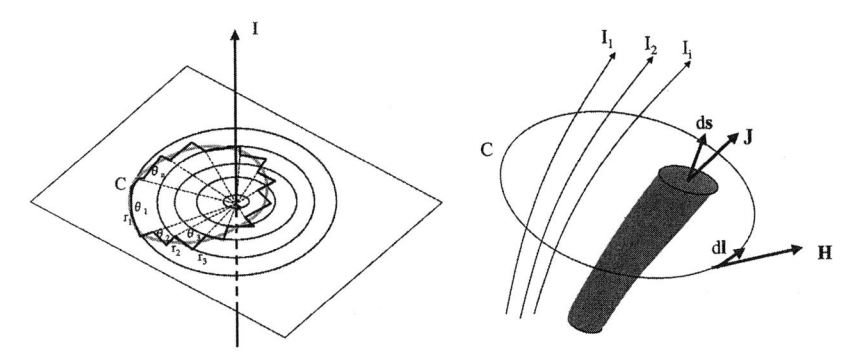

図 **7.9** 直線電流を囲む閉じた経路の積分

図 **7.10** Ampère の法則

きさ H は式 (7.16) から

$$H = \frac{I}{2\pi r}[\text{A} \cdot \text{m}^{-1}] \tag{7.17}$$

となる．単位は $[\text{N} \cdot \text{Wb}^{-1}]$ とも書くことができることから，H は単位磁荷に働く力を意味している．

磁場中のある点 A から B までの経路 S で

$$V_m = \int_A^B \boldsymbol{H} \cdot d\boldsymbol{l} \tag{7.18}$$

を考えると，V_m は磁場が単位磁荷に点 A から B までにする仕事を意味し，磁位を定義できるが，単独で動ける磁荷が存在しないことから，電場における電位と違った議論をしなければならないがここでは特に議論しない．

1 本の直線電流 I を囲む任意の閉じた曲線 C 上で式 (7.18) の積分を考えよう．図 7.9 に示すように半径を階段状に変えて積分すると磁場 $\boldsymbol{H}$ は電流を中心とする円筒の接線で電流方向と直交しているので，動径方向の積分は $\boldsymbol{H}$ と $d\boldsymbol{l}$ が直交して 0 であることに注意すると

$$\begin{aligned}
V_m &= \int_C \boldsymbol{H} \cdot d\boldsymbol{l} \\
&= \frac{I}{2\pi r_1} \cdot r_1\theta_1 + \frac{I}{2\pi r_2} \cdot r_2\theta_2 + \cdots + \frac{I}{2\pi r_n} \cdot r_n\theta_n \\
&= \frac{I}{2\pi}(\theta_1 + \theta_2 + \cdots + \theta_n)
\end{aligned}$$

$$= I$$

となる．詳しい説明は省くが，図 7.10 のように任意な電流と任意な閉じた経路 C について同様な積分をすると

$$\oint \boldsymbol{H} \cdot d\boldsymbol{l} = \sum_i I_i + \int_c \boldsymbol{J} \cdot d\boldsymbol{s} \qquad (7.19)$$

という関係がある．これを **Ampère の法則**という．ただし，$\boldsymbol{J}$ は電流密度と呼ばれ，位置座標の関数になっている．

図 7.11 のように，導線を円形にして電流を流すと全ての磁力線が束ねられて円の内側を貫き，右ねじを電流が流れる方向に回すとねじが進む方向を向いている．この円を横切った磁力線は円の外側を回って戻ってくることになる．この円形の導線を螺旋状に続けて巻いて円筒状にしたコイルを**ソレノイド**という（図 7.12）．細くて，長いソレノイドの内側の磁場は均一になり，Ampère の法則から容易に計算できて，単位長さ当りの巻数を N とすれば，

$$H = NI \qquad (7.20)$$

となる．

　誘電体では電気双極子が電場を誘起したように磁気双極子が存在して，磁場

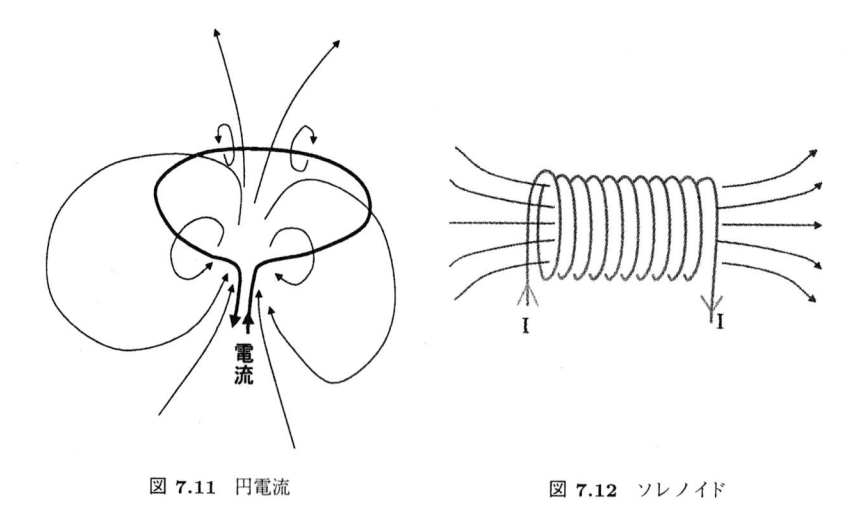

図 **7.11** 円電流　　　　　　　　図 **7.12** ソレノイド

の中でその方向がそろうことで新たな磁場を誘起する物質を**磁性体**という．磁性体には反磁性体，常磁性体，強磁性体がある．コイルの中に強磁性体を入れたものを電磁石といい，家庭用電気製品から NMR 等の測定器まで幅広く用いられている．強磁性体は磁力線を吸収する性質があり，大きな磁場を作るのに役立つ．

7.5　電流が磁場から受ける力

図 7.13 のように，紙面の下から上に向かう磁場の中に紙面の裏から表に向かう電流があると電流を中心に左回りの磁力線がある．すると，電流の左側では磁力線は打ち消しあって磁束密度は疎になり，右側では強めあって密になる．そこで，電流は磁束密度を均一にしようとするような力を受ける．つまり，紙面の右から左に向かう力を受ける．式 (7.14) と式 (7.16) からわかるように力の大きさ F は

$$F = IlB \tag{7.21}$$

で与えられる．方向は図 7.14 からわかるように力のベクトル $\boldsymbol{F}$ は電流のベクトル $\boldsymbol{I}$ と磁束密度のベクトル $\boldsymbol{B}$ に直交し，ベクトル $\boldsymbol{I}$ からベクトル $\boldsymbol{B}$ の方向に右ねじを回転した方向に向いていることから，

$$\boldsymbol{F} = l\boldsymbol{I} \times \boldsymbol{B} \tag{7.22}$$

と書ける．

電流が磁場から受ける力は，電荷が導体中を移動していることに起因している．導体中の自由電子は電荷 $-e$ をもっており，単位体積当りの自由電子の数 n が，断面積 S の導体を平均速度 v で流れているときの電流 I は

$$I = -enSv \tag{7.23}$$

であるから，式 (7.21) に代入して，

$$F = -enSvlB \tag{7.24}$$

となる．ところで，力を受けている電流全体に含まれる電子の数は nSl である

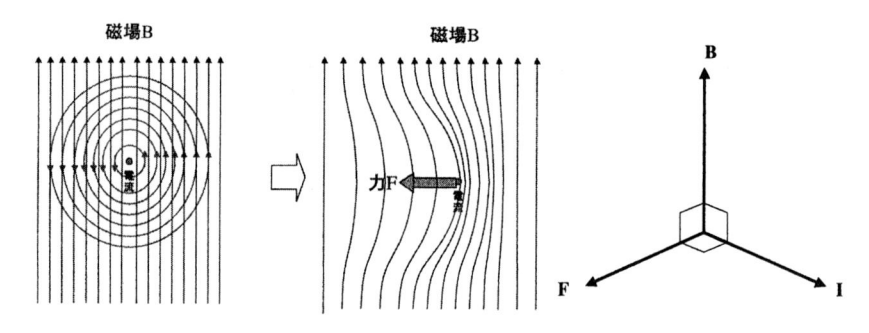

図 7.13 電流が受ける力

図 7.14 電流と磁場と力

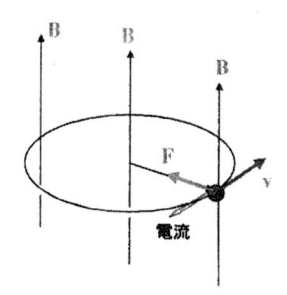

図 7.15 ローレンツ力

から，電子 1 個当りに働く力 f を求めると，

$$f = \frac{F}{nsl} = -evB \tag{7.25}$$

となる．このような力は導体中に限らず，電荷 q の荷電粒子が磁束密度 $\boldsymbol{B}$ の磁場中を速度 $\boldsymbol{v}$ で飛んでいるときにも作用することは容易に推測できる．この力を方向も含めて表すと

$$\boldsymbol{f} = q\boldsymbol{v} \times \boldsymbol{B} \tag{7.26}$$

となり，ローレンツ力と呼ばれている（図 7.15）．一般的には真空中を運動する電荷 q の荷電粒子は磁場だけでなく，電場 $\boldsymbol{E}$ からも力 $q\boldsymbol{E}$ を受けるので全体として，

$$\boldsymbol{f} = q(\boldsymbol{E} + \boldsymbol{v} \times \boldsymbol{B}) \tag{7.27}$$

の力を受ける．

7.6 誘導起電力

電流は磁場を創り，磁場は電流に力を及ぼすことを見てきた．では，磁場が電流を創り出すだろうか．この疑問から Faraday はコイルに磁石を近づけたり遠ざけたりすると，コイルの両端に電圧が生じることを発見した．この現象を**電磁誘導**といい，コイルに生じた起電力を**誘導起電力**という．これが発電機の原理である．誘導起電力は磁石を固定し，コイルを近づけたり遠ざけたりすることでも生じる．この場合は磁場によるローレンツ力に起因すると見ることができる．図 7.16 のように，磁場 B に直角に置いた金属棒をそれと磁場に直角方向に速度 v で動かすと，金属棒中の自由電子は棒の長さ方向に evB の力を受けるため，電子が片方に移動し，電場 E が生じる．金属棒内の電子が移動しなくなった状態は，ローレンツ力と電場による力がつり合っているときだから，

$$eE = evB$$

の関係が成り立っている．金属棒の長さが l のとき，その両端に生じた誘導起電力 V_{emf} は電場 E と距離 l の積で表せるから

$$V_{\mathrm{emf}} = vBl$$

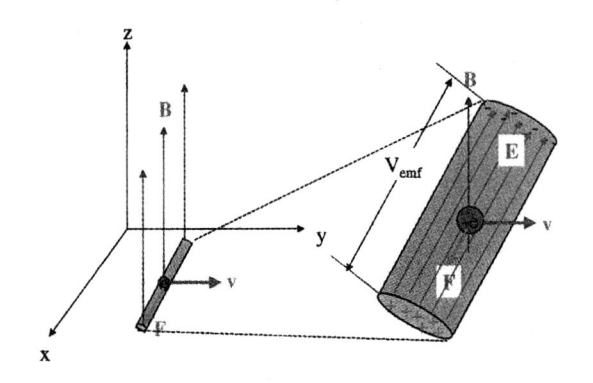

図 7.16　誘導起電力

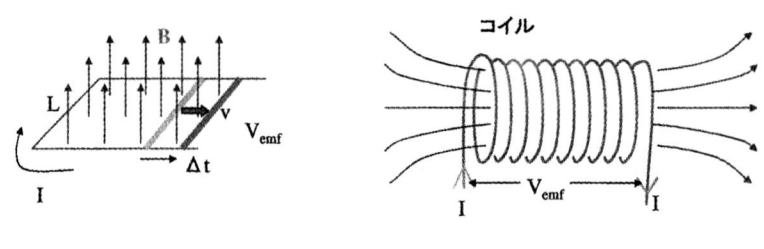

図 7.17 誘導起電力

図 7.18 自己誘導

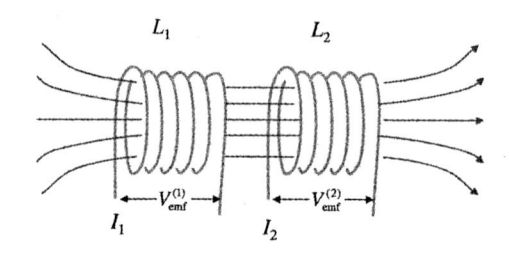

図 7.19 相互誘導

となる．ここで，同じ金属棒を図 7.17 のように，磁場に直交する面に幅が l の U 字型の導線に橋渡しするように，置いたとする．金属棒を速度 v でスライドさせると上の実験と同じように起電力が生じるが，vBl は $(Bl)dx/dt = d\phi/dt$ と書ける．これは金属棒と導線が作るループ内を横切る磁束の増加速度になっている．したがって，誘導起電力は

$$V_{\text{emf}} = -\frac{d\phi}{dt} \tag{7.28}$$

と書ける．これは固定したコイルに磁石を近づけたり遠ざけたりすると，コイルを横切る磁力線の数が変化して，コイルの両端に誘導起電力が生じることを意味している．ここで右辺のマイナス符号は，ループ内の磁束の変化を妨げるように誘導起電力が生じることを示している．

図 7.18 のように一つのコイルに電流 I を流すとコイルの内側に磁束が生じるがその大きさは電流に比例するだろう．そこで，この比例定数を L とし，自己インダクタンスと呼び，単位として [H]（ヘンリー）を使う．磁束 ϕ は

$$\phi = LI \tag{7.29}$$

と書ける．自己インダクタンスはコイルの形や導線の巻き数に依存する．もし，電流が変化すると磁束も変化するので，コイルの両端に誘導起電力が生じる．

$$V_{\text{emf}} = -\frac{d\phi}{dt} = -L\frac{dI}{dt}$$

これを**自己誘導**という．

自己インダクタンスがそれぞれ L_1 と L_2 のコイル1，コイル2が図7.19のように配置され，それぞれのコイルには電流 I_1, I_2 が流れているとする．コイル1には自身の電流 I_1 による磁束 ϕ_1 とコイル2の電流 I_2 が作る磁束 ϕ_{12} が貫いている．ϕ_{12} は電流 I_2 に比例するが，その比例定数を M_{12} と書いて，**相互インダクタンス**と呼ぶ．相互インダクタンスは両方のコイルの形や導線の巻き数および相互の配置によって決まる量である．したがって，コイル1の両端に現れる誘導起電力は

$$V_{\text{emf}}^{(1)} = -L_1\frac{dI_1}{dt} - M_{12}\frac{dI_2}{dt} \qquad (7.30)$$

となる．同様にして，コイル2がコイル1から受ける相互インダクタンスを M_{21} とすると，コイル1の両端に現れる誘導起電力は

$$V_{\text{emf}}^{(2)} = -L_2\frac{dI_2}{dt} - M_{21}\frac{dI_1}{dt} \qquad (7.31)$$

である．ここでは証明しないが $M_{12} = M_{21}$ である．このような相互誘導の原理は変圧器などに利用されている．

練 習 問 題

1) 水の電気分解で1[A]を10分間流したとき，何クーロン通過したか．また，何モルの水素ガスが発生したか．
2) 2時間の電気メッキで付着した銀の量を測定したら，72000[C]が流れたことがわかった．一定な電流だとしたらどれだけか．また，銀の量は何[g]だったか．
3) 0.1規定の水酸化ナトリウムの比電気伝導度は温度25度で $2.2 \times 10^{-2}\,[\Omega^{-1}\cdot\text{m}^{-1}]$ であるとする．面積10[cm^2]の電極を1[cm]の間隔で平行に向かい合わせてつけたときの電気抵抗はいくらか．また，100[mA]の電流を流すには何[V]の電圧を加えなければならないか．

4) 電気メッキで 12 [V] の電圧を加えたら 2 [A] の電流が流れた，極板間の抵抗はいくらか．また，面積 100 [cm^2] の電極を 0.3 [cm] の間隔で向かい合わせたときの比電気伝導度はいくらか．
5) 電車が加速しているとき架線に 1000 [A] 流れているとすると，架線から 2 [m] 下にいる乗客はいくらの磁場を受けているか．
6) 車のエンジンをかけるときセルモーターに繋がった導線に 30 [A] の電流が流れた．導線の中心から 1 [cm] のところの磁束密度はいくらか．
7) 電子が 1 [Wb·m^{-2}] の均一な磁場に 10^4 [m·s^{-1}] の速さで飛び込んだときに受ける力はいくらか．このとき，円運動の半径はいくらか．
8) 磁束密度 0.5 [Wb·m^{-2}] の磁場の中に面積 200 [cm^2] で平たく 10 回巻にしたコイルを軸が磁場に直行するように置き 1 分間に 3000 回転で回した．コイルの両端の最大電圧はいくらか．

8

気体分子の運動

物質のマクロな性質をその構成要素である分子レベルにまで立ち入って解明しようとする場合，現象に関わる分子の数は莫大なものである．このことは力学の法則に確率論を導入することを可能とし，統計力学の方法が生まれた．この章では気体分子を例にミクロの法則とマクロの法則を結ぶ方法を学ぶ．

8.1 気体分子の圧力

8.1.1 力学法則とマクロな法則

物質が原子や分子から構成されていることは周知の通りである．通常，われわれが扱うマクロな系は，**アボガドロ数**と呼ばれる次のような数に匹敵する個数の分子から構成されている．

$$N_A = 6.02214199 \times 10^{23} \tag{8.1}$$

N_A はアボガドロ数と呼ばれ，これを単位とした分子数を 1 モルという．このような莫大な数の分子について，その個々の運動を知ることは計算上の困難さはもとより，実験データをとることも不可能である．また，仮に可能であったとしてもそれを知ることはほとんど意味がない．このような系に対してわれわれが知りたいのは分子全体としての平均的な振舞いである．また，このような系にはマクロな系特有の法則があることが知られている．考えている系の構成成分には立ち入らずに，マクロな法則を見出し，それに基づいて現象を解明するのが熱力学である．もちろん，このような系においても分子の運動は力学法則に従っていることはいうまでもない．原子や分子の運動を厳密に扱う力学は

量子力学と呼ばれる力学である．しかし，比較的高温で圧力が低く稀薄な気体などに限定すれば古典力学で近似的に記述することが可能である．われわれはこのような場合を扱うことにする．統計力学は力学法則から出発してマクロな系の現象を解明するものである．気体分子運動論は力学法則を基に気体の圧力，拡散，粘性，熱伝導現象などを研究する統計力学の一つの方法である．統計力学の考え方には，この他にミクロな系の法則と確率論的な方法とを結び付けた方法もある．この章ではマクロな系の現象をミクロな立場から考えてみることにしよう．具体的には理想気体を取り上げ，力学法則と熱力学の関係を見ることにする．

8.1.2 気体の圧力

容器の中に入った1モルの1原子分子を考えよう．1原子分子とはヘリウムやネオンのように原子1個から成る分子である．われわれはひとまず分子の幾何学的な構造を考慮せずに質点と考えることにする．また，簡単のために容器は一辺が L の立方体とし，立方体の一つの頂点を原点として互いに直交する辺に沿って x, y, z 軸をとることにしよう．さらに，容器は温度一定の恒温槽に浸されているとする．容器中の気体は十分稀薄で分子間相互作用のエネルギーは無視でき，したがって，気体分子のエネルギー E は個々の分子の運動エネルギーの和として表せるものとしよう．

$$E = \sum_{k=1}^{N_A} \varepsilon_k \tag{8.2}$$

$$\varepsilon_k = \frac{1}{2}m(v_x^{(k)2} + v_y^{(k)2} + v_z^{(k)2}) \tag{8.3}$$

ここで，m は分子の質量，ε_k は k 番目の分子の運動エネルギー，$v_x^{(k)}, v_y^{(k)}, v_z^{(k)}$ はそれぞれ k 番目の分子の速度の x, y, z 成分である．また，N_A はアボガドロ数である．ところで，各分子が文字通り独立で外部と一切相互作用をしないとすれば，個々の分子のエネルギーは一定で変わらないので，最初にセットした状態が維持されるだけである．これはまさに力学的エネルギーの保存則である．そこで，分子は容器の壁との衝突を通してエネルギーをやり取りするも

8.1 気体分子の圧力

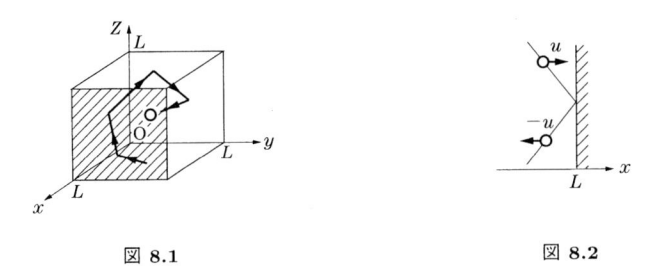

図 8.1

図 8.2

のと考えよう．ただし，このエネルギーは個々の分子がもつエネルギーと比べたら無視できる程度の極小さいものとする．これによって，気体分子のエネルギーは完全に一定ではなく，ある値のまわりを揺らぐことになるであろう．このことが気体の容器が恒温槽に浸されていて外界と**熱平衡**にあることの意味である．ところで，気体分子のエネルギーが大きければ全体として外部にエネルギーを徐々に放出するであろうし，その逆に気体分子のエネルギーが小さければ外部からエネルギーを徐々に吸収するであろう．熱平衡とは全体としてエネルギーの出入りがない状態である（図 8.1）．

さて，容器の中の気体を十分長い間観測するとき，熱平衡にある系では分子の速度の平均はある一定値となるであろう．また，容器はその形状が問題にならないほど十分大きいとすれば，系は等方的であると考えて差し支えない．したがって，x, y, z 軸方向に差違はないので，分子の x 軸方向の運動を考え，x 軸に垂直な壁の一方，たとえば，壁面 $x = L$ における分子の衝突について考えれば他の壁も同様である．熱平衡にある系の平均的な速度 u（x 成分）の分子を考えてみよう（図 8.2）．速度 u の分子は壁との 1 回の衝突で運動量が $2mu$ だけ変わるので，τ 秒間に考えている壁に衝突する分子の数が ν 個あったとすると，この間に分子が壁面に与えた力積は

$$2mu\nu$$

である．分子が壁面に次々と衝突する衝撃の平均として圧力が観測されると考えれば圧力を p として，これは壁が分子に与える力積

$$pL^2\tau$$

に等しい．速度 u の分子は 1 回往復するのに $2L/u$ 秒かかるので，τ 秒間に往

復する回数は

$$\tau \frac{u}{2L}$$

となる．x 軸に垂直な壁に向かって衝突運動する分子は平均として全体の 1/3 の分子であると考えれば，$N_A/3$ 個の分子が考えている壁に衝突することになるので，τ 秒間の衝突の回数 ν は

$$\nu = \frac{N_A}{3} \frac{u}{2L} \tau$$

である．したがって，

$$pL^2\tau = 2mu \frac{N_A}{3} \frac{u}{2L} \tau$$

となり，次式が得られる．

$$pV = \frac{N_A}{3} mu^2 \tag{8.4}$$

ここで，$V = L^3$ は容器の体積である．1 個の分子のエネルギー ε は $mu^2/2$ だから

$$pV = \frac{2}{3} N_A \varepsilon \tag{8.5}$$

となる．ここで，$N_A \varepsilon$ は 1 モルの全分子の平均エネルギーであり，これを U と置けば次の式が得られる．

$$pV = \frac{2}{3} U \tag{8.6}$$

8.2 気体分子の速度分布

8.2.1 速度分布関数

一種類の分子から成る質量 m の 1 原子分子の気体を考えよう．分子の速度成分が v_x, v_y, v_z と $v_x + dv_x$, $v_y + dv_y$, $v_z + dv_z$ の範囲にある分子数を $f(v_x, v_y, v_z) dv_x dv_y dv_z$ とする．系は等方的で 3 方向の速度が独立であるとすると**分布関数** f は，

$$f(v_x, v_y, v_z) = g(v_x) g(v_y) g(v_z)$$

と表せる．また，f が分子の運動エネルギー

8.2 気体分子の速度分布

$$\varepsilon = \frac{1}{2}mv_x^2 + \frac{1}{2}mv_y^2 + \frac{1}{2}mv_z^2$$

の関数であるとすると,

$$f(v_x, v_y, v_z) = f(\frac{1}{2}mv_x^2 + \frac{1}{2}mv_y^2 + \frac{1}{2}mv_z^2)$$

このことから $f(v_x, v_y, v_z)$ は次のように表せることがわかる.

$$g(u) = Ce^{-\frac{1}{2}mu^2\beta} \tag{8.7}$$

$$f(v_x, v_y, v_z) = Ae^{-(\frac{1}{2}mv_x^2 + \frac{1}{2}mv_y^2 + \frac{1}{2}mv_z^2)\beta} \tag{8.8}$$

ここで, 分子数を N とするとき C および A は次の式を満たす定数である.

$$\int_{-\infty}^{\infty} g(u)du = N^{\frac{1}{3}}$$

$$\int_{-\infty}^{\infty} f(v_x, v_y, v_z)dv_x dv_y dv_z = N$$

したがって,

$$C = N^{\frac{1}{3}} \left(\frac{m\beta}{2\pi}\right)^{\frac{1}{2}}$$

$$A = C^3$$

また, β も定数で, これらの値については後で改めて考えることにする.

8.2.2 分布関数を用いた圧力の計算

前節の問題を別の角度から考えて見よう. 壁面 $x = L$ を考え, 容器の中には速度の x 成分が v_x と $v_x + dv_x$ の間に分子が $\varphi(v_x)dv_x$ 個あるとしよう. この分子のうち壁の面積 L^2 を底面として辺の長さ $|v_x|\Delta t$ の直方体の中に含まれる

$$\frac{|v_x|\Delta t L^2}{L^3}\varphi(v_x)dv_x \tag{8.9}$$

個の分子は Δt 秒間に壁に衝突することになる. 分子は1回の衝突で運動量が $2mv_x$ だけ変わるので全体では

$$\frac{2m{v_x}^2 \Delta t}{L}\varphi(v_x)dv_x \tag{8.10}$$

だけの運動量が変化することになる．したがって，分子全体ではこれらを加え合わせて

$$\int_0^\infty \frac{2m{v_x}^2 \Delta t}{L}\varphi(v_x)dv_x \tag{8.11}$$

だけの運動量が変化することになる．そこで，圧力を p とすればこの運動量の変化は力積に等しいから

$$pL^2\Delta t = \int_0^\infty \frac{2m{v_x}^2 \Delta t}{L}\varphi(v_x)dv_x$$

したがって，$V = L^3$ として

$$pV = \int_0^\infty 2m{v_x}^2\varphi(v_x)dv_x = \int_{-\infty}^\infty m{v_x}^2\varphi(v_x)dv_x \tag{8.12}$$

が得られる．系は等方的なので，N を分子数とするとき

$$\frac{1}{2}\int_{-\infty}^\infty m{v_x}^2\varphi(v_x)dv_x = \frac{N}{3}<\varepsilon> = \frac{1}{3}U$$

だから，次の式が得られる．

$$pV = \frac{2}{3}U \tag{8.13}$$

8.2.3 平均エネルギー

前項の方程式 (8.13) において，分子数を N とすれば分子は独立なので，1個の分子の平均エネルギーを $<\varepsilon>$ として U は

$$U = N<\varepsilon>$$

と表すことができる．ところで理想気体の状態方程式は

$$pV = Nk_\mathrm{B}T \tag{8.14}$$

と表せるから次の式が得られる．

$$<\varepsilon> = \frac{3}{2}k_\mathrm{B}T \tag{8.15}$$

k_B はボルツマン定数と呼ばれる次のような単位と値をもつ定数である．

$$k_\mathrm{B} = 1.3806581 \times 10^{-23} \quad [\mathrm{J \cdot K^{-1}}] \tag{8.16}$$

このことから次の関係式が成り立つことがわかる．

$$<\frac{1}{2}mv_x{}^2> = <\frac{1}{2}mv_y{}^2> = <\frac{1}{2}mv_z{}^2> = \frac{1}{2}k_\mathrm{B}T \tag{8.17}$$

これは**エネルギー等分配の法則**と呼ばれ，次のように一般化することができる．考える系が外界と熱平衡にあるとき，系の内部エネルギーは各自由度当り $(1/2)k_\mathrm{B}T$ のエネルギーが配分される．したがって，自由度 f の系では内部エネルギー U は

$$U = \frac{1}{2}fk_\mathrm{B}T \tag{8.18}$$

となる．ところで，(8.17) の左辺に (8.7) を代入して計算すると

$$<\frac{1}{2}mv_x{}^2> = \int_{-\infty}^{\infty} \frac{1}{2}mv_x{}^2 \varphi(v_x)dv_x = \frac{1}{2\beta}$$

これと (8.17) から，β は次のように与えられることがわかる．

$$\beta = \frac{1}{k_\mathrm{B}T} \tag{8.19}$$

8.3 気体の輸送現象

8.3.1 平均自由行路

　気体の密度は十分小さく3体以上の複雑な衝突はほとんど起きないとする．したがって，われわれは2体の衝突のみを考えることにする．平衡状態にある気体では飛び交っている分子は空間に一様にいると考えられるから，着目する分子が他の分子と次々と衝突していく様子は，静止して一様に分布する気体分子中を，着目する1個の分子が運動し衝突を重ねていくと考えられる．気体のある分子が衝突してから次に衝突するまでに走る距離の平均を**平均自由行路**という．気体の平均自由行路は気体分子の大きさやその気体の状態による．分子の軌道は衝突によってジグザグになるが，単位時間に分子が動く距離はほぼ分

子の平均速度 $<v>$ である．そこで，これをまっすぐに延ばして分子の直径 a を半径とする長さ $<v>$ の円筒を考えれば，着目する分子はこの中にある他の分子と衝突することになる．したがって，単位体積当りの分子数を n とすれば単位時間当りの衝突数は $n\pi a^2 <v>$ となり，衝突しないで動く距離は $<v>/(n\pi a^2 <v>)$ となる．すなわち，平均自由行路 l_m は次のように与えられることがわかる．

$$l_m = \frac{1}{\pi na^2}$$

これはもちろん平均自由行路の近似式である．もう少し詳しい計算によると l_m は次のようになる．

$$l_m = \frac{1}{\sqrt{2}\pi na^2} \tag{8.20}$$

分子がある位置から距離 dl だけ運動する間に他の分子と衝突してしまう確率を μdl とする．分子が距離 l だけ衝突しないで運動したことと，さらに dl だけ衝突しないで運動することの間には，何の関係もないとしよう．このとき，分子が距離 l だけ衝突しないで運動する確率 $p(l)$ と，距離 $l+dl$ だけ衝突しないで運動する確率 $p(l+dl)$ の間には次の関係がある．

$$p(l+dl) = p(l)p(dl)$$

ところで，確率の定義から次の関係がある．

$$p(dl) = 1 - \mu dl$$

したがって，

$$p(l+dl) = p(l)(1-\mu dl)$$
$$\frac{dp}{dl} = -\mu p(l)$$

これを解くと，$p(0) = 1$ として次の式が得られる．

$$p(l) = e^{-\mu l}$$

分子が l だけ衝突なしで運動し，次の dl で衝突する確率は

$$p(l)\mu dl$$

だから，平均自由行路 l_m は次のように与えられる．

$$l_m = \int_0^\infty l e^{-\mu l} \mu dl = \frac{1}{\mu}$$

8.3.2　気体の粘性

x 軸方向に流れる気体の層流があり，その層は z に垂直で，その流れの速さは z に比例するものとする．このとき流れの速い層は遅い層を引きずり，遅い層は速い層を引き戻そうとして互いに応力を及ぼし合う．このときの**応力** σ は**速度勾配** du/dz に比例し，次のように表すことができる．

$$\sigma = \eta \frac{du}{dz} \tag{8.21}$$

η は**粘性率**と呼ばれる（図 8.3）．

気体分子は単位体積当りの分子数 n で一様に分布し，すべて平均速度 $<v>$ で等方的に運動しているものとしよう．このとき，運動の方向が z 軸と角 θ から $\theta + d\theta$ までの間にある分子の数は，

$$n \cdot \frac{2\pi \sin\theta d\theta}{4\pi}$$

となる（図 8.4）．したがって，面 $z = z_0$ 上の面積 ΔS の部分 S を考えると，Δt 秒間に面 S をその法線（z 方向）と角 θ をなす方向に通過する分子の数は

$$n \cdot \frac{2\pi \sin\theta d\theta}{4\pi} \cdot \Delta S <v> \Delta t \cos\theta$$

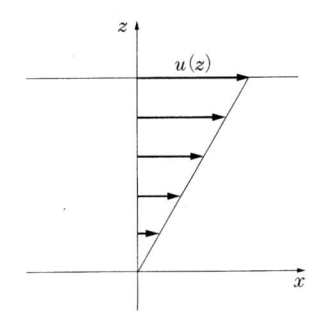

図 8.3

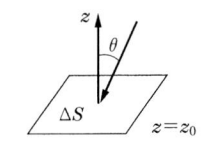

図 8.4

となる．平均自由行路を l_m とすると，この面を通過する分子は平均として $z = z_0 + l_m \cos\theta$ の所の分子と衝突をして，その場所の速度

$$u(z_0 + l_m \cos\theta)$$

をもって通過するから，面 S に運動量

$$mu(z_0 + l_m \cos\theta) - mu(z_0) \simeq ml_m \cos\theta \frac{du}{dz}$$

を与えることになる．したがって，Δt 秒間に面 S に働く力積は

$$\sigma \Delta S \Delta t = \int_0^\pi \frac{n}{2} <v> \sin\theta \cos\theta d\theta \Delta S \Delta t \; ml_m \cos\theta \frac{du}{dz}$$

$$\sigma = \frac{n}{2} ml_m <v> \frac{du}{dz} \int_0^\pi \sin\theta \cos^2\theta d\theta \tag{8.22}$$

したがって，粘性率 η は

$$\eta = \frac{1}{3} n m l_m <v> \tag{8.23}$$

これに式 (8.20) を代入すると，次式が得られる．

$$\eta = \frac{m<v>}{3\sqrt{2}\pi a^2} \tag{8.24}$$

8.3.3 気体の熱伝導

気体の**粘性**が分子の衝突によって運動量が**輸送**されることに起因したのに対して，気体の熱伝導は分子の衝突によってエネルギーが輸送されることに起因する．気体は z 軸方向に**温度勾配**があり，その大きさが dT/dz であるとしよう．このとき，単位面積当り単位時間のエネルギーの流れを h とすれば

$$h = \kappa \frac{dT}{dz} \tag{8.25}$$

と表せる．κ は**熱伝導率**と呼ばれる．気体の比熱を c_v とすれば，温度 T で 1 個の分子がもつエネルギーは

$$\varepsilon = mc_v T$$

8.3 気体の輸送現象

である．面 $z = z_0$ 上の面積 ΔS の部分 S を考えると，Δt 秒間に面 S をその法線（z 方向）と角 θ をなす方向に通過する分子の数は

$$n \cdot \frac{2\pi \sin\theta d\theta}{4\pi} \cdot \Delta S <v> \Delta t \cos\theta$$

となり，平均自由行路を l_m とすると，この面を通過する分子は平均として $z = z_0 + l_m \cos\theta$ の所の分子と衝突をして，その場所のエネルギー

$$\varepsilon(z_0 + l_m \cos\theta)$$

をもって通過するから，面 S にエネルギー

$$\varepsilon(z_0 + l_m \cos\theta) - \varepsilon(z_0) \simeq l_m \cos\theta \frac{d\varepsilon}{dz}$$

を与えることになる．したがって，Δt 秒間に面 S が得るエネルギーは

$$h\Delta S \Delta t = \int_0^\pi \frac{n}{2} <v> \sin\theta \cos\theta d\theta \Delta S \Delta t \, l_m \cos\theta \frac{d\varepsilon}{dz}$$

$$h = \frac{n}{2} m c_v l_m <v> \frac{dT}{dz} \int_0^\pi \sin\theta \cos^2\theta d\theta \tag{8.26}$$

したがって，熱伝導率 κ は

$$\kappa = \frac{1}{3} n m l_m <v> c_v \tag{8.27}$$

練 習 問 題

1) 気体定数 R を計算せよ．
2) 窒素や酸素などの 2 原子分子の定積モル比熱は常温（15°[C] 程度）で $(5/2)R$（R は気体定数）となることをエネルギー等分配の法則から説明せよ．
3)
$$v^2 = v_x^2 + v_y^2 + v_z^2$$
$$f(v_x, v_y, v_z) dv_x dv_y dv_z = f_v(v) dv$$

と置けば，

$$f_v(v) dv = 4\pi N \left(\frac{m}{2\pi k_B T}\right)^{\frac{3}{2}} e^{-\frac{mv^2}{2k_B T}} v^2 dv$$

となる．このことから

$$<v> = \int_0^\infty v f_v(v) dv = \sqrt{\frac{8k_B T}{\pi m}}$$

となることを示せ．

9

熱 力 学

　この章では物質のマクロな性質をマクロな法則から解明する熱力学の方法を学ぶ．自由エネルギーやエントロピーという概念はエネルギー問題や環境問題を考えるときにも重要な概念である．

9.1 熱力学第1法則

9.1.1 熱力学の対象

　熱力学で取り扱う対象のうち着目する部分を体系あるいは単に系といい，残りの部分を外界または環境という．熱力学が取り扱う対象は時間的にも十分長く，空間的にも十分大きい拡がりをもった対象で，力学的には極めて自由度の大きい系である．粒子数でいえばアボガドロ数に匹敵する程度の個数の粒子が対象になる．このような系のうち，外界と全く相互作用をもたない系を孤立系という．また，粒子の出入りのない系を閉じた系，粒子の出入りのある系を開いた系と呼ぶ．

9.1.2 熱平衡と熱力学第0法則

　孤立系は十分長い時間の経過の後には巨視的に見る限り全く変化のない状態に到達する．この状態を**熱平衡状態**という．また，それぞれが熱平衡にある二つの系 A と B を接触させたとき，それぞれが熱平衡のままであるばかりでなく，A と B を合わせた系全体としても熱平衡であるとき

「二つの系 A と B は熱平衡である．」

という. 系 A と B が熱平衡にあるとき, 二つの系の接触を絶ってもそれぞれの系に変化は起こらないし, 再び接触させても系 A と B の熱平衡は破れない. 二つの系の間の熱平衡関係について, 次の推移律が成り立つことが経験的に確かめられる.

「系 A と B が熱平衡にあり, また, 系 B と C が熱平衡にあれば,
系 A と C も熱平衡にある.」

これは**熱力学第 0 法則**と呼ばれる. 温度という概念は系の熱平衡状態を特徴づける物理量として導入することができる.

9.1.3 熱平衡にある系の状態変数

熱平衡状態にある系は, 力学的な自由度が極端に大きいにもかかわらず, ごく少数の物理量によって特徴づけることができる. 系の熱平衡に応じて定まる物理量を**熱力学的変数**, または**状態変数**あるいは**状態量**という. 状態変数には温度 T, 体積 V, 圧力 p, 粒子数 N などがある.

9.1.4 外界の作用と状態変化の過程

系の状態の変化は外界からの作用によってひき起こされる. 外界からの作用のうち, 熱によるものを**熱的作用**, 力学的な作用によるものを**機械的作用**(仕事), 粒子の出入りによるものを**質量的作用**という. 熱力学では状態の変化を時間的に追跡することはしない. しかし, 系の最初と最後の状態を結ぶ変化の過程がどのような過程であるかは重要な問題である. 次の過程は熱力学で重要な役割をする変化の過程である.

(1) **準静的過程**

系が変化の過程で常に外界と熱平衡を保ちながら十分ゆっくりと変化する理想的な過程を準静的過程という.

(2) **無限小過程**

無限小の変化の過程を無限小過程という.

(3) **循環過程(サイクル)**

ある状態から出発して変化し再び元の状態に戻る過程を循環過程という.

状態量の変化が変化の過程の最初と最後の系の状態のみで決まるのに対して，変化の過程で行われた**作用量**は過程の最初と最後の系の状態の他に途中の過程がどんな過程であるかにも依存する．

9.1.5 熱力学第 1 法則
Joule は，

「熱的な作用によって系にひき起こせる一定の状態変化は
仕事によってもひき起こせる．」

ことを実験により示した．熱と仕事は「系の状態変化をひき起こす原因」という意味では同じ作用であることになる．1 [cal] の熱によってひき起こされる熱力学的な変化は 4.1852 [J] の力学的な仕事によってひき起こさせることが知られている．

簡単のために閉じた系を考えることにしよう．外界から系に与えられた熱を Q，仕事を W とするとき，系の状態が状態 (1) から状態 (2) へ変化したとする．このとき，Q や W は変化の過程で異なるが，その和 $Q+W$ は過程に依らずに一定になる．これは，$Q+W$ で与えられる状態量が存在することを暗示する．状態 (1) と (2) におけるこの状態量の値をそれぞれ U_1, U_2 とすれば，次の式が成り立つ．

$$U_2 - U_1 = Q + W \tag{9.1}$$

U を**内部エネルギー**と呼び，これを**熱力学第 1 法則**という．これは「外界から系に加えられた熱と仕事の和は系の内部エネルギーの増加に等しい．」というエネルギー保存の法則でもある．無限小過程において熱力学第 1 法則を表すと次のようになる．

$$dU = d'Q + d'W \tag{9.2}$$

ここで，d と d' の意味は dU はこれが状態量であることを，また，$d'Q$ や $d'W$ はこれらが変化の途中の過程に依存する量（作用量）であることを表す．熱力学においては状態量と作用量をはっきり区別することが大切である．たとえば，温度は状態量で熱は作用量である．

9.1.6 気体の状態方程式
a. 理想気体

気体の温度 T, 圧力 p, 体積 V の間にはある関係があって, 独立ではない. これらの量の間に成り立つ関係式を気体の**状態方程式**という. 状態方程式が

$$pV = Nk_\mathrm{B}T \tag{9.3}$$

で与えられる気体を理想気体という. ここで, T は**絶対温度**と呼ばれ, 単位は [K] (Kelvin) といい摂氏温度 θ [°C] とは次の関係がある.

$$T = \theta + 273.15$$

N は粒子数で, k_B はボルツマン定数である.

$$k_\mathrm{B} = 1.3806581 \times 10^{-23} [\mathrm{J \cdot K^{-1}}]$$

気体分子の数を**アボガドロ数**

$$N_\mathrm{A} = 6.02214199 \times 10^{23}$$

を単位として数えると, 理想気体の状態方程式は,

$$pV = nRT \tag{9.4}$$

と表せる. このとき, R は気体定数と呼ばれ, 次のような値と単位をもつ定数である. n は気体のモル数と呼ばれる.

$$R = N_\mathrm{A}k_\mathrm{B} = 8.314511 [\mathrm{J \cdot K^{-1} \cdot mol^{-1}}]$$

常温における空気は理想気体として近似できる. 実在の気体では圧力が小さく, 温度が高いほど理想気体に近くなる.

〔例題 8.1〕 理想気体 n mol を体積 V_1 から V_2 まで温度 T_0 で準静的等温過程を経て変化させるとき, 気体になされる仕事 W, 熱量 Q, および内部エネルギーの変化 ΔU を求めよ.

(**解**) 理想気体の状態方程式より,

$$p = \frac{nRT_0}{V}$$

だから，仕事 W は

$$W = -\int_{V_1}^{V_2} p dV = -\int_{V_1}^{V_2} \frac{nRT_0}{V} dV = -nRT_0 \log \frac{V_2}{V_1}$$

理想気体の内部エネルギーは温度のみの関数だから（章末練習問題 5) 参照），等温過程においては

$$\Delta U = 0$$

したがって，熱力学第 1 法則より

$$\Delta U = Q + W = 0$$

だから，

$$Q = -W = nRT_0 \log \frac{V_2}{V_1}$$

b. ファン・デル・ワールスの状態方程式

実在の気体は厳密には理想気体とはいえない．状態方程式

$$(p + \frac{an^2}{V^2})(V - nb) = nRT$$

は van der Waals の状態方程式と呼ばれ，実在の気体により近い状態方程式として利用される．a, b は気体によって定まる定数である．

9.2 熱力学的関係式

9.2.1 熱容量

準静的過程 L を経て物質の温度を単位温度だけ上昇させるのに必要な熱量を，その物質の過程 L における熱容量という．たとえば，**準静的等積過程**における**等積熱容量** C_V と準静的等圧過程における**等圧熱容量** C_p は次のように定義される．

$$C_V = \left(\frac{d'Q}{dT}\right)_V$$

$$C_p = \left(\frac{d'Q}{dT}\right)_p$$

外界からの仕事が圧力によるものだけであるとしよう．ピストンを圧力 $p^{(\text{ex})}$ によって dx だけ移動して気体を圧縮したとすると，ピストンの断面積を S として，

気体がピストンからなされる仕事 $d'W$ は $d'W = -p^{(\text{ex})}Sdx = -p^{(\text{ex})}d(Sx)$ である．したがって，$V = Sx$ と置けば

$$d'W = -p^{(\text{ex})}dV$$

と表せる．一般に，$p^{(\text{ex})}$ を外界の圧力，dV を系の体積変化とするとき，系が外界からなされた仕事は上の式で与えられる．いま，仕事を準静的に行えば，系の圧力を p として

$$p = p^{(\text{ex})}$$

となるから，熱力学第1法則は次のように表せる．

$$dU = d'Q - pdV \tag{9.5}$$

このことから，

$$d'Q = dU + pdV$$

だから，等積熱容量 C_V は内部エネルギー U を用いて

$$C_V = \left(\frac{d'Q}{dT}\right)_V = \left(\frac{\partial U}{\partial T}\right)_V \tag{9.6}$$

と表せることがわかる．また，内部エネルギー U を温度 T と体積 V の関数として表すと

$$dU = \left(\frac{\partial U}{\partial T}\right)_V dT + \left(\frac{\partial U}{\partial V}\right)_T dV$$
$$= C_V dT + \left(\frac{\partial U}{\partial V}\right)_T dV$$

となり，等圧熱容量 C_p は次の式で与えられる．

$$C_p = \left(\frac{d'Q}{dT}\right)_p = C_V + \left[\left(\frac{\partial U}{\partial V}\right)_T + p\right]\left(\frac{\partial V}{\partial T}\right)_p \tag{9.7}$$

9.2.2　ジュール－トムソンの実験

1845年，Joule は気体の内部エネルギー U が温度 T と体積 V のどのような関数であるかを調べる実験を行った．実験では気体が入った容器 A と真空の

容器 B を栓 C を通して連結し，全体は外界と完全に断熱しておく．栓 C を開けると，容器 A の中の気体は容器 B の中へ拡散して膨張する．B は真空だから，A の気体は仕事をすることはないので，

$$d'Q = 0, \quad d'W = 0$$

であり，内部エネルギー U は変化しないので

$$dU = 0$$

となる．Joule は気体が容器 A, B で一様になった後，その温度を測定して，温度が不変であることを確かめた．このことは，内部エネルギー U が温度 T と体積 V の関数であると考えると

$$\left(\frac{\partial U}{\partial V}\right)_T = 0$$

つまり，U は温度のみの関数であることを意味する．空気は常温，常圧で近似的に理想気体と考えられ，上の性質は理想気体の性質であると考えられる．

1861 年，Joule と Thomson はこれをもっと精密に調べるために次のような実験を行った．図 9.1 のように断熱された管の一部に綿などの多孔性の物質をつめた細孔栓 C を置き，高圧側 A にあった気体を圧力差を一定に保ったまま，低圧側 B に押し出す．このとき，高圧側 A の体積を V_A，圧力を p_A，低圧側

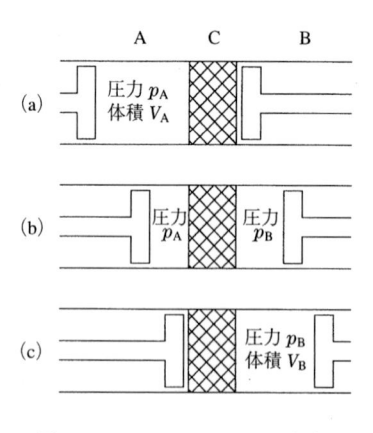

図 9.1 Joule – Thomson の実験

9.2 熱力学的関係式

の体積は最終的に V_B になったとし，圧力を p_B で一定とする．最初の状態における内部エネルギーを U_A，最終状態における内部エネルギーを U_B とすると，A 側のピストンによって気体になされた仕事は $p_A V_A$ で，気体が B 側のピストンに対して行った仕事は $p_B V_B$ となる．熱力学第 1 法則から次の式が得られる．

$$U_B - U_A = p_A V_A - p_B V_B$$

したがって，次の式が成り立つことがわかる．

$$U_A + p_A V_A = V_B + p_B V_B \tag{9.8}$$

$$H = U + pV \tag{9.9}$$

H はエンタルピーと呼ばれる．細孔栓の実験における過程はエンタルピーが一定

$$H = \text{const.}$$

の過程であることがわかる．U および pV は状態量なのでエンタルピー H も状態量になる．**Joule – Thomson の細孔栓の実験**は，エンタルピー H 一定という条件の下で気体の圧力変化に対する温度の変化率

$$\mu = \left(\frac{\partial T}{\partial p}\right)_H$$

を調べる実験である．μ は気体の Joule – Thomson 係数と呼ばれる．多くの気体は常温，常圧では $\mu > 0$ であるが，水素やヘリウムの場合は常温，常圧で $\mu < 0$ である．後者の場合も低温になれば $\mu > 0$ となる．一般に μ は温度に依存して変わる．これは **Joule – Thomson 効果**と呼ばれる．Joule – Thomson 効果を利用して液化しにくい気体を液化することが可能となり，低温を得る方法が著しく進歩した．一般に気体の密度が小さくなると μ の絶対値の温度変化は小さくなる．理想気体においては $\mu = 0$ であることを示すことができる．Joule – Thomson の細孔栓の実験によって，実在気体の理想気体からのずれを定量的に与えることができる．

9.2.3 理想気体の性質

理想気体の性質には以下のようなものがある．

(1) 理想気体の内部エネルギー U は温度 T のみの関数である．このことは Joule–Thomson の実験からも推測されるが，理想気体の状態方程式から証明することができる．古典力学が成り立つ範囲では，単原子分子 n mol の内部エネルギー U は

$$U = \frac{3}{2}nRT$$

また，二原子分子 n mol の内部エネルギー U は

$$U = \frac{5}{2}nRT$$

で与えられる．このことは統計力学で示すことができるが，熱力学でいえるのは U が温度のみの関数であるということだけである．

(2) 等圧熱容量 C_p と等積熱容量 C_V との間には **Mayer の関係式**

$$C_p - C_V = nR \tag{9.10}$$

が成り立つ．

これは，理想気体の内部エネルギーが温度のみの関数であることを用いると次のようにして証明することができる．

$$\left(\frac{\partial U}{\partial V}\right)_T = 0$$

だから，

$$C_p = C_V + p\left(\frac{\partial V}{\partial T}\right)_p$$

ところで，理想気体の状態方程式から

$$\left(\frac{\partial V}{\partial T}\right)_p = \frac{nR}{p}$$

これを上の式に代入すると与式が得られる．

(3) 準静的断熱過程では Poisson の式

$$pV^\gamma = \text{一定}, \quad \gamma = \frac{C_p}{C_V} \qquad (9.11)$$

が成り立つ.

理想気体の準静的断熱過程においては

$$dU = C_V dT, \quad d'Q = 0$$

したがって，次の式が得られる.

$$C_V dT + pdV = 0$$

これに，

$$p = \frac{nRT}{V}$$

を代入して

$$\frac{C_V}{T} dT + \frac{nR}{V} dV = 0$$

また，Mayer の関係式から

$$\frac{nR}{C_V} = \frac{C_p - C_V}{C_V} = \frac{C_p}{C_V} - 1$$

したがって，

$$\gamma = \frac{C_p}{C_V}$$

と置けば

$$\frac{dT}{T} + (\gamma - 1)\frac{dV}{V} = 0$$

これを積分して，

$$\log T + (\gamma - 1)\log V = \text{const.}$$

したがって，

$$TV^{\gamma - 1} = \text{const.}$$

あるいは，両辺に

$$\frac{pV}{T} = \text{const.}$$

をかけて

$$pV^\gamma = \text{const.}$$

が得られる．

9.2.4 準静的な過程における仕事と熱

理想気体より成る系に準静的過程で外界から加えられる仕事と熱を計算してみよう．初めに準静的等圧過程を考える．圧力は $p = p_0 = \text{const.}$ する．このとき，気体の体積は V_1 から V_2 に変化するとする．

$$d'W = -p^{(\text{ex})}dV = -pdV$$

より，準静的等圧過程で外界からなされる仕事 W が以下のように得られる．

$$W = -\int_{p=p_0} pdV = -\int_{V_1}^{V_2} p_0 dV = -p_0(V_2 - V_1)$$

次に，**準静的等温過程**において外界からなされる仕事を計算してみよう．温度は $T = T_0 = \text{const.}$ とすると仕事 W は次のようになる．

$$W = -\int_{T=T_0} pdV = -\int_{V_1}^{V_2} \frac{nRT_0}{V} dV = -nRT_0 \log \frac{V_2}{V_1}$$

9.2.5 カルノー・サイクル

理想気体のような理想的な作業物質に対して 2 回の準静的等温過程と 2 回の準静的断熱過程によって行う循環過程（サイクル）を（可逆）**Carnot サイク**

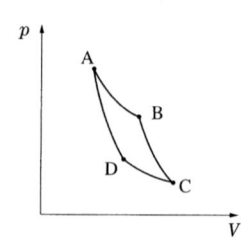

図 9.2 Carnot サイクル

9.2 熱力学的関係式

ルという．Carnot サイクルを具体的に操作するのは次のように行う（図 9.2）．

(1) 準静的等温膨張 (A → B)

系を高熱源 T_1 に接触させながら気体を準静的に等温膨張させる．このとき，系が熱源から得た熱量を Q_1 とする．

この過程で外界からなされた仕事 $W_{A \to B}$ は

$$W_{A \to B} = -nRT_1 \log \frac{V_B}{V_A}$$

また，理想気体の内部エネルギーは

$$dU = C_V dT$$

だから，等温過程 $dT = 0$ では $dU = 0$ であり，したがって，

$$d'Q = dU - d'W = -d'W$$

だから，Q_1 は

$$Q_1 = -W_{A \to B} = nRT_1 \log \frac{V_B}{V_A}$$

(2) 準静的断熱膨張 (B → C)

系を断熱して温度が T_2 になるまで準静的に断熱膨張させる．

この過程で外界からなされた仕事 $W_{B \to C}$ は $d'Q = 0$ だから

$$d'W = dU - d'Q = dU = C_V dT$$

したがって，

$$W_{B \to C} = \int_{T_1}^{T_2} C_V dT = C_V (T_2 - T_1)$$

また，準静的断熱過程では Poisson の式が成り立つから，

$$T_1 V_B^{\gamma - 1} = T_2 V_C^{\gamma - 1}$$

(3) 準静的等温圧縮 (C → D)

系を低熱源 T_2 に接触させながら気体を準静的に等温圧縮させる．このとき，系が熱源から得た熱量を Q_2 とする．

この過程で外界からなされた仕事 $W_{C \to D}$ は

$$W_{C \to D} = -nRT_2 \log \frac{V_D}{V_C}$$

また，理想気体の内部エネルギーは

$$dU = C_V dT$$

だから，等温過程 $dT = 0$ では $dU = 0$ であり，したがって，

$$d'Q = dU - d'W = -d'W$$

だから，Q_2 は

$$Q_2 = -W_{C \to D} = nRT_2 \log \frac{V_D}{V_C}$$

(4) 準静的断熱圧縮 $(D \to A)$

系を断熱して温度が T_1 になるまで準静的に断熱圧縮させる．

この過程で外界からなされた仕事 $W_{D \to A}$ は $d'Q = 0$ だから

$$d'W = dU - d'Q = dU = C_V dT$$

したがって，

$$W_{D \to A} = \int_{T_2}^{T_1} C_V dT = C_V(T_1 - T_2)$$

また，準静的断熱過程では Poisson の式が成り立つから，

$$T_1 V_A^{\gamma-1} = T_2 V_D^{\gamma-1}$$

以上の結果から，

$$\frac{Q_1}{T_1} + \frac{Q_2}{T_2} = nR \log \frac{V_B V_D}{V_A V_C}$$

また，二つの Poisson の式から

$$\frac{V_\mathrm{B}}{V_\mathrm{A}} = \frac{V_\mathrm{C}}{V_\mathrm{D}}$$

したがって，次式が得られる．

$$\frac{Q_1}{T_1} + \frac{Q_2}{T_2} = 0 \qquad (9.12)$$

これは Clausius の等式と呼ばれる．

9.3　熱力学第2法則

9.3.1　可逆過程と不可逆過程

　熱力学第1法則はエネルギー保存の法則であることを述べた．これはエネルギーがいろいろ形を変えて相互に変わってもそれらの総和は不変であるということである．ところで，力学的エネルギーにおいては，たとえば運動エネルギーと位置エネルギーは相互に自由に変換する．しかし，熱エネルギーについては事情は違う．たとえば，高所にあった物体が落下して下方にあった物体に衝突して静止したとしよう．両方の物体の温度は衝突前に比べて上昇する．これは両方の物体の内部エネルギーが増したことを意味する．つまり，一方の物体の位置エネルギーは最終的に両方の物体の内部エネルギーに転換したことになる．ところで，この過程の逆は起きない．つまり，一旦，両方の物体の内部エネルギーに変わってしまったエネルギーが位置エネルギーに転換して再び一方の物体を元の高さまで押し上げてることはない．前者の例も後者の例も共にエネルギー保存の法則（熱力学第1法則）は満たしている．しかし，前者においてはエネルギーの変換が可逆であるのに対して，後者においては一方への転換は起きても逆の転換は起きず不可逆である．力学的なエネルギーが物体の内部エネルギーに転換する現象を**エネルギーの散逸**という．

　気体が入った容器 A と真空の容器 B が栓 C を通してつながれているとき，栓 C を開けると容器 A の気体は B の中へ拡散し，やがて一様になる．ところで，容器 A，B に一様にある気体が容器 A の方へ集まってしまう現象は決して起きない．**拡散**という現象も自然に起きる変化に向きがあることがわかる．

　一般に系が状態 α から状態 β に変化したとき，これを何らかの方法で再

び元の状態 α に戻したとき，外界もまた何らかの方法で元の状態に戻すことが可能であるとき，その過程は**可逆過程**であるという．系が状態 α から状態 β に過程 L を経て変化したとき，外界は状態 A から状態 B に変化したとし，これを $(L; \alpha, A \to \beta, B)$ と書くことにする．この過程に対して適当な過程 $(M; \beta, B \to \alpha, A)$ が少なくとも一つは存在するとき，その過程は可逆過程であるという．可逆でない過程は**不可逆過程**という．エネルギーの散逸，気体の拡散，熱伝導といった現象は不可逆現象である．

9.3.2 クラウジウスの原理とトムソンの原理

(1) **Clausius の原理**

「熱が高温の物体から低温の物体に移り，それ以外に何の変化も残さない過程は不可逆である．」

(2) **Thomson の原理**

「仕事が熱に変わり，それ以外に何の変化も残さない過程は不可逆である．」

これらの原理は一見異なる法則のように見えるが，同値であることを示すことができる．

Clausius の原理と Thomson の原理が同値であることの証明をしよう．それには Clausius の原理が成り立てば Thomson の原理が成り立つこと，および，その逆の，Thomson の原理が成り立てば Clausius の原理が成り立つことを示すことになる．そのためにこれらの対偶を証明することにしよう．

(1) 「Clausius の原理が成り立たないならば Thomson の原理は成り立たない．」ことの証明

Clausius の原理が成り立たないとすると，熱量 Q_2 を低熱源 R_2 から高熱源 R_1 に移す以外は他に何の変化も残さない過程を行うことが可能である．この過程を行った後，両熱源の間に Carnot サイクル C を働かせて高熱源 R_1 から熱 $Q_2 + Q_1$ を取り，外界に仕事 $W = Q_1$ をさせて，低熱源 R_2 に熱 Q_2 を放出したとする．この二つの過程を終えた後では，熱源 R_1 から熱量 Q_1 を取り出してそれをすべて外界に対する仕事 $W = Q_1$ に変えた以外は他に何の変化も残らない．これは Thomson

図 9.3　　　　　　　　　図 9.4

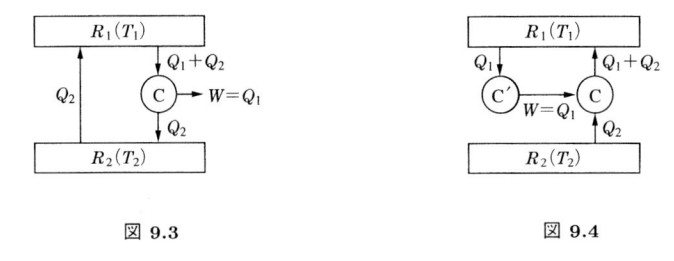

の原理に反する（図 9.3）．

(2)　「Thomson の原理が成り立たないならば Clausius の原理は成り立たない．」ことの証明

Thomson の原理が成り立たないとすると，高熱源 R_1 から熱 Q_1 を受け取ってそれをすべて外界に対する仕事 $W = Q_1$ に変えることができるサイクル C' が存在することになる．この仕事を可逆 Carnot サイクル C を逆運転させて，低熱源 R_2 から熱 Q_2 を受け取って高熱源 R_1 に熱量 $Q_2 + Q_1$ を与えるようにする．この二つの過程の後では，低熱源 R_2 から高熱源 R_1 へ熱 Q_2 が移った以外には他に何の変化も残っていない．これは Clausius 原理に反する（図 9.4）．Q.E.D.

9.4　カルノーの原理

一般に熱を仕事に変えてサイクルを行う装置を熱機関という．Thomson の原理から，低熱源をもたずに熱を仕事に変える熱機関は存在しないことがわかる．熱をすべて仕事に変えることができる熱機関を第 2 種永久機関という．

「第 2 種永久機関は存在しない．」

という原理もまた Clausius の原理または Thomson の原理と同値である．二つの熱源 R_1, R_2 から熱 Q_1, Q_2 を受け取り，外界に仕事 $W = Q_1 + Q_2$ を行う熱機関を一般に **Carnot サイクル**という．また，

$$\eta = \frac{W}{Q_1} = 1 - \frac{|Q_2|}{Q_1} \tag{9.13}$$

を熱機関の熱効率という．

熱機関の熱効率に関して次の **Carnot の原理**が成り立つ.

「熱源 R_1, R_2 の間に働く可逆 Carnot サイクルの熱効率 η は, R_1, R_2 の温度 Θ_1, Θ_2 のみで定まり, 作業物質の如何には依らない. また, 同じ熱源の間に働くいかなる Carnot サイクルの熱効率 η' も η より大きくなることはない.」

[証明] 可逆 Carnot サイクルは作業物質には無関係だから, その熱効率 η もまた作業物質に依らない. η を特徴づけるものは熱源 R_1, R_2 の温度 Θ_1, Θ_2 のみである.

C は可逆 Carnot サイクルで, 通常, 高熱源 R_1 から熱 Q_1 を吸収し, 外界に仕事 $|W|$ をして低熱源 R_2 に熱 $|Q_2|$ を放出するものとする. C′ は任意の Carnot サイクルで, 高熱源 R_1 から熱 Q'_1 を吸収し, 外界に仕事 $|W'|$ をして低熱源 R_2 に熱 $|Q'_2| = |Q_2|$ を放出するものとする. これら二つの Carnot サイクルを高熱源 R_1 と低熱源 R_2 の間で図 9.5 のように運転させる. C は可逆 Carnot サイクルだから, これを逆に運転して R_2 から熱 $|Q_2|$ を取り出しさらに外界から仕事 $|W|$ を得て R_1 に熱 Q_1 を放出することができる. 全体を 1 サイクル運転したときの正味の結果は, R_1 のみから熱 $Q'_1 - Q_1$ を取り出し外界に仕事

$$|W'| - |W| = (Q'_1 - |Q'_2|) - (Q_1 - |Q_2|) = Q'_1 - Q_1$$

をすることになる. Thomson の原理により

$$|W'| - |W| \leq 0$$

でなければならない. したがって,

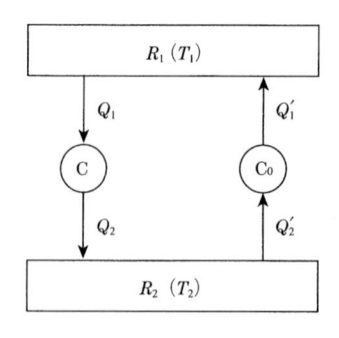

図 9.5

$$Q'_1 \leq Q_1$$

ゆえに
$$\eta' = 1 - \frac{Q_2}{Q'_1} \leq 1 - \frac{Q_2}{Q_1} = \eta \tag{9.14}$$

ここで，等号は C' が可逆 Carnot サイクルのとき成り立つ．なぜなら，C' もまた可逆ならば，C を通常に運転させ C' を逆運転させることによって $\eta' \geq \eta$ が成り立つからである．このことから，$\eta' = \eta$ が得られる． Q.E.D.

9.4.1 クラウジウスの不等式

熱機関 C が温度 T_1 の高熱源から熱 Q_1 を吸収し，温度 T_2 の低熱源へ熱 Q_2 を放出するとき，次の不等式が成り立つ．

$$\frac{Q_1}{T_1} - \frac{Q_2}{T_2} \leq 0 \tag{9.15}$$

これは **Clausius の不等式**と呼ばれる．

[証明] 熱機関 C の他に，可逆 Carnot サイクル C_0 を用いて図 9.5 のようなサイクルを行う．C_0 は通常，温度 T_1 の高熱源から熱 Q'_1 を吸収し，温度 T_2 の低熱源へ熱 Q_2 を放出するものとする．初めに熱機関 C によって，高熱源から熱 Q_1 を吸収し，低熱源へ熱 Q_2 を放出する．次に，可逆 Carnot サイクル C_0 を逆運転して，低熱源から熱 Q_2 を吸収し，高熱源へ熱 Q'_1 を放出してサイクルを終える．このとき，全体としては高熱源から熱 $Q_1 - Q'_1$ を吸収してそれを全て仕事に換えた以外には他に何の変化も残っていない．Thomson の原理によって，これは正であってはならないから，

$$Q_1 - Q'_1 \leq 0$$

ところで，C_0 は可逆 Carnot サイクルだから，Clausius の等式

$$\frac{Q'_1}{T_1} - \frac{Q_2}{T_2} = 0$$

が成り立つ．したがって，
$$\frac{Q_1}{T_1} - \frac{Q_2}{T_2} \leq 0$$

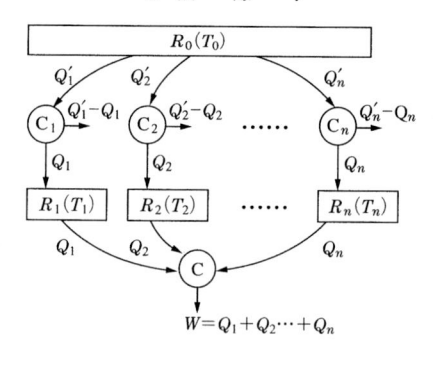

[図 9.6 の内容]

図 9.6

Q.E.D.

さらに Clausius の不等式は次のように一般化できる．熱機関 C が温度 T_1 の熱源 R_1 から熱 Q_1 を吸収し，温度 T_2 の熱源 R_2 から熱 Q_2 を吸収し，$\cdots$，温度 T_n の熱源 R_n から熱 Q_n を吸収して外界に仕事

$$W = Q_1 + Q_2 + \cdots + Q_n$$

をしてサイクルを行うとき，次の不等式が成り立つ．

$$\sum_{i=1}^{n} \frac{Q_i}{T_i} \leq 0 \tag{9.16}$$

［証明］温度 T_0 の熱源 R_0 と可逆サイクル $C_1, C_2, \cdots, C_n$ を加えて次のようなサイクルを行う（図 9.6）．

サイクル C_1 は温度温度 T_0 の熱源 R_0 から熱 Q_1' を吸収し，温度 T_1 の熱源 R_1 へ熱 Q_1 を放出し，外界に仕事 $Q_1' - Q_1$ をする．サイクル C_2 は温度温度 T_0 の熱源 R_0 から熱 Q_2' を吸収し，温度 T_2 の熱源 R_2 へ熱 Q_2 を放出し，外界に仕事 $Q_2' - Q_2$ をする．$\cdots$ サイクル C_n は温度温度 T_0 の熱源 R_0 から熱 Q_n' を吸収し，温度 T_n の熱源 R_n へ熱 Q_n を放出し，外界に仕事 $Q_n' - Q_n$ をする．そして，熱機関 C には温度 T_1 の熱源 R_1 から熱 Q_1 を吸収し，温度 T_2 の熱源 R_2 から熱 Q_2 を吸収し，$\cdots$，温度 T_n の熱源 R_n から熱 Q_n を吸収して外界に仕事

$$W = Q_1 + Q_2 + \cdots + Q_n$$

をしてサイクルを行わせる．これらのサイクルが全て終えたときには，全体として，温度 T_0 の熱源 R_0 から熱 $Q_1' + Q_2' + \cdots + Q_n'$ を吸収して，外界に仕事

$$(Q_1' - Q_1) + (Q_2' - Q_2) + \cdots + (Q_n' - Q_n) + W = Q_1' + Q_2' + \cdots + Q_n'$$

を行うことになる．Thomson の原理によってこれは正であってはならないから，

$$Q_1' + Q_2' + \cdots + Q_n' \leq 0$$

ところで，サイクル $C_1, C_2, \cdots, C_n$ は可逆であることから Clausius の等式が成り立つから，

$$\frac{Q_1'}{T_0} - \frac{Q_1}{T_1} = 0$$

$$\frac{Q_2'}{T_0} - \frac{Q_2}{T_2} = 0$$

…

$$\frac{Q_n'}{T_0} - \frac{Q_n}{T_n} = 0$$

したがって，

$$\sum_{i=1}^{n} T_0 \frac{Q_i}{T_i} \leq 0$$

ゆえに

$$\sum_{i=1}^{n} \frac{Q_i}{T_i} \leq 0$$

Q.E.D.

さらに，連続的に異なる温度の熱源があるとき，温度 T の熱源から熱 $d'Q$ を吸収してサイクルを行うとき，次の不等式が成り立つ．

$$\oint \frac{d'Q}{T} \leq 0 \tag{9.17}$$

これも Clausius の不等式である．等号は熱機関 C が可逆のときに成り立つ．

9.4.2 エントロピー

Clausius の不等式より，$\oint d'Q/T$ は不可逆性の指標であることが予想される．状態 A から状態 B へ至る二つの過程で L と L' を考えてみよう．L と L' が共に準静的過程であれば，Clausius の等式から次の式を示すことができる．

$$\int_{L:\text{A}\to\text{B}} \frac{d'Q}{T} = \int_{L':\text{A}\to\text{B}} \frac{d'Q}{T}$$

そこで，

$$dS = \left(\frac{d'Q}{T}\right)_{quasi\text{-}static}$$

によって S を定義すると，S は途中の道筋に依らず系の最初と最後の状態で決まる状態量となる．S はエントロピーと呼ばれる．L を任意の過程とするとき，Clausius の不等式は S を用いて次のように表される．

$$S - S_0 \geq \int_{L:\text{A}\to\text{B}} \frac{d'Q}{T} \tag{9.18}$$

ただし，等号は L が準静的過程のときに成り立つ．

$$S - S_0 = \int_{quasi\text{-}static:\text{A}\to\text{B}} \frac{d'Q}{T}$$

これは熱力学第 2 法則の数学的表現である．微分形で表せば，次のようになる．

$$dS \geq \frac{d'Q}{T} \tag{9.19}$$

孤立系においては $d'Q = 0$ だから，

$$dS \geq 0 \tag{9.20}$$

これは孤立系のエントロピー増大の法則と呼ばれる．

9.5 熱力学的関係式

閉じた系を考えることとし，外界から系に与えれる仕事は圧力によるもののみとする．この系の準静的過程においては熱力学第 1 法則は次のように表せる．

9.5 熱力学的関係式

$$dU = TdS - pdV$$

この式から，系の定積熱容量 C_V，温度 T，圧力 p は次のように与えられる．

$$C_V = T\left(\frac{\partial S}{\partial T}\right)_V = \left(\frac{\partial U}{\partial T}\right)_V$$

$$T = \left(\frac{\partial U}{\partial S}\right)_V \tag{9.21}$$

$$p = -\left(\frac{\partial U}{\partial V}\right)_S \tag{9.22}$$

ところで，

$$H = U + pV$$

で定義されるエンタルピー H の微分 dH は次のように表される．

$$dH = dU + pdV + Vdp = TdS + Vdp \tag{9.23}$$

したがって，系の定圧熱容量 C_p，温度 T，体積 V は次のように与えられる．

$$C_p = T\left(\frac{\partial S}{\partial T}\right)_p = \left(\frac{\partial H}{\partial T}\right)_p \tag{9.24}$$

$$T = \left(\frac{\partial H}{\partial S}\right)_p \tag{9.25}$$

$$V = \left(\frac{\partial H}{\partial p}\right)_S \tag{9.26}$$

ここでは，S と V を独立変数とする関数 U から S と p を独立変数とする関数 H への変換が行われたことになる．このような変換を **Legendre** 変換という．**Helmholtz** の自由エネルギー

$$F = U - TS \tag{9.27}$$

の微分形式は

$$dF = dU - TdS - SdT = -SdT - pdV \tag{9.28}$$

のようになり，このときの F の独立変数は T と V である．系の圧力 p およびエントロピー S は次のように与えられる．

$$p = -\left(\frac{\partial F}{\partial V}\right)_T \tag{9.29}$$

$$S = -\left(\frac{\partial F}{\partial T}\right)_V \tag{9.30}$$

また，**Gibbs** の自由エネルギー

$$G = F + pV \tag{9.31}$$

の微分形式は

$$dG = dF + pdV + Vdp = -SdT + Vdp \tag{9.32}$$

となり，このときの G の独立変数は T と p である．系の体積 V およびエントロピー S は次のように与えられる．

$$V = \left(\frac{\partial G}{\partial p}\right)_T \tag{9.33}$$

$$S = -\left(\frac{\partial G}{\partial T}\right)_p \tag{9.34}$$

一般に，微分形式

$$dz = X(x, y)dx + Y(x, y)dy \tag{9.35}$$

で表される関数 z が状態量であるとき，次の関係が成り立つ．

$$\frac{\partial X}{\partial y} = \frac{\partial Y}{\partial x}$$

これを **Maxwell** の関係式と呼ぶ．たとえば，内部エネルギー U が状態量であることから，次の式が成り立つ．

$$\left(\frac{\partial T}{\partial V}\right)_S = -\left(\frac{\partial p}{\partial S}\right)_V \tag{9.36}$$

同様に，H，F，G が状態量であることから，以下の関係式が成り立つ．

$$\left(\frac{\partial T}{\partial p}\right)_S = \left(\frac{\partial V}{\partial S}\right)_p \tag{9.37}$$

$$\left(\frac{\partial S}{\partial V}\right)_T = \left(\frac{\partial p}{\partial T}\right)_V \tag{9.38}$$

$$\left(\frac{\partial S}{\partial p}\right)_T = -\left(\frac{\partial V}{\partial T}\right)_p \tag{9.39}$$

9.5.1 質量的作用

外界との間に物質の出入りがあり，系の全粒子数が変化する系を開放系と呼ぶ．系が ν 種類の粒子から構成されていて，その粒子数をそれぞれ $N_1, N_2, \cdots, N_\nu$ とする．系の内部エネルギーをエントロピー S，体積 V，粒子数 $N_1, N_2, \cdots, N_\nu$ の関数とする．このとき，

$$\mu_i = \left(\frac{\partial U}{\partial N_i}\right)_{S,V,N_{j\neq i}}$$

を i 成分の化学ポテンシャルと呼ぶ．開放系が行う準静的過程における熱力学第1法則は，次のように表される．

$$dU = TdS - pdV + \sum_{i=1}^{\nu} \mu_i dN_i \tag{9.40}$$

$$d'Z = \sum_{i=1}^{\nu} \mu_i dN_i \tag{9.41}$$

で与えられる外界の作用を**質量的作用**という．系に質量を供給してほとんど自身は変化しない外界を質量源と呼ぶ．Helmholtz の自由エネルギー F については

$$dF = -SdT - pdV + \sum_{i=1}^{\nu} \mu_i dN_i \tag{9.42}$$

Gibbs の自由エネルギー G については

$$dG = -SdT + Vdp + \sum_{i=1}^{\nu} \mu_i dN_i \tag{9.43}$$

が成り立つ．ところで，系の温度 T と圧力 p を一定にして粒子数 $N_1, N_2, \cdots, N_\nu$ を λ 倍にした場合，系の質的変化はなく，単に全体が量的に λ 倍になるだけなので，Gibbs の自由エネルギー G について次の式が成

り立つ．

$$G(T, p, \lambda N_1, \lambda N_2, \cdots, \lambda N_\nu) = \lambda G(T, p, N_1, N_2, \cdots, N_\nu)$$

この式の両辺を λ で微分すると，

$$\left(\sum_{i=1}^{\nu} \frac{\partial G}{\partial \lambda N_i}\right)_{S,p,N_{j\neq i}} N_i = G(T, p, N_1, N_2, \cdots, N_\nu)$$

ここで，$\lambda = 1$ と置けば次の式が得られる．

$$G(T, p, N_1, N_2, \cdots, N_\nu) = \sum_{i=1}^{\nu} \mu_i N_i$$

したがって，

$$dG = \sum_{i=1}^{\nu} \mu_i dN_i + \sum_{i=1}^{\nu} N_i d\mu_i$$

これと式 (9.43) から，次の式が成り立つことが示せる．

$$-SdT + Vdp - \sum_{i=1}^{\nu} N_i d\mu_i = 0 \qquad (9.44)$$

これは **Gibbs – Duhem** の関係式と呼ばれる．

練 習 問 題

1) 温度 100 [°C] における水の気化熱を Q_0 [J·kg^{-1}] とする．100 [°C] における水 1 [kg] の体積を V_L [m^3] として，これを 1 気圧 (p_0 [N·m^{-2}]) のもとで水蒸気に変化させたとき，体積 V_G [m^3] になるとする．このとき，水の内部エネルギーの変化 ΔU [J] を求めよ．
2) 圧力 p_1，体積 V_1，温度 T_1 の理想気体が準静的断熱変化を行って，体積 V_2 になったとき，気体になされた仕事および気体の温度を求めよ．
3) 1 mol の理想気体が，温度 T_1，体積 V_1 の状態から真空に対して断熱膨張を行って体積 V_2 になったとき次の問に答えよ．
    (1) この過程における内部エネルギーの変化 ΔU はいくらか．
    (2) この過程におけるエントロピーの変化 ΔS を求めよ．
    (3) この過程が不可逆過程であることを簡単に説明せよ．

4) n mol の理想気体が圧力 p_1, 温度 T_1 の状態から, 圧力 p_2, 温度 T_2 の状態に変化したとき, エントロピーの変化 ΔS は
$$\Delta S = C_p \log \frac{T_2}{T_1} + nR \log \frac{p_1}{p_2}$$
で与えられることを示せ.
5) 次の問に答えよ.
 (1) 次の式を証明せよ.
$$\left(\frac{\partial U}{\partial V}\right)_T = T\left(\frac{\partial p}{\partial T}\right)_V - p$$
 (2) 理想気体の内部エネルギーは温度のみの関数であることを示せ.

10

量子力学－シュレディンガー方程式－

　ニュートン力学と Maxwell の電磁気学によって，物理現象のほとんどは基本的にすべて理解できていたが，ただ，Michelson（マイケルソン）– Morley（モーレイ）の実験や黒体放射の二つの問題は理解されていなかった．この二つの問題が 20 世紀の現代物理学の幕開けのきっかけとなった．

10.1　黒体放射とプランクの放射公式

　鉄を熱すると赤色となる．温度を高くしていくと，赤色からだんだん青色に変化する．つまり鉄の熱放射は溶鉱炉の内部温度によって，スペクトルが変化していくのである．熱放射を完全に吸収する物体を**黒体**といい，そこから出てくる光を**黒体放射**と呼ぶ．図 10.1 のような一様な温度の材料でできた空洞を考え，空洞にある小さい窓から光が入ると，その中で反射を繰り返し，やがてわずかにそこを抜け出してくる．そこから出てくる光を黒体放射（空洞放射）という．またこの光のエネルギー分布を測定すると，放射エネルギー密度は図 10.2 のようになる．この放射エネルギー密度 $\rho(\nu)$ は，黒体を作っている物質の種類によらず温度だけに依存して変化する．この放射のスペクトルに関する研究は，Wien（ヴィーン），Rayleigh（レイリー）と Jeans（ジーンズ）らによって研究されたが，彼らの理論は，実験データの一部を説明できても全体を説明することは不可能であった．彼らの提示した公式を見てみる．

　Rayleigh – Jeans は，黒体放射エネルギー密度 $\rho(\nu)$（Rayleigh – Jeans の公式）を振動子のエネルギー等分配則から導いた．彼らの理論において，$\rho(\nu)$

10.1 黒体放射とプランクの放射公式

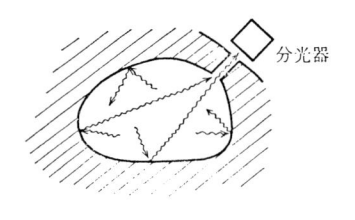

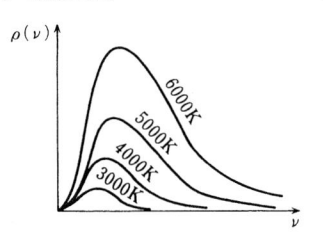

図 10.1 黒体放射　　**図 10.2** 黒体放射のスペクトル分布

は

$$\rho(\nu) = \frac{8\pi}{c^3} k_\mathrm{B} T \nu^2 \tag{10.1}$$

である．ここに，c は光速度で，k_B はボルツマン定数である．この式は，実験データとは振動数 ν が小さいところでよく一致するが，ν が大きいところでは全くはずれている．

一方，Wien は次の Wien の放射公式を発表した．

$$\rho(\nu) = \frac{8\pi}{c^3} D\nu^3 \exp\left(-\frac{D\nu}{k_\mathrm{B}T}\right) \tag{10.2}$$

この式は実験データの振動数の高い部分で，定数 D を $D = 6.6 \times 10^{-34}$ [Js] とおくとよく一致する．

Planck は振動数の全領域について説明できる Planck の放射公式を提案した．光の放出・吸収に際しエネルギーはとびとびの値をとると仮定し，これを**エネルギーの量子化**という．絶対温度 T，光の振動数 ν とすると，エネルギー密度 $\rho(\nu)$ は

$$\rho(\nu) = \frac{8\pi h \nu^3}{c^3 \left[\exp\left(\frac{h\nu}{k_\mathrm{B}T}\right) - 1\right]} \tag{10.3}$$

となる．

$$\varepsilon = h\nu \tag{10.4}$$

$$h = (6.62606876 \pm 0.00000052) \times 10^{-34} [\mathrm{Js}] \tag{10.5}$$

h は実験によって決定される普遍定数の一つで**プランク定数**という．

式 (10.3) において，$\nu >> k_\mathrm{B}T/h$ となる高振動数領域では，分母の第 1 項は非常に大きいので，第 2 項が無視でき，次の Wien の放射公式

$$\rho(\nu) = \frac{8\pi}{c^3} h\nu^3 \exp\left(-\frac{h\nu}{k_B T}\right) \tag{10.6}$$

に一致する．

$\nu \ll k_B T/h$ の低振動数領域では

$$\exp\left(\frac{h\nu}{k_B T}\right) - 1 \simeq 1 + \frac{h\nu}{k_B T} - 1 = \frac{h\nu}{k_B T} \tag{10.7}$$

であるから

$$\rho(\nu) = \frac{8\pi\nu^2 k_B T}{c^3} \tag{10.8}$$

となって Rayleigh – Jeans の公式と一致する．

10.2 原子模型と量子条件

1911年，Rutherford（ラザフォード）は原子の構造を調べるために，原子に α 粒子を衝突させて α 粒子の散乱の様子を観測した．その結果，正電荷をもった粒子（原子核）は中心のごく小さい範囲に局在して，質量の大半を担い，一方，負電荷をもった粒子（電子）は原子の大きさ程度の所にあって，質量は原子核に比べて非常に小さいことがわかった．

電磁気学によれば荷電粒子が加速度運動をすれば電磁波を放出してエネルギーを失い，図10.3に示すように時間とともに軌道回転半径はどんどん小さくなって，ついには原子核の中に落ち込んでしまうであろう．電磁気学を使って電子の寿命を計算してみると，10^{-11} 秒程度である．しかしこのようなことはありえず原子は安定に存在している．また電子の回転半径が連続的に小さくなるということは，放射される電磁波も連続的に変化するはずである．ところが太陽

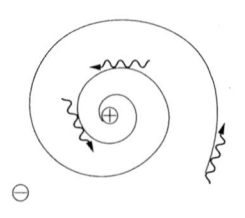

図 10.3　電子による電磁波の放射

光などと異なり，原子から放射される電磁波は特定の波長をもつものだけに限られていて線スペクトルを示す．これらの問題は古典物理学の範囲では説明されず，これをうまく解決したのが Bohr（ボーア）で，次のような仮説をたてた．

1) 原子内の電子は一連の離散的な値のエネルギー状態にあり，電磁波を吸収・放出することはない．この電子の状態を定常状態という．
2) 原子が電磁波を吸収・放出するのは，電子が一つの定常状態から他の定常状態に遷移するときで，このとき吸収・放出される電磁波の振動数 ν は

$$|E_m - E_n| = h\nu \tag{10.9}$$

で与えられる．

3) 一つのエネルギー状態では，電子は惑星運動する．

10.3 光の二重性

光は干渉や回折現象から波動的性質をもち，また一方，光を金属表面に当てると電子が飛び出す光電効果や，光が電子と衝突し電子をはね飛ばし，光も散乱を受けるコンプトン効果から粒子的性質をもつ．これを**光の二重性**という．

1905 年，Einstein（アインシュタイン）は光量子仮説を提唱した．彼は，振動数 ν の光は

$$E = h\nu \tag{10.10}$$

で与えられるエネルギーをもつ粒子と考えた．これを**光量子**または単に**光子**と呼ぶ．ここに h はプランク定数である．

1924 年，de Broglie（ド・ブロイ）は，光の二重性の概念をさらに発展させ，この二重性はすべての物質が有する基本的性質であるとした．光では

$$E = h\nu, \quad p = \frac{h\nu}{c} = \frac{h}{\lambda} \tag{10.11}$$

であるから，速度 v，質量 m の物体の運動量を $p = mv$ として

$$mv = \frac{h}{\lambda} \tag{10.12}$$

すなわち,

$$\lambda = \frac{h}{mv} \tag{10.13}$$

の波長で与えられる波動的性質をもつものと考え,この波長のことをド・ブロイ波長と呼び,式 (10.13) を de Broglie の関係式と呼んでいる.

10.4 光 電 効 果

金属に光を当てると,表面から電子が飛び出してくる.この現象を**光電効果**といい,飛び出してくる電子を**光電子**という.この現象は,19世紀末には Halwacks (ハルヴァックス) や Elster (エルスター) によってすでに発見されていた.1902年,Lenard (レーナルト) による詳しい実験によって次のような事実が明らかになった.
1) 放出された個々の光電子のもつ運動エネルギーは,入射光の強度には無関係で入射光の振動数だけに依存する.
2) 放出される光電子の個数は入射光の強度に比例する.
3) 光の照射と光電子の放出の間には時間的な遅れがない.

さらに,金属に入射された光の振動数 ν と放出光電子の運動エネルギー E_K の関係は図 10.4 のようになる.

これらの事実は光の波動説では説明できない.光の波動説では,光のエネルギーは波の振幅の二乗,すなわちその強度に比例するはずである.金属内の電子は入射光の強制振動によってエネルギーを得て金属表面から飛び出してくるはずだから,放出光電子の運動エネルギーは当然入射光の強度に依存しなけれ

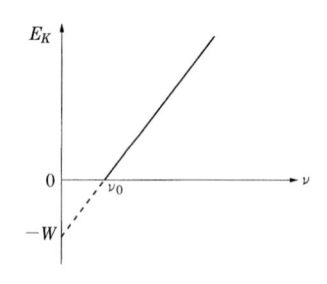

図 10.4 光の振動数 ν と光電子の運動エネルギー E_K

10.4 光電効果

ばならず，入射光の振動数には無関係なはずである．また，入射光の強度が弱いときは，金属が光を吸収して電子を放出させるのに必要なエネルギーが蓄積されるまでには一定の時間を要すると考えられるから，光の照射と光電子の放出との間に時間的遅れが観測されるはずである．しかし，これらは実験事実に矛盾する．

Einstein は，Planck のエネルギー量子という考え方をさらに一歩進めて，光そのものが一定のエネルギーをもった粒子であるという仮説を提唱して光電効果を説明した．いわゆる光量子仮説である．それは"振動数 ν の光はエネルギー $h\nu$ をもった粒子である"．この仮説に従うと，光電効果は次のように説明される．

金属中の電子は束縛エネルギー W（仕事関数と呼ばれている）によって金属内に留められているから，外へ飛び出すのにはこの束縛エネルギー W より大きなエネルギーをもらわなければならない．このような金属に振動数 ν の光がエネルギー $h\nu$ の光量子として入射し，電子に衝突して光量子のエネルギーをすべて与えるから，結局，金属の外へ放出される光電子は

$$E_K = h\nu - W \tag{10.14}$$

のエネルギーをもつことになる．電子の運動エネルギーは $E_K > 0$ でなければならないから，$\nu_0 = W/h$ として入射光の振動数 ν が ν_0 以上でなければ光電子は放出されない．ν_0 以下の振動数では入射光強度がいくら強くても光電子放出は起こらない．一方，入射光の強度を増すことは光子の個数を増すことであり，それに比例して放出光電子の個数も増すことになる．また，光子と電子の粒子どうしの衝突であれば，光子の個数がいかに少なくても，したがって光の強度がいかに小さくても，振動数さえ ν_0 より大きければ，時間的な遅れなしに光電子が放出されることが理解できる．このようにして，光電効果という現象は光が粒子性をもっていることを意味するものである．

10.5 コンプトン散乱

1923 年, Compton (コンプトン) によって行われた X 線の散乱実験は光の粒子性を示す代表的な例としてあげられる. 彼は, 波長 λ の X 線を金属表面に照射すると, 入射 X 線より波長の長い X 線が現れることを発見した. この現象は, X 線を光子とみなすことによって説明できる.

図 10.5 のように, 入射光子および散乱光子の振動数 ν_0, ν, 電子の質量を m, 速度を v とおき, 光子と電子の散乱角を θ, ϕ とすると, 非相対論的ではエネルギー保存則から

$$h\nu_0 = h\nu + \frac{mv^2}{2} \tag{10.15}$$

運動量保存則から

$$\frac{h\nu_0}{c} = \frac{h\nu}{c}\cos\theta + mv\cos\phi \tag{10.16}$$

$$0 = \frac{h\nu}{c}\sin\theta - mv\sin\phi \tag{10.17}$$

式 (10.15), (10.16) および式 (10.17) より ϕ を消して, $v^2/c^2 \simeq 0$, $mv^2 = 2h(\nu_0 - \nu)$, $\lambda = c/\nu$ を用いて波長 λ と θ の関係を求めると

$$\Delta\lambda = \lambda - \lambda_0 = \lambda_c(1 - \cos\theta), \quad \lambda_c = \frac{h}{mc} \tag{10.18}$$

λ_c をコンプトン波長という.

一方, 相対性理論によれば光子のエネルギー E と運動量 p の間には光速度を c として

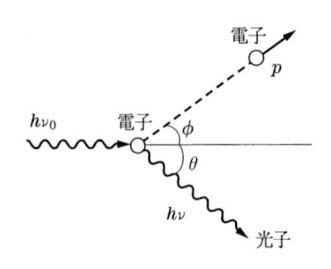

図 10.5

$$E = cp \tag{10.19}$$

という関係がある．また振動数 ν の光子のエネルギー E は

$$E = h\nu \tag{10.20}$$

であるから，光子の波長を λ とすれば，$c = \lambda\nu$ より

$$p = \frac{h\nu}{c} = \frac{h}{\lambda} \tag{10.21}$$

の関係が得られる．式 (10.21) は非常に重要でかつ不思議な式である．それは，左辺の運動量は粒子に付随する物理量であり，右辺は波長に付随する量だからである．つまり，プランク定数を媒介にして光は一方から見れば粒子，他方から見れば波になることを示している．

10.6 量子力学

　これまで見てきたように，原子のようなミクロな系を古典力学（ニュートン力学）では記述することができない．鍵となる性質はエネルギーの離散化と光の二重性（波動としての性質と粒子としての性質の二面性をもつこと）である．このような系の性質を観測しようとすると，観測するという行為自体により，系が乱されてしまう．古典力学においては，そのようなことは考えていなかった．

　観測ということを理論体系に含めることにより，量子力学では，ミクロな系を記述することに成功した．また，粒子と波動の二重性やエネルギーの離散化も量子力学で説明される．ここでは，歴史的にどのようにして，量子力学が体系化されたかには触れず，量子力学そのものについて学ぶ．新しい理論体系は，初め仮説として考えられ，実験結果との比較を通して，それが，現象を正しく記述することにより，理論体系として確立していくのである．

　以下に量子力学の基本的な考え方を説明する．なお，量子力学という名前は，古典力学では連続的な量が，量子力学では離散化（量子化）されることから来ている．

　(1) 観測するということは，物理的な状態を記述する**状態ベクトル** $|\psi\rangle$ に演

算子を作用させることに対応する．観測量の間の確定した関係式は，量子力学でも古典力学と同じである．たとえば，運動量および位置を測定する演算子をそれぞれ $\hat{p}$, $\hat{r}$ で表すと，古典力学で角運動量は $\vec{l} = \vec{r} \times \vec{p}$ で表せるが，量子力学においても同様に $\hat{l} = \hat{r} \times \hat{p}$ で表される．

(2) **観測可能量** $\hat{A}$ の可能な測定値は，固有値方程式

$$\hat{A}|a_n\rangle = a_n|a_n\rangle \tag{10.22}$$

で与えられる**固有値** a_n である．固有値方程式は状態ベクトルが規格化できるという境界条件のもとで解かれる．状態ベクトルの規格化は

$$\langle \psi|\psi \rangle = 1 \tag{10.23}$$

で与えられる．固有状態 $|a_n\rangle$ に対して行われる観測可能量 $\hat{A}$ の測定は，結果 a_n を確定的に与える．

(3) 観測可能量は**エルミート演算子**で表される．すなわち，任意の状態ベクトル $|\phi\rangle$, $|\psi\rangle$ に対して，演算子 $\hat{A}$ は，$\langle \psi|\hat{A}|\phi \rangle = \langle \phi|\hat{A}|\psi \rangle^*$ を満たす．さらに，$\hat{A}$ が観測可能量を表す演算子であるためには，その固有状態は**完全系**をなさなければならない．これらの性質より，以下のことがいえる．**(a)** 観測可能な量を表す演算子の固有値は**実数**である．**(b)** 観測可能な量を表す演算子の，異なる固有値に属する固有ベクトルは直交する．

(4) 観測可能な量を表す演算子 $\hat{A}$ の固有ベクトルを $|a_n\rangle$，その固有値を a_n としたとき，$\hat{A}$ の固有状態ではない状態ベクトル $|\psi\rangle$ に観測 $\hat{A}$ を行った場合，どの固有値が得られるかは，**確率的**であり，固有値 a_n が得られる確率は

$$\mathcal{P}_\psi(a_n) = |\langle a_n|\psi \rangle|^2 \tag{10.24}$$

で与えられる．

(5) 観測可能量 $\hat{A}$, $\hat{B}$ が可換，すなわち $[\hat{A}, \hat{B}] \equiv \hat{A}\hat{B} - \hat{B}\hat{A} = 0$ の場合，この二つの観測可能量は同時に決定することができる．三つ以上の場合も互いに可換の場合，同時に決定することができる．また逆に，可換でない観測可能量は同時に決定することはできない．

(6) 位置演算子 $\hat{r}$ の固有ベクトルで規格直交化したものを $|r\rangle$ とすると

10.6 量子力学

$$\hat{r}|\boldsymbol{r}\rangle = \vec{r}|\boldsymbol{r}\rangle, \tag{10.25}$$

$$\langle \boldsymbol{r}'|\boldsymbol{r}\rangle = \delta^3(\vec{r}-\vec{r'}) \tag{10.26}$$

である.このとき,状態ベクトル $|\psi\rangle$ に対して,

$$\langle \boldsymbol{r}|\psi\rangle \equiv \psi(\boldsymbol{r}) \tag{10.27}$$

を(座標表示の)**波動関数**と呼ぶ.単位演算子 **1** は

$$\mathbf{1} = \int d^3r\, |\boldsymbol{r}\rangle\langle\boldsymbol{r}| \tag{10.28}$$

で表せるので,状態ベクトル $|\psi\rangle$ は波動関数 $\psi(\boldsymbol{r})$ を使って,

$$|\psi\rangle = \left(\int d^3r\, |\boldsymbol{r}\rangle\langle\boldsymbol{r}|\right)|\psi\rangle = \int d^3r\, \psi(\boldsymbol{r})|\boldsymbol{r}\rangle \tag{10.29}$$

と表される.また,状態ベクトルの内積は

$$\langle\phi|\psi\rangle = \int d^3r\, \phi^*(\boldsymbol{r})\,\psi(\boldsymbol{r}) \tag{10.30}$$

と表される.

(7) 位置と運動量は同時に決めることはできず,

$$[\hat{r}_j, \hat{p}_j] = \hat{r}_j\,\hat{p}_j - \hat{p}_j\,\hat{r}_j = i\hbar \quad (j=x,y,z) \tag{10.31}$$

と表される.これが **Heisenberg** の**不確定性原理**である.ここで $\hbar$ はプランク定数 h を 2π で割ったものであり,実験的に測定された値は $\hbar = (1.054571596 \pm 0.000000082) \times 10^{-34}$ [Js] である.

(8) 演算子 $\hat{A}$ が

$$\langle\boldsymbol{r}|\hat{A}|\boldsymbol{r}'\rangle = \delta^3(\vec{r}-\vec{r'})A(\boldsymbol{r}) \tag{10.32}$$

という性質をもつとき,**局所的演算子**と呼ぶ.ここで $A(\boldsymbol{r})$ は $\boldsymbol{r}$ の関数に作用する演算子を表す.運動量演算子 $\hat{p}$ は

$$\langle r_j|\hat{p}_j|r_j'\rangle = \delta(r_j - r_j')\frac{\hbar}{i}\frac{\partial}{\partial r_j} \quad (j=x,y,z) \tag{10.33}$$

と表せる．この運動量演算子の表現を Schrödinger の表現と呼ぶ．

(9) 物理系を考えるうえで最も重要な観測量は，系のエネルギーである．古典力学では，系のエネルギーを座標変数と運動量変数の関数として表したものはハミルトニアン $H(r_j, p_j)$ であるので，量子力学においても，系のエネルギーを表す演算子は，ハミルトニアン中の座標変数と運動量変数をそれぞれ座標演算子と運動量演算子に置き換えたもの $\hat{H}(\hat{r}_j, \hat{p}_j)$ であると考える．ここで添え字 j は系の独立な自由度に対応する．系のエネルギーは

$$\hat{H}(\hat{r}_j, \hat{p}_j) |\psi_E\rangle = E |\psi_E\rangle \tag{10.34}$$

というエネルギーに対する固有値方程式を解くことにより求める．このとき，同時に固有ベクトルも求まるので，量子状態も決定される．ハミルトニアンが局所演算子の場合（局所演算子となっている物理系は多い），これを位置の固有状態で展開することにより，波動関数に対するエネルギーの固有値方程式

$$\hat{H}\left(r_j, \frac{\hbar}{i}\frac{\partial}{\partial r_j}\right) \psi_E(r_j) = E \psi_E(r_j) \tag{10.35}$$

を得る．この方程式を（時間に依存しない）**シュレディンガー方程式**と呼ぶ．質量 m の粒子一つが局所ポテンシャル $V(\boldsymbol{r})$ 中で運動している系のシュレディンガー方程式は

$$\left[-\frac{\hbar^2}{2m}\nabla^2 + V(\boldsymbol{r})\right] \psi_E(\boldsymbol{r}) = E \psi_E(\boldsymbol{r}) \tag{10.36}$$

で与えられる．ここで $\nabla^2 = \partial^2/\partial x^2 + \partial^2/\partial y^2 + \partial^2/\partial z^2$ である．

(10) エネルギーと時間の間にも不確定性関係があることが，実験的に確かめられている．時間推進の演算子は定義されるが，時間そのものはパラメータとして扱われる．状態ベクトル $|\psi(t)\rangle$ の時間発展は

$$i\hbar\frac{\partial}{\partial t}|\psi(t)\rangle = \hat{H}|\psi(t)\rangle \tag{10.37}$$

により記述される．この方程式が **Schrödinger の運動方程式**である．状態ベクトルの座標表示，すなわち時間に依存した座標表示での波動関数を $\langle r_j|\psi(t)\rangle = \psi(r_j, t)$ とすると，運動方程式は

$$i\hbar\frac{\partial}{\partial t}\psi(r_j,t) = \hat{H}\left(r_j, \frac{\hbar}{i}\frac{\partial}{\partial r_j}\right)\psi(r_j,t) \tag{10.38}$$

となる．

$$\psi(r_j,t) = u(r_j)\,v(t) \tag{10.39}$$

という形の特解を求めてみる．(10.39) を (10.38) に代入し，両辺を $u(r_j)v(t)$ で割ると

$$\frac{\hat{H}\,u(r_j)}{u(r_j)} = \frac{i\hbar\partial v(t)/\partial t}{v(t)} \tag{10.40}$$

を得る．左辺は r_j だけに依り，右辺は t だけに依るので，各項は定数でなければならない．その場合，左辺はエネルギーに関する固有値方程式になっているので，この定数はエネルギー E となる．すなわち

$$\hat{H}\,u(r_j) = E\,u(r_j), \qquad i\hbar\frac{dv(t)}{dt} = E\,v(t) \tag{10.41}$$

を得る．このとき，2番目の方程式の解は

$$v(t) = v(t=0)e^{-iEt/\hbar} \tag{10.42}$$

である．すなわち，エネルギーの固有状態 $\psi_E(r_j,t)$ の時間依存性は $e^{-iEt/\hbar}$ となっており，この状態を**定常状態**と呼ぶ．Schrödinger の運動方程式 (10.38) の一般解は，特解の1次結合で表される．

10.7　無限に高いポテンシャル壁で束縛された粒子の運動

シュレディンガー方程式を具体的な問題で解いてみよう．図 10.6 のように無限大の大きさのポテンシャルをもつ壁で束縛された質量 m の粒子の運動を考える．粒子の運動は一次元とし，ポテンシャル $U(x)$ は

$$U(x) = \begin{cases} 0 & (0 \leq x \leq a) \\ \infty & (x < 0, a < x) \end{cases} \tag{10.43}$$

である．定常状態 $\Psi(x,t) = \psi(x)\exp(-iEt/\hbar)$ は時間に依存しないシュレディンガー方程式

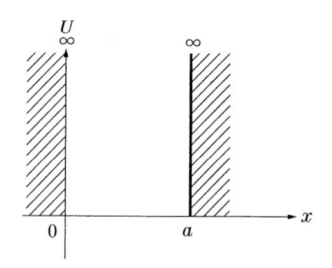

図 10.6 無限に高いポテンシャル障壁

$$-\frac{\hbar^2}{2m}\frac{d^2\psi(x)}{dx^2} + U(x)\psi(x) = E\psi(x) \tag{10.44}$$

を解いて得られる．ポテンシャル壁が十分高いので，粒子は決して $0 \leq x \leq a$ の外へ出ることはできないから，

$$\psi(x) = 0 \quad (x < 0, a < x) \tag{10.45}$$

である．$0 \leq x \leq a$ では $U(x) = 0$ だから，シュレディンガー方程式は次のようになる．

$$-\frac{\hbar^2}{2m}\frac{d^2\psi(x)}{dx^2} = E\psi(x) \tag{10.46}$$

この式は E の符号によって解が異なるので，次の三つの場合に分けて考える．

(1) $E < 0$ のとき

$$\gamma = \sqrt{\frac{-2mE}{\hbar^2}} \tag{10.47}$$

とおけば，式 (10.46) の一般解は

$$\psi(x) = Ae^{\gamma x} + Be^{-\gamma x} \tag{10.48}$$

である．波動関数が物理的に意味をもつためには 1 価の連続関数でなければならないから，$x = 0$ および $x = a$ で $\psi = 0$ であることが必要である．

$$\psi(0) = A + B = 0, \quad \psi(a) = Ae^{\gamma a} + Be^{-\gamma a} = 0 \tag{10.49}$$

ところで，a と γ はともに正だから，$e^{\gamma a} \neq e^{-\gamma a}$ である．したがって，

$$A = B = 0 \tag{10.50}$$

となり，結局すべての x について $\psi = 0$ となる．これでは粒子が空間のどこにも存在しないことになってしまうのでこれは不合理である．

(2) $E = 0$ のときの式 (10.46) の一般解は

$$\psi(x) = Ax + B \tag{10.51}$$

である．この場合も $x = 0$ および $x = a$ で $\psi = 0$ とすると，$A = B = 0$ となり，不合理である．

(3) $E > 0$ のとき

$$\alpha = \sqrt{\frac{2mE}{\hbar^2}} \tag{10.52}$$

とおけば，式 (10.46) の一般解は

$$\psi(x) = A\sin(\alpha x) + B\cos(\alpha x) \tag{10.53}$$

である．境界条件より

$$\psi(0) = B = 0, \quad \psi(a) = A\sin(\alpha a) + B\cos(\alpha a) = 0 \tag{10.54}$$

が得られ，したがって，次の式が満たされることが必要十分である．

$$\alpha a = n\pi, \quad (n = 1, 2, 3, \cdots) \tag{10.55}$$

これから，固有エネルギー $E = E_n$ と対応する固有関数 $\psi(x) = \psi_n(x)$ は

$$E_n = \frac{\pi^2 \hbar^2}{2ma^2} n^2 \tag{10.56}$$

$$\psi_n(x) = A\sin\left(\frac{n\pi x}{a}\right) \tag{10.57}$$

となる（図 10.7）．すなわち，エネルギーは量子化されている．ここで，$A = \sqrt{2/a}$ とすれば

$$\int_0^a |\psi_n(x)|^2 dx = 1 \tag{10.58}$$

となり，$\psi_n(x)$ を規格化することができる．n を量子数といい，$n = 1$ の状態を基底状態，$n \geq 2$ を励起状態という．

10.8 トンネル効果

図 10.8 のようにポテンシャル障壁を左から進んできた粒子が越える場合，古典論では粒子のエネルギーがこの障壁を越えるだけのエネルギーの大きさがなければならない．しかし量子力学では粒子のエネルギーがポテンシャル障壁より小さくても，山をくぐり抜けて反対側に到達する．これは量子力学固有の現象で，**トンネル効果**という．

一次元のポテンシャルを次のようにおく．

$$U(x) = \begin{cases} 0 & (x < 0) \\ U_0 & (0 \leq x \leq a) \\ 0 & (a < x) \end{cases} \quad (10.59)$$

粒子は左から右方向へ運動しているとする．シュレディンガー方程式

$$-\frac{\hbar^2}{2m}\frac{d^2\psi(x)}{dx^2} + U(x)\psi(x) = E\psi(x) \quad (10.60)$$

の解は，

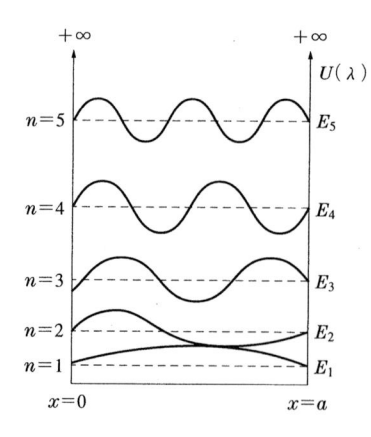

図 10.7 エネルギー準位と波動関数

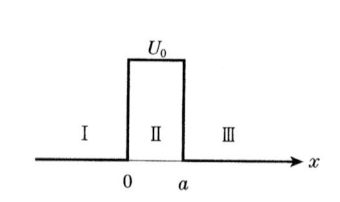

図 10.8 ポテンシャル障壁 領域 I, II では進行波と反射波が共存し，領域 III では進行波だけである．

10.8 トンネル効果

$$k = \sqrt{\frac{2mE}{\hbar^2}}, \quad k' = \sqrt{\frac{2m(E-U_0)}{\hbar^2}} \tag{10.61}$$

とおいて,

1) $x < 0$ のとき,

$$\psi_1 = \exp(ikx) + A\exp(-ikx) \tag{10.62}$$

2) $0 \le x \le a$ のとき,

$$\psi_2 = B\exp(ik'x) + B'\exp(-ik'x) \tag{10.63}$$

3) $a < x$ のとき,

$$\psi_3 = C\exp(ikx) \tag{10.64}$$

となる.ここで,境界条件

$$\psi_1(0) = \psi_2(0), \quad \left.\frac{d\psi_1(x)}{dx}\right|_{x=0} = \left.\frac{d\psi_2(x)}{dx}\right|_{x=0} \tag{10.65}$$

$$\psi_2(a) = \psi_3(a), \quad \left.\frac{d\psi_2(x)}{dx}\right|_{x=a} = \left.\frac{d\psi_3(x)}{dx}\right|_{x=a} \tag{10.66}$$

に式 (10.62)-(10.64) を代入して,係数 B, B' を消去すると,係数 A, C は

$$A = \frac{(k^2 - k'^2)[1 - \exp(2ik'a)]}{(k+k')^2 - (k-k')^2 \exp(2ik'a)} \tag{10.67}$$

$$C = \frac{4kk'\exp[i(k'-k)a]}{(k+k')^2 - (k-k')^2 \exp(2ik'a)} \tag{10.68}$$

と与えられる.透過係数 T は透過波と入射波の流れの密度

$$\frac{\hbar}{2im}\{\psi^*\nabla\psi - (\nabla\psi^*)\psi\} \tag{10.69}$$

の比で定義されるので

$$T = \frac{k|C|^2}{k} = |C|^2 = \left[1 + \frac{U_0^2 \sin^2(k'a)}{4E(E-U_0)}\right]^{-1} \tag{10.70}$$

となり,反射係数 R は反射波と入射波の流れの密度の比で定義され,

$$R = \frac{k|A|^2}{k} = |A|^2 = 1 - |C|^2 = \left[1 + \frac{4E(E - U_0)}{U_0^2 \sin^2(k'a)}\right]^{-1} \quad (10.71)$$

となる．$E < U_0$ のとき，古典論では図 10.8 の領域 I の粒子が $x = 0$ で完全に反射され，図 10.8 の領域 II, III には達することができない．しかし，量子力学では透過係数 T はゼロではなく，ポテンシャルの障壁を通り抜け出ることができる．この場合

$$k' = i\kappa, \quad \kappa = \sqrt{\frac{2m(U_0 - E)}{\hbar^2}} \quad (10.72)$$

$$T = \frac{k|C|^2}{k} = |C|^2 = \left[1 + \frac{U_0^2 \sinh^2(\kappa a)}{4E(U_0 - E)}\right]^{-1} \quad (10.73)$$

である．このトンネル現象は α 崩壊現象や半導体の江崎ダイオードなどで見られる．

10.9　一次元調和振動子

一次元調和振動子は，古典力学では，ばねの問題として出てくるものであり，質量 m の質点に働く力が変位に比例するときである．比例係数を k とすると，ポテンシャル $V(x)$ は

$$V(x) = \frac{1}{2}kx^2 \quad (10.74)$$

で表される．古典力学での解は，単振動となり，角振動数 ω は $\omega = \sqrt{k/m}$ である．

調和振動子の量子論を考えよう．シュレディンガー方程式は

$$\left(-\frac{\hbar^2}{2m}\frac{d^2}{dx^2} + \frac{1}{2}kx^2\right)\psi(x) = E\psi(x) \quad (10.75)$$

である．**演算子法**を用いて，このシュレディンガー方程式を解くことを考える．まず，微分演算子 $\hat{a}$ とそれのエルミート共役な微分演算子 $\hat{a}^\dagger$ を以下のように定義する．

$$\hat{a} = \sqrt{\frac{m\omega}{2\hbar}}x + \sqrt{\frac{\hbar}{2m\omega}}\frac{d}{dx} \quad (10.76)$$

10.9 一次元調和振動子

$$\hat{a}^\dagger = \sqrt{\frac{m\omega}{2\hbar}}x - \sqrt{\frac{\hbar}{2m\omega}}\frac{d}{dx} \tag{10.77}$$

$\hat{a}$ と $\hat{a}^\dagger$ の交換関係を調べてみると

$$[\hat{a}, \hat{a}^\dagger] = \hat{a}\hat{a}^\dagger - \hat{a}^\dagger\hat{a} = 1 \tag{10.78}$$

となることがわかる．またハミルトニアンは $\hat{a}$ と $\hat{a}^\dagger$ を使って表すと

$$H = \hbar\omega\left(\hat{a}^\dagger\hat{a} + \frac{1}{2}\right) \tag{10.79}$$

となる．基底状態の波動関数を $\psi_0(x)$ で表し，基底状態のエネルギーを E_0 とすると，ハミルトニアン中の運動エネルギー項は正の値をもち，また，ポテンシャルエネルギー項も常に正の値をもつので $E_0 \geq 0$ である．

基底状態の波動関数に微分演算子 $\hat{a}^\dagger$ を作用させた状態 $(\hat{a}^\dagger\psi_0(x))$ を考える．この状態にハミルトニアンを作用させて，交換関係 (10.78) を使うと

$$\begin{aligned}
H(\hat{a}^\dagger\psi_0(x)) &= \hbar\omega\left(\hat{a}^\dagger\hat{a} + \frac{1}{2}\right)(\hat{a}^\dagger\psi_0(x)) \\
&= \hbar\omega\hat{a}^\dagger\left(\hat{a}^\dagger\hat{a} + 1 + \frac{1}{2}\right)\psi_0(x) \\
&= \hat{a}^\dagger(E_0 + \hbar\omega)\psi_0(x) \\
&= (E_0 + \hbar\omega)(\hat{a}^\dagger\psi_0(x))
\end{aligned} \tag{10.80}$$

すなわち $(\hat{a}^\dagger\psi_0(x))$ はハミルトニアンの固有状態であり，その固有値は $E_0 + \hbar\omega$ である．同様にして，ハミルトニアンの固有状態を $\psi(x)$ とすると

$$H(\hat{a}^\dagger\psi(x)) = (E + \hbar\omega)(\hat{a}^\dagger\psi(x)) \tag{10.81}$$

$$H(\hat{a}\psi(x)) = (E - \hbar\omega)(\hat{a}\psi(x)) \tag{10.82}$$

を示すことができる．

基底状態のエネルギーは $E_0 \geq 0$ であり，それより低いエネルギーの状態はない．(10.82) より，演算子 $\hat{a}$ をハミルトニアンの固有状態に作用させると，固有値が $\hbar\omega$ だけ小さい状態を作る．それゆえ，この演算子を基底状態に作用さ

せると，もうそれ以上低いエネルギー固有状態は存在しないので

$$\hat{a}\psi_0(x) = 0 \tag{10.83}$$

となる．これより

$$H\psi_0(x) = \hbar\omega\left(\hat{a}^\dagger\hat{a} + \frac{1}{2}\right)\psi_0(x) = \frac{1}{2}\hbar\omega\psi_0(x) = E_0\psi_0(x) \tag{10.84}$$

となるので，基底状態のエネルギー固有値は

$$E_0 = \frac{1}{2}\hbar\omega \tag{10.85}$$

であることがわかる．

励起状態は，基底状態の波動関数 $\psi_0(x)$ に演算子 $\hat{a}^\dagger$ を作用させることにより作ることができる．規格化定数を N_n として，基底状態に $\hat{a}^\dagger$ を n 回作用させた状態を

$$\psi_n(x) = N_n(\hat{a}^\dagger)^n\psi_0(x) \tag{10.86}$$

とすると

$$H\psi_n(x) = E_n\psi_n(x), \quad E_n = \left(n + \frac{1}{2}\right)\hbar\omega \tag{10.87}$$

となる．規格化定数を N_n は

$$1 = \int_{-\infty}^{\infty} dx\,\psi_n^*(x)\psi_n(x) = \int_{-\infty}^{\infty} dx\,N_n^2\psi_0^*(x)(\hat{a})^n(\hat{a}^\dagger)^n\psi_0(x) \tag{10.88}$$

より決まる．(10.78) と (10.83) より $\hat{a}(\hat{a}^\dagger)^n\psi_0(x) = n(\hat{a}^\dagger)^{n-1}\psi_0(x)$ となることがわかるので，

$$\int_{-\infty}^{\infty} dx\,N_n^2\psi_0^*(x)(\hat{a})^n(\hat{a}^\dagger)^n\psi_0(x) = N_n^2 n!\int_{-\infty}^{\infty} dx\,\psi_0^*(x)\psi_0(x) = N_n^2 n! \tag{10.89}$$

すなわち

$$N_n = \frac{1}{\sqrt{n!}} \tag{10.90}$$

を得る．

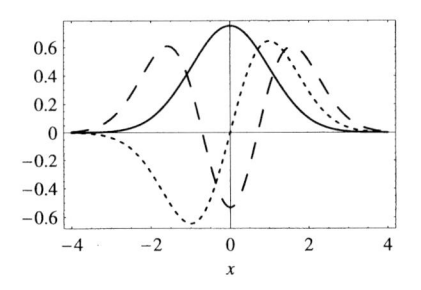

図 10.9 一次元調和振動子の波動関数. 実線は $n=0$, 点線は $n=1$, 破線は $n=2$ の場合を表す. ここでは $\alpha=1$ としている.

最後に基底状態の波動関数 $\psi_0(x)$ を求めよう. (10.83) より, $\psi_0(x)$ の満たすべき方程式は

$$\left(\sqrt{\frac{\hbar}{2m\omega}}\frac{d}{dx} + \sqrt{\frac{m\omega}{2\hbar}}x\right)\psi_0(x) = 0 \tag{10.91}$$

である. これを解いて

$$\psi_0(x) \propto \exp\left(-\frac{1}{2}\alpha^2 x^2\right), \quad \alpha \equiv \sqrt{\frac{m\omega}{\hbar}} \tag{10.92}$$

を得る.

$$\int_{-\infty}^{\infty} dx\, e^{-x^2} = \sqrt{\pi} \tag{10.93}$$

より, 規格化された基底状態の波動関数は

$$\psi_0(x) = \sqrt{\frac{\alpha}{\sqrt{\pi}}} \exp\left(-\frac{1}{2}\alpha^2 x^2\right) \tag{10.94}$$

となる. 図 10.9 に $n=0,1,2$ の場合の波動関数を示す. この図より, 基底状態からエネルギーの高い状態になるにつれて, 偶関数と奇関数が交互に現れ, また, 波動関数の節の数が一つずつ増えていることがわかる.

10.10　矩形の箱の中に完全に束縛された粒子の運動

話を三次元に拡張してみよう. いま, 粒子が次のようなポテンシャル $U(\boldsymbol{r})$ の中に完全に閉じこめられているとする.

$$U(\boldsymbol{r}) = \begin{cases} 0 & (0 \leq x \leq a, 0 \leq y \leq b, 0 \leq z \leq c) \\ \infty & (その他の領域) \end{cases} \quad (10.95)$$

シュレディンガー方程式は次のようになる.

$$\left[-\frac{\hbar^2}{2m}\nabla^2 + U(\boldsymbol{r})\right]\psi(x,y,z) = E\psi(x,y,z) \quad (10.96)$$

箱の壁で $\psi = 0$ という境界条件で解くと,箱の中では $U(\boldsymbol{r}) = 0$ なので変数分離できる.

$$\psi(x,y,z) = X(x)Y(y)Z(z) \quad (10.97)$$

と置き,これをシュレディンガー方程式に代入し,全体を $\psi = XYZ$ で割ると

$$\frac{1}{X}\frac{d^2X}{dx^2} + \frac{1}{Y}\frac{d^2Y}{dy^2} + \frac{1}{Z}\frac{d^2Z}{dz^2} = -\frac{2m}{\hbar^2}E \quad (10.98)$$

を得る.ここで,左辺第2項と3項を右辺に移項すると

$$\frac{1}{X}\frac{d^2X}{dx^2} = -\frac{2m}{\hbar^2}E - \frac{1}{Y}\frac{d^2Y}{dy^2} - \frac{1}{Z}\frac{d^2Z}{dz^2} \quad (10.99)$$

となる.左辺は x だけの関数,右辺は y,z だけの関数なので,これが常に成り立つためには,おのおのが定数でなければならない.その定数を $-\frac{2m}{\hbar^2}E_x$ とすると

$$-\frac{\hbar^2}{2m}\frac{d^2X(x)}{dx^2} = E_x X(x) \quad (10.100)$$

を得る.これは一次元のシュレディンガー方程式である.同様にして,

$$-\frac{\hbar^2}{2m}\frac{d^2Y(y)}{dy^2} = E_y Y(y), \quad -\frac{\hbar^2}{2m}\frac{d^2Z(z)}{dz^2} = E_z Z(z) \quad (10.101)$$

を得る.定義より明らかなように

$$E = E_x + E_y + E_z \quad (10.102)$$

である.この境界条件での,一次元のシュレディンガー方程式については10.7節で取り扱ったので,その結果を使うと,三次元の場合,次のような固有エネルギー E_{lmn} および固有関数 $\psi_{lmn}(x,y,z)$ が得られる.

$$E_{lmn} = \frac{\hbar^2}{2m}\left[\left(\frac{l\pi}{a}\right)^2 + \left(\frac{m\pi}{b}\right)^2 + \left(\frac{n\pi}{c}\right)^2\right] \quad (10.103)$$

$$\psi_{lmn}(x,y,z) = \sqrt{\frac{8}{abc}}\sin\left(\frac{l\pi x}{a}\right)\sin\left(\frac{m\pi y}{b}\right)\sin\left(\frac{n\pi z}{c}\right) \quad (10.104)$$

ここで，$l, m, n = 1, 2, 3, \cdots$ で固有状態は量子数の組 (l, m, n) を与えれば一意的に決まる．

この場合，基底状態は $l = m = n = 1$ のときである．次に，励起状態を考えてみよう．$a = b = c$ のときの第 1 励起状態を考えてみよう．このときの固有エネルギーは

$$E_{211} = E_{121} = E_{112} = \frac{\hbar^2}{2m}6\left(\frac{\pi}{a}\right)^2 \quad (10.105)$$

である．それに対して固有関数は次の 3 個が存在する．

$$\psi_{211}(x,y,z) = \sqrt{\frac{8}{a^3}}\sin\left(\frac{2\pi x}{a}\right)\sin\left(\frac{\pi y}{a}\right)\sin\left(\frac{\pi z}{a}\right) \quad (10.106)$$

$$\psi_{121}(x,y,z) = \sqrt{\frac{8}{a^3}}\sin\left(\frac{\pi x}{a}\right)\sin\left(\frac{2\pi y}{a}\right)\sin\left(\frac{\pi z}{a}\right) \quad (10.107)$$

$$\psi_{112}(x,y,z) = \sqrt{\frac{8}{a^3}}\sin\left(\frac{\pi x}{a}\right)\sin\left(\frac{\pi y}{a}\right)\sin\left(\frac{2\pi z}{a}\right) \quad (10.108)$$

このように同じ固有値をもつ独立な固有関数が m 個あるとき，その状態は m 重に**縮退**しているという．したがって，いまの例では第 1 励起状態は 3 重に縮退していることになる．

練習問題

1) 振動数 $\nu = 2.4 \times 10^{20}$ [Hz] の X 線が自由電子に衝突し $\phi = 90°$ 方向にコンプトン散乱した．散乱 X 線の振動数 ν' とはね飛ばされた電子の運動エネルギーを求めよ．
2) 位置と速度の測定精度を $\Delta r = 10^{-6}$ [m]，$\Delta v = 10^{-6}$ [m·s^{-1}] として，10^{-3} [kg] の物体の位置と運動量の不確定性について考えてみよ．
3) 電子と陽子の質量を [eV] で表せ．

11

量子力学－水素原子－

この章では，量子力学の最も成功した例の一つである水素原子のエネルギー準位の計算を学ぶ．前の章では1次元系を取り扱ってきたが，この章では，現実的な3次元の系を考える．クーロン力のような中心力が働いている場合は，角運動量が保存するので，量子力学における角運動量の取扱いを最初に学ぶ．その後，水素原子の系を解く．多少式が多くなっているが，初等関数の微積の知識だけで，ここで示した式はすべて導けるよう配慮されている．

11.1 量子力学における角運動量

粒子が中心力ポテンシャル中を運動している場合，量子力学においても古典力学と同様に，**角運動量が保存される**．この節では，量子力学における角運動量の扱いを学ぶ．角運動量は，原子や原子核の構造を理解するうえで，非常に重要である．

11.1.1 極座標によるシュレディンガー方程式

質量 m の粒子一つが中心力ポテンシャル $V(r)$ のなかにあるときを考える．シュレディンガー方程式は

$$\left[-\frac{\hbar^2}{2m}\nabla^2 + V(r)\right]\psi_E(\boldsymbol{r}) = E\psi_E(\boldsymbol{r}) \tag{11.1}$$

で与えられる．ここで ∇^2 は

$$\nabla^2 = \frac{\partial^2}{\partial x^2} + \frac{\partial^2}{\partial y^2} + \frac{\partial^2}{\partial z^2} \tag{11.2}$$

である．ポテンシャルが r だけの関数の場合，シュレディンガー方程式は極座標を使って解くと便利である．直角座標と極座標との関係は

$$x = r\sin\theta\cos\phi, \quad y = r\sin\theta\sin\phi, \quad z = r\cos\theta \tag{11.3}$$

および

$$r = \sqrt{x^2+y^2+z^2}, \quad \theta = \tan^{-1}\frac{\sqrt{x^2+y^2}}{z}, \quad \phi = \tan^{-1}\frac{y}{x} \tag{11.4}$$

で与えられる．直角座標の偏微分は極座標では

$$\begin{cases} \dfrac{\partial}{\partial x} = \dfrac{\partial r}{\partial x}\dfrac{\partial}{\partial r} + \dfrac{\partial \theta}{\partial x}\dfrac{\partial}{\partial \theta} + \dfrac{\partial \phi}{\partial x}\dfrac{\partial}{\partial \phi}, \\[6pt] \dfrac{\partial}{\partial y} = \dfrac{\partial r}{\partial y}\dfrac{\partial}{\partial r} + \dfrac{\partial \theta}{\partial y}\dfrac{\partial}{\partial \theta} + \dfrac{\partial \phi}{\partial y}\dfrac{\partial}{\partial \phi}, \\[6pt] \dfrac{\partial}{\partial z} = \dfrac{\partial r}{\partial z}\dfrac{\partial}{\partial r} + \dfrac{\partial \theta}{\partial z}\dfrac{\partial}{\partial \theta} + \dfrac{\partial \phi}{\partial z}\dfrac{\partial}{\partial \phi} \end{cases} \tag{11.5}$$

と表される．$r^2 = x^2 + y^2 + z^2$ を x で偏微分すると

$$2r\frac{\partial r}{\partial x} = 2x \tag{11.6}$$

となるので，これより

$$\frac{\partial r}{\partial x} = \frac{x}{r} = \sin\theta\cos\phi \tag{11.7}$$

を得る．同様にして

$$\frac{\partial r}{\partial y} = \frac{y}{r} = \sin\theta\sin\phi, \quad \frac{\partial r}{\partial z} = \frac{z}{r} = \cos\theta \tag{11.8}$$

を得る．次に $\tan^2\theta = (x^2+y^2)/z^2$ を x, y, z で偏微分すると

$$\frac{2\sin\theta}{\cos^3\theta}\frac{\partial\theta}{\partial x} = \frac{2x}{z^2}, \quad \frac{2\sin\theta}{\cos^3\theta}\frac{\partial\theta}{\partial y} = \frac{2y}{z^2}, \quad \frac{2\sin\theta}{\cos^3\theta}\frac{\partial\theta}{\partial z} = -2\frac{x^2+y^2}{z^3} \tag{11.9}$$

となるので，これより

$$\frac{\partial\theta}{\partial x} = \frac{1}{r}\cos\theta\cos\phi, \quad \frac{\partial\theta}{\partial y} = \frac{1}{r}\cos\theta\sin\phi, \quad \frac{\partial\theta}{\partial z} = -\frac{1}{r}\sin\theta \tag{11.10}$$

を得る．また $\tan\phi = y/x$ を x, y, z で偏微分すると

11. 量子力学－水素原子－

$$\frac{1}{\cos^2\phi}\frac{\partial\phi}{\partial x}=-\frac{y}{x^2},\quad \frac{1}{\cos^2\phi}\frac{\partial\phi}{\partial y}=\frac{1}{x},\quad \frac{1}{\cos^2\phi}\frac{\partial\phi}{\partial z}=0 \qquad(11.11)$$

となるので，これより

$$\frac{\partial\phi}{\partial x}=\frac{-\sin\phi}{r\sin\theta},\quad \frac{\partial\phi}{\partial y}=\frac{\cos\phi}{r\sin\theta},\quad \frac{\partial\phi}{\partial z}=0 \qquad(11.12)$$

を得る．これらを (11.5) へ代入すると

$$\begin{cases}\dfrac{\partial}{\partial x}=\sin\theta\cos\phi\dfrac{\partial}{\partial r}+\dfrac{\cos\theta\cos\phi}{r}\dfrac{\partial}{\partial\theta}-\dfrac{\sin\phi}{r\sin\theta}\dfrac{\partial}{\partial\phi},\\[4pt]\dfrac{\partial}{\partial y}=\sin\theta\sin\phi\dfrac{\partial}{\partial r}+\dfrac{\cos\theta\sin\phi}{r}\dfrac{\partial}{\partial\theta}+\dfrac{\cos\phi}{r\sin\theta}\dfrac{\partial}{\partial\phi},\\[4pt]\dfrac{\partial}{\partial z}=\cos\theta\dfrac{\partial}{\partial r}-\dfrac{\sin\theta}{r}\dfrac{\partial}{\partial\theta}\end{cases} \qquad(11.13)$$

を得る．(11.13) を (11.2) に代入して整理すると

$$\nabla^2=\frac{1}{r^2}\frac{\partial}{\partial r}\left(r^2\frac{\partial}{\partial r}\right)+\frac{1}{r^2\sin\theta}\frac{\partial}{\partial\theta}\left(\sin\theta\frac{\partial}{\partial\theta}\right)+\frac{1}{r^2\sin^2\theta}\frac{\partial^2}{\partial\phi^2} \qquad(11.14)$$

となり，また，シュレディンガー方程式 (11.1) は極座標で書くと

$$\left[-\frac{\hbar^2}{2m}\left\{\frac{1}{r^2}\frac{\partial}{\partial r}\left(r^2\frac{\partial}{\partial r}\right)+\frac{1}{r^2\sin\theta}\frac{\partial}{\partial\theta}\left(\sin\theta\frac{\partial}{\partial\theta}\right)+\frac{1}{r^2\sin^2\theta}\frac{\partial^2}{\partial\phi^2}\right\}\right.$$
$$\left.+V(r)\right]\psi_E(r,\theta,\phi)=E\psi_E(r,\theta,\phi) \qquad(11.15)$$

となる．

11.1.2 軌道角運動量演算子

軌道角運動量演算子 $\hat{l}=\hat{r}\times\hat{p}$ の各成分のシュレディンガー表現

$$\hat{l}_x=\frac{\hbar}{i}\left(y\frac{\partial}{\partial z}-z\frac{\partial}{\partial y}\right),\ \hat{l}_y=\frac{\hbar}{i}\left(z\frac{\partial}{\partial x}-x\frac{\partial}{\partial z}\right),\ \hat{l}_z=\frac{\hbar}{i}\left(x\frac{\partial}{\partial y}-y\frac{\partial}{\partial x}\right) \qquad(11.16)$$

に (11.13) を代入して，極座標で表すと

$$\hat{l}_x=i\hbar\left(\sin\phi\frac{\partial}{\partial\theta}+\cot\theta\cos\phi\frac{\partial}{\partial\phi}\right),$$

$$\hat{l}_y = i\hbar \left(-\cos\phi \frac{\partial}{\partial \theta} + \cot\theta \sin\phi \frac{\partial}{\partial \phi} \right), \tag{11.17}$$

$$\hat{l}_z = -i\hbar \frac{\partial}{\partial \phi}$$

となる. $\hat{l}_x$, $\hat{l}_y$, $\hat{l}_z$ は互いに交換しない. 交換関係は簡単に計算できて,

$$[\hat{l}_x, \hat{l}_y] = i\hbar \hat{l}_z, \quad [\hat{l}_y, \hat{l}_z] = i\hbar \hat{l}_x, \quad [\hat{l}_z, \hat{l}_x] = i\hbar \hat{l}_y \tag{11.18}$$

となる. 軌道角運動量の大きさ (の二乗) を表す演算子 $\hat{l}^2 \equiv \hat{l}_x^2 + \hat{l}_y^2 + \hat{l}_z^2$ を考える. 積の交換子に対して, 一般に $[AB, C] = A[B,C] + [A,C]B$ が成り立つので, これと (11.18) を使うと

$$[\hat{l}^2, \hat{l}_x] = [\hat{l}^2, \hat{l}_y] = [\hat{l}^2, \hat{l}_z] = 0 \tag{11.19}$$

がすぐに示せる. (11.17) より $\hat{l}^2$ は極座標では

$$\hat{l}^2 = -\hbar^2 \left[\frac{1}{\sin\theta} \frac{\partial}{\partial \theta} \left(\sin\theta \frac{\partial}{\partial \theta} \right) + \frac{1}{\sin^2\theta} \frac{\partial^2}{\partial \phi^2} \right] \tag{11.20}$$

と表される. (11.15) と (11.20) を見比べるとわかるように, シュレディンガー方程式の θ, ϕ 微分の項は $\hat{l}^2$ と同じであるので,

$$\left[\frac{-\hbar^2}{2m} \frac{1}{r^2} \frac{\partial}{\partial r} \left(r^2 \frac{\partial}{\partial r} \right) + \frac{\hat{l}^2(\theta, \phi)}{2mr^2} + V(r) \right] \psi_E(r, \theta, \phi) = E\psi_E(r, \theta, \phi) \tag{11.21}$$

と書くことができる. この式および (11.17) より明らかなように

$$[\hat{H}, \hat{l}^2] = [\hat{H}, \hat{l}_z] = 0 \tag{11.22}$$

となっている. すなわち, 中心力ポテンシャル中を運動する粒子に対しては, エネルギー, 軌道角運動量の大きさ, 軌道角運動量の z 成分を同時に決定することができる.

11.1.3 　一般化された角運動量演算子

軌道角運動量演算子を一般化し, 交換関係

$$[\hat{j}_x, \hat{j}_y] = i\hbar \hat{j}_z, \quad [\hat{j}_y, \hat{j}_z] = i\hbar \hat{j}_x, \quad [\hat{j}_z, \hat{j}_x] = i\hbar \hat{j}_y \tag{11.23}$$

で一般化された**角運動量演算子**を定義する．ここで二つの新しい演算子 $\hat{j}_+ \equiv \hat{j}_x + i\hat{j}_y$ と $\hat{j}_- \equiv \hat{j}_x - i\hat{j}_y$ を定義する．$\hat{j}_+$, $\hat{j}_-$ および $\hat{j}_z$ の間の交換関係を調べてみると

$$\left[\hat{j}_z, \hat{j}_+\right] = \hbar \hat{j}_+ \tag{11.24}$$

$$\left[\hat{j}_z, \hat{j}_-\right] = -\hbar \hat{j}_- \tag{11.25}$$

$$\left[\hat{j}_+, \hat{j}_-\right] = 2\hbar \hat{j}_z \tag{11.26}$$

となっていることがわかる．角運動量の大きさ（の二乗）$\hat{j}^2 \equiv \hat{j}_x^2 + \hat{j}_y^2 + \hat{j}_z^2$ と角運動量の z 成分 $\hat{j}_z$ は交換するので，この二つの演算子の同時固有状態を考えることができる．$\hat{j}^2$ および $\hat{j}_z$ の固有値がそれぞれ $\hbar^2 l$, $\hbar m$ である状態ベクトルを $|l, m\rangle$ で表すと，固有値方程式は

$$\hat{j}^2 |l, m\rangle = \hbar^2 l |l, m\rangle \tag{11.27}$$

$$\hat{j}_z |l, m\rangle = \hbar m |l, m\rangle \tag{11.28}$$

と表される．(11.24) より

$$\hat{j}_z \hat{j}_+ |l, m\rangle = \hat{j}_+ \left(\hat{j}_z + \hbar\right) |l, m\rangle = \hbar(m+1)\hat{j}_+ |l, m\rangle \tag{11.29}$$

を得る．また，$\hat{j}^2$ と $\hat{j}_+$ は可換なので

$$\hat{j}^2 \hat{j}_+ |l, m\rangle = \hat{j}_+ \hat{j}^2 |l, m\rangle = \hbar^2 l \hat{j}_+ |l, m\rangle \tag{11.30}$$

となる．これは $\hat{j}_+ |l, m\rangle$ が $|l, m+1\rangle$ に比例していることを意味するので，比例定数を $\hbar N_{lm}^+$ とすると

$$\hat{j}_+ |l, m\rangle = \hbar N_{lm}^+ |l, m+1\rangle \tag{11.31}$$

と表される．これは，$\hat{j}_+$ を $\hat{j}^2$, $\hat{j}_z$ の同時固有状態に作用させると，$\hat{j}_z$ の固有値が $\hbar$ だけ増えることを表している．角運動量の大きさの固有値が $\hbar^2 l$ の状態に対しては，その z 成分の固有値 $\hbar m$ は物理的に考えて，$m^2 \le l$ となってい

るので、l が与えられた状態に対して、m の最大値が存在しなくてはならない。この最大値を $m_{\max}(l)$ と表すことにする。その状態に対して $\hat{j}_+$ を作用させても、もうそれ以上大きな m は取れないのだから

$$\hat{j}_+ |l, m_{\max}(l)\rangle = 0 \tag{11.32}$$

という条件を満たさなければならない。同様に、(11.25) より

$$\hat{j}_- |l, m\rangle = \hbar N_{lm}^- |l, m-1\rangle \tag{11.33}$$

を得る。l が与えられた状態に対して、m の最小値が存在しなくてはならず、その値を $m_{\min}(l)$ とすると、この状態に対して次の条件を満たさなければならない。

$$\hat{j}_- |l, m_{\min}(l)\rangle = 0 \tag{11.34}$$

状態 $|l, m_{\max}(l)\rangle$ に $\hat{j}^2 = \hat{j}_-\hat{j}_+ + \hat{j}_z^2 + \hbar\hat{j}_z$ を作用させると、(11.32) より第一項は寄与しないので

$$l = m_{\max}^2 + m_{\max} \tag{11.35}$$

を得る。同様に、状態 $|l, m_{\min}(l)\rangle$ に $\hat{j}^2 = \hat{j}_+\hat{j}_- + \hat{j}_z^2 - \hbar\hat{j}_z$ を作用させると

$$l = m_{\min}^2 - m_{\min} \tag{11.36}$$

を得る。これら、二つの関係式より、$m_{\min} = -m_{\max}$ となることがわかる。m の最大値と最小値の差は正の整数だから、これを $2j$ とすると

$$m_{\max} - m_{\min} = 2m_{\max} = 2j \quad (j = 0, \frac{1}{2}, 1, \frac{3}{2}, \ldots) \tag{11.37}$$

である。すなわち

$$-j \leq m \leq j, \quad l = j(j+1) \quad (j = 0, \frac{1}{2}, 1, \frac{3}{2}, \ldots) \tag{11.38}$$

今後は、状態を $|l, m\rangle$ と表す代わりに $|j, m\rangle$ と表すことにする。以上をまとめると

$$\hat{j}^2 |j, m\rangle = \hbar^2 j(j+1)|j, m\rangle \tag{11.39}$$

$$\hat{j}_z|j,m\rangle = \hbar m|j,m\rangle \tag{11.40}$$

となる．古典力学との単純な類推とは異なっており，$\hat{j}^2$ の固有値が j^2 とならず $j(j+1)$ となっている．最後に，比例定数 N_{jm}^+ と N_{jm}^- を求めておく．(11.31) より

$$\begin{aligned}\hbar^2 {N_{jm}^+}^2 &= \langle jm|\hat{j}_-\hat{j}_+|j,m\rangle = \langle jm|\hat{j}^2 - \hat{j}_z^2 - \hbar\hat{j}_z|j,m\rangle \\ &= \hbar^2\{j(j+1) - m^2 - m\}\end{aligned} \tag{11.41}$$

よって

$$\begin{aligned}N_{jm}^+ &= \sqrt{j(j+1) - m(m+1)} \\ &= \sqrt{(j-m)(j+m+1)}\end{aligned} \tag{11.42}$$

となる．同様にして (11.33) より

$$\begin{aligned}N_{jm}^- &= \sqrt{j(j+1) - m(m-1)} \\ &= \sqrt{(j+m)(j-m+1)}\end{aligned} \tag{11.43}$$

を得る．すなわち，

$$\hat{j}_+|j,m\rangle = \hbar\sqrt{(j-m)(j+m+1)}|j,m+1\rangle \tag{11.44}$$
$$\hat{j}_-|j,m\rangle = \hbar\sqrt{(j+m)(j-m+1)}|j,m-1\rangle \tag{11.45}$$

となる．

11.1.4 ルジャンドルの多項式

この項では，今後の議論で必要となる Legendre（ルジャンドル）の多項式について解説する．まず，原点 O を中心として半径 1 の球面を考える．この球面と z 軸との交点を A とする．原点 O から距離 r の球面内の点を P とする．OA と OP のなす角を θ とすると，点 A から点 P までの距離 $\overline{\mathrm{AP}}$ の逆数 g は

$$g = \frac{1}{\mathrm{AP}} = \frac{1}{\sqrt{1 - 2r\cos\theta + r^2}} = \frac{1}{\sqrt{1 - 2rz + r^2}}, \quad z = \cos\theta \tag{11.46}$$

である．これを，原点の周りで r に関して展開すると

$$g = 1 - \frac{1}{2}\left(-2zr + r^2\right) + \frac{3}{8}\left(-2zr + r^2\right)^2 + \ldots, \tag{11.47}$$

となる．この級数は $r < 1$ で収束する．この展開をみるとわかるように，r^l の係数は z について l 次の多項式となっている．この多項式を **Legendre の多項式**と呼び，$P_l(z)$ と表す．すなわち

$$\frac{1}{\sqrt{1 - 2rz + r^2}} = \sum_{l=0}^{\infty} P_l(z) r^l, \quad -1 \leq z \leq 1, \quad r < 1 \tag{11.48}$$

である．

(11.48) の対数をとって r で微分すると

$$\frac{z - r}{1 - 2rz + r^2} = \frac{\sum l P_l(z) r^{l-1}}{\sum P_l(z) r^l} \tag{11.49}$$

となるので，この分母を払って

$$(z - r) \sum P_l(z) r^l = (1 - 2rz + r^2) \sum l P_l(z) r^{l-1} \tag{11.50}$$

を得る．r^l の項の係数を比較して，次の漸化式

$$(l+1) P_{l+1}(z) - (2l+1) z P_l(z) + l P_{l-1}(z) = 0, \quad l > 0 \tag{11.51}$$

を得る．(11.47) より $P_0(z) = 1$, $P_1(z) = z$ であることがわかるので，$l \geq 2$ の $P_l(z)$ は漸化式より求めることができる．一般的な性質としてすぐにわかることは，Legendre の多項式の定義 (11.48) より明らかなように，

$$P_l(z = 1) = 1, \quad P_l(z = -1) = (-1)^l \tag{11.52}$$

である．

次に，Legendre の多項式が満たすべき微分方程式を求める．(11.48) の対数をとって z で微分し整理すると

$$r \sum P_l(z) r^l = (1 - 2rz + r^2) \sum \frac{dP_l(z)}{dz} r^l \tag{11.53}$$

となる．この式の r^{l+1} の係数を比較して

$$P_l(z) - \frac{dP_{l-1}(z)}{dz} + 2z\frac{dP_l(z)}{dz} - \frac{dP_{l+1}(z)}{dz} = 0 \tag{11.54}$$

を得る．Legendre 多項式の漸化式 (11.51) の 2 倍を z で微分した式に $(11.54)\times(2l+1)$ を加えると

$$(2l+1)P_l(z) = \frac{d}{dz}(P_{l+1}(z) - P_{l-1}(z)) \tag{11.55}$$

という微分漸化式が得られる．(11.51) を z で微分した式に (11.55) の dP_{l-1}/dz を代入すると

$$\frac{dP_{l+1}(z)}{dz} = (l+1)P_l(z) + z\frac{dP_l(z)}{dz} \tag{11.56}$$

となる．(11.55) の dP_{l+1}/dz を代入すると

$$\frac{dP_{l-1}(z)}{dz} = -lP_l(z) + z\frac{dP_l(z)}{dz} \tag{11.57}$$

(11.56) の l を $l-1$ とした式に (11.57) の dP_{l-1}/dz を代入して

$$(1-z^2)\frac{dP_l(z)}{dz} = l(P_{l-1}(z) - zP_l(z)) \tag{11.58}$$

を得る．最後に，この式を z で微分して，(11.57) の dP_{l-1}/dz を代入すると

$$\frac{d}{dz}\left[(1-z^2)\frac{dP_l(z)}{dz}\right] + l(l+1)P_l(z) = 0 \tag{11.59}$$

を得る．これが Legendre の微分方程式である．すなわち Legendre の多項式は Legendre の微分方程式の $-1 \leq z \leq 1$ での有限な解となっている．図 11.1 に $l = 1,\cdots,4$ の場合の Legendre 多項式のグラフを示す．零点の数は l に等しいことがわかる．

次に Legendre 多項式の直交性を示す．Legendre の微分方程式 (11.59) に $P_m(z)$ をかけて -1 から 1 の区間で積分すると

$$\int_{-1}^{1} P_m(z)\frac{d}{dz}\left[(1-z^2)\frac{dP_l(z)}{dz}\right]dz + l(l+1)\int_{-1}^{1} P_m(z)P_l(z)dz = 0 \tag{11.60}$$

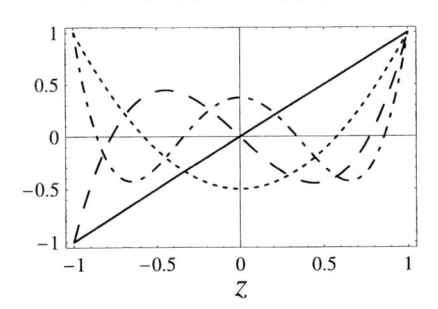

図 11.1 Legendre の多項式 $P_l(z)$. 実線は $l=1$, 点線は $l=2$, 破線は $l=3$, 一点破線は $l=4$ を表す.

を得る.ここで第一項は部分積分すると

$$-\int_{-1}^{1}(1-z^2)\frac{dP_m(z)}{dz}\frac{dP_l(z)}{dz}dz \tag{11.61}$$

となるので,これを代入して

$$-\int_{-1}^{1}(1-z^2)\frac{dP_m(z)}{dz}\frac{dP_l(z)}{dz}dz + l(l+1)\int_{-1}^{1}P_m(z)P_l(z)dz = 0 \tag{11.62}$$

となる.l と m を入れ替えた式をこの式から引くと,第一項は l と m の入れ替えに対して対称なので消えて,

$$[l(l+1)-m(m+1)]\int_{-1}^{1}P_m(z)P_l(z)dz \tag{11.63}$$

$$=(l-m)(l+m+1)\int_{-1}^{1}P_l(z)P_m(z)dz = 0 \tag{11.64}$$

となるので,$l \neq m$ ならば

$$\int_{-1}^{1}P_l(z)P_m(z)dz = 0 \tag{11.65}$$

となる.$l=m$ の場合を計算しよう.(11.48) の両辺を二乗すると

$$\frac{1}{1-2rz+r^2} = \left[\sum_{l=0}^{\infty}P_l(z)r^l\right]\left[\sum_{m=0}^{\infty}P_m(z)r^m\right] \tag{11.66}$$

となる．この式を z で -1 から 1 までの区間積分すると，(11.65) を使って

$$\frac{1}{r}\log\frac{1+r}{1-r} = \sum_{l=0}^{\infty} r^{2l} \int_{-1}^{1} [P_l(z)]^2 dz \qquad (11.67)$$

となる．

$$\frac{1}{r}\log\frac{1+r}{1-r} = 2\sum_{n=0}^{\infty}\frac{r^{2n}}{2n+1} \qquad (11.68)$$

であるので，r^{2l} の係数を比べて

$$\int_{-1}^{1} [P_l(z)]^2 dz = \frac{2}{2l+1} \qquad (11.69)$$

を得る．

11.1.5　ルジャンドルの陪関数

本項では，Legendre の陪関数と呼ばれる関数について説明する．**Legendre の陪関数**は Legendre の多項式を用いて，以下のように定義される．

$$P_l^m(z) = (1-z^2)^{\frac{m}{2}}\frac{d^m P_l(z)}{dz^m} \qquad (11.70)$$

これより，$0 \leq m \leq l$ および $P_l^{m=0}(z) = P_l(z)$ であることがわかる．Legendre の陪関数が満たす微分方程式を求めよう．Legendre の微分方程式 (11.59) を z で m 回微分して，$d^m P_l(z)/dz^m = f(z)$ とおくと

$$(1-z^2)\frac{d^2 f(z)}{dz^2} - 2(m+1)z\frac{df(z)}{dz} + [l(l+1) - m(m+1)]f(z) = 0 \quad (11.71)$$

を得る．この式に $f(z) = (1-z^2)^{-m/2}P_l^m(z)$ を代入して整理すると

$$\frac{d}{dz}\left[(1-z^2)\frac{d}{dz}\right]P_l^m(z) + \left[l(l+1) - \frac{m^2}{1-z^2}\right]P_l^m(z) = 0 \qquad (11.72)$$

となる．これが Legendre の陪関数の満たすべき微分方程式である．すなわち，Legendre の陪関数はこの微分方程式の $-1 \leq z \leq 1$ で有限な解である．

　Legendre の陪関数の直交性は，Legendre の多項式の場合と同様にして示すことができ，

$$\int_{-1}^{1} P_l^m(z) P_{l'}^m(z) dz = 0, \qquad l \neq l' \tag{11.73}$$

である．次に $l = l'$ の場合を考えてみる．(11.70) を z で微分して $(1-z^2)^{1/2}$ をかけると

$$P_l^{m+1}(z) = (1-z^2)^{\frac{1}{2}} \frac{dP_l^m(z)}{dz} + mz(1-z^2)^{\frac{1}{2}} P_l^m(z) \tag{11.74}$$

を得る．これを二乗したものを -1 から 1 まで z で積分する．右辺を部分積分等を行って整理すると

$$\int_{-1}^{1} \left[P_l^{m+1}(z) \right]^2 dz = (l-m)(l+m+1) \int_{-1}^{1} \left[P_l^m(z) \right]^2 dz \tag{11.75}$$

となる．よって

$$\begin{aligned} \int_{-1}^{1} \left[P_l^m(z) \right]^2 dz &= \frac{(l+m)!}{(l-m)!} \int_{-1}^{1} \left[P_l(z) \right]^2 dz \\ &= \frac{2}{2l+1} \frac{(l+m)!}{(l-m)!} \end{aligned} \tag{11.76}$$

を得る．

11.1.6 球面調和関数

この項では，前項の結果を用いて，軌道角運動量の大きさとその z 成分の同時固有状態を求める．簡単のために，$\hat{l}_i = \hbar L_i$ で演算子 L_i を定義する．出発点となる固有値方程式は

$$\boldsymbol{L}^2 Y_{lm}(\theta, \phi) = l(l+1) Y_{lm}(\theta, \phi) \tag{11.77}$$

$$L_z Y_{lm}(\theta, \phi) = m Y_{lm}(\theta, \phi) \tag{11.78}$$

である．この固有関数 $Y_{lm}(\theta, \phi)$ を**球面調和関数**と呼ぶ．今後の準備のために $L_{\pm} \equiv L_x \pm i L_y$ の極座標での表現を求めると，(11.17) よりすぐに

$$L_{\pm} = e^{\pm i\phi} \left(\pm \frac{\partial}{\partial \theta} + i \cot \theta \frac{\partial}{\partial \phi} \right) \tag{11.79}$$

を得る．まずは，(11.78) から考える．$L_z = -i \partial/\partial \phi$ より

$$\frac{\partial}{\partial \phi} Y_{lm}(\theta, \phi) = im Y_{lm}(\theta, \phi) \tag{11.80}$$

これは，球面調和関数の ϕ 依存性が $e^{im\phi}$ によって与えられることを示している．そこで規格化まで考えて，

$$Y_{lm}(\theta, \phi) = \Theta_{lm}(\theta) \frac{1}{\sqrt{2\pi}} e^{im\phi} \tag{11.81}$$

とおく．波動関数の境界条件 $Y_{lm}(\theta, \phi) = Y_{lm}(\theta, \phi + 2\pi)$ より m は整数でなければならない．(11.81) を (11.77) に代入して

$$\frac{1}{\sin\theta} \frac{d}{d\theta} \left[\sin\theta \frac{d}{d\theta} \right] \Theta_{lm}(\theta) + \left[l(l+1) - \frac{m^2}{\sin^2\theta} \right] \Theta_{lm}(\theta) = 0 \tag{11.82}$$

を得る．$z = \cos\theta$ と変数変換するとこの微分方程式は，Legendre の陪関数の微分方程式 (11.72) と一致することがわかる．すなわち

$$\Theta_{lm}(\theta) \propto P_l^m(\cos\theta) \tag{11.83}$$

である．そこで $m = 0$ のとき，(11.69) より規格化を考慮して，また位相因子まで含めて，

$$\Theta_{l0}(\theta) = \sqrt{2\pi} Y_{l0}(\theta, \phi) = \sqrt{\frac{2l+1}{2}} P_l(\cos\theta) \tag{11.84}$$

とする．$m > 0$ に対しては，$|l, 0\rangle$ に L_+ を m 回作用させて作る．(11.44) より

$$|l, m\rangle = \sqrt{\frac{(l-m)!}{(l+m)!}} [L_+]^m |l, 0\rangle \tag{11.85}$$

である．今，θ の任意関数 $f(\theta)$ に $e^{i\mu\phi}$ をかけたものに L_+ を作用させると

$$\begin{aligned}
L_+ e^{i\mu\phi} f(\theta) &= e^{i\phi} \left(\frac{\partial}{\partial \theta} + i \cot\theta \frac{\partial}{\partial \phi} \right) e^{i\mu\phi} f(\theta) \\
&= e^{i(\mu+1)\phi} \left(\frac{d}{d\theta} - \mu \cot\theta \right) f(\theta) \\
&= e^{i(\mu+1)\phi} \sin^\mu\theta \frac{d}{d\theta} \left[\sin^{-\mu}\theta f(\theta) \right]
\end{aligned}$$

$$= (-)e^{i(\mu+1)\phi} \sin^{\mu+1}\theta \frac{d}{d\cos\theta} \left[\sin^{-\mu}\theta f(\theta)\right] \quad (11.86)$$

となる. これより, L_+ を k 回作用させた場合

$$[L_+]^k e^{i\mu\phi} f(\theta) = (-)^k e^{i(\mu+k)\phi} (\sin\theta)^{\mu+k} \frac{d^k}{d(\cos\theta)^k} \left[(\sin\theta)^{-\mu} f(\theta)\right] \quad (11.87)$$

となることがわかる. よって $m > 0$ に対して

$$\begin{aligned}
Y_{lm}(\theta,\phi) &= \sqrt{\frac{(l-m)!}{(l+m)!}} [L_+]^m \sqrt{\frac{2l+1}{4\pi}} P_l(\cos\theta) \\
&= \sqrt{\frac{(l-m)!}{(l+m)!}} \sqrt{\frac{2l+1}{4\pi}} (-)^m e^{im\phi} (\sin\theta)^m \frac{d^m}{d(\cos\theta)^m} P_l(\cos\theta) \\
&= (-)^m \sqrt{\frac{(l-m)!}{(l+m)!}} \sqrt{\frac{2l+1}{4\pi}} e^{im\phi} P_l^m(\cos\theta) \quad (11.88)
\end{aligned}$$

を得る. 同様にして, $m > 0$ に対して $|l,-m\rangle$ の状態を求めよう. (11.45) より

$$|l,-m\rangle = \sqrt{\frac{(l-m)!}{(l+m)!}} [L_-]^m |l,0\rangle \quad (11.89)$$

である. また

$$L_- e^{i\mu\phi} f(\theta) = e^{i(\mu-1)\phi} \sin^{1-\mu}\theta \frac{d}{d\cos\theta} \left[\sin^{\mu}\theta f(\theta)\right] \quad (11.90)$$

より

$$[L_-]^k e^{i\mu\phi} f(\theta) = e^{i(\mu-k)\phi} (\sin\theta)^{k-\mu} \frac{d^k}{d(\cos\theta)^k} \left[(\sin\theta)^\mu f(\theta)\right] \quad (11.91)$$

となるので, これより

$$\begin{aligned}
Y_{l-m}(\theta,\phi) &= \sqrt{\frac{(l-m)!}{(l+m)!}} [L_-]^m \sqrt{\frac{2l+1}{4\pi}} P_l(\cos\theta) \\
&= \sqrt{\frac{(l-m)!}{(l+m)!}} \sqrt{\frac{2l+1}{4\pi}} e^{-im\phi} (\sin\theta)^m \frac{d^m}{d(\cos\theta)^m} P_l(\cos\theta)
\end{aligned}$$

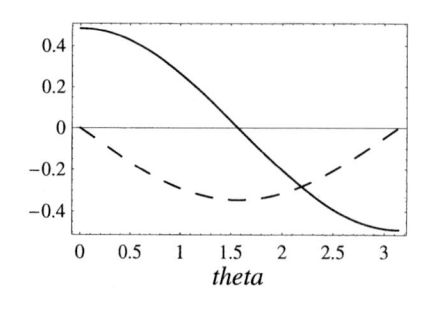

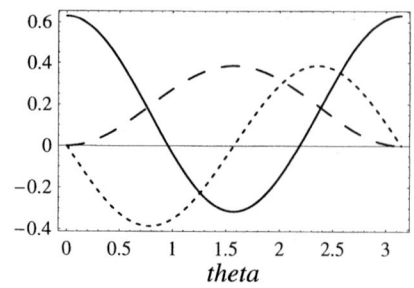

図 11.2 球面調和関数 $Y_{lm}(\theta,\phi)$, $(l=1)$. 実線は $Y_{l=1,m=0}(\theta,\phi=0)$ を, 破線は $Y_{l=1,m=1}(\theta,\phi=0)$ を表す.

図 11.3 球面調和関数 $Y_{lm}(\theta,\phi)$, $(l=2)$. 実線は $Y_{l=2,m=0}(\theta,\phi=0)$ を, 点線は $Y_{l=2,m=1}(\theta,\phi=0)$ を, 破線は $Y_{l=2,m=2}(\theta,\phi=0)$ を表す.

$$= \sqrt{\frac{(l-m)!}{(l+m)!}}\sqrt{\frac{2l+1}{4\pi}} \mathrm{e}^{-im\phi} P_l^m(\cos\theta) \tag{11.92}$$

を得る. (11.88) と (11.92) をまとめて表すと, $-l \leq m \leq l$ に対して

$$Y_{lm}(\theta,\phi) = (-)^{\frac{m+|m|}{2}} \sqrt{\frac{2l+1}{4\pi}} \sqrt{\frac{(l-|m|)!}{(l+|m|)!}} P_l^{|m|}(\cos\theta)\,\mathrm{e}^{im\phi} \tag{11.93}$$

となる. 規格化は

$$\int Y_{lm}^*(\theta,\phi) Y_{l'm'}(\theta,\phi) \sin\theta d\theta d\phi = \delta_{ll'}\delta_{mm'} \tag{11.94}$$

で表される. また, (11.88) と (11.92) より明らかなように, 球面調和関数の複素共役は

$$Y_{lm}(\theta,\phi)^* = (-)^m Y_{l-m}(\theta,\phi) \tag{11.95}$$

である. 図 11.2 に $l=1$ の場合, 図 11.3 に $l=2$ の場合の球面調和関数を示す.

11.2 水素原子

この節では, 極座標表示されたシュレディンガー方程式を解いて, 水素原子中の原子核である陽子と電子間の相対運動の波動関数を規格化因子まで含めて

求める.また,相対運動のエネルギー準位を求める.

11.2.1 水素原子のシュレディンガー方程式

電子の座標を (x_1, y_1, z_1),質量を m とし,陽子の座標を (x_2, y_2, z_2),質量を M とすると,水素原子のシュレディンガー方程式は

$$\left[-\frac{\hbar^2}{2m}\nabla_1^2 - \frac{\hbar^2}{2M}\nabla_2^2 - \frac{1}{4\pi\varepsilon_0}\frac{e^2}{r}\right]\Psi = E_t\Psi \tag{11.96}$$

で表される.ここで $r = \sqrt{(x_1-x_2)^2 + (y_1-y_2)^2 + (z_1-z_2)^2}$,また $-e$ は電子の電荷,ε_0 は真空の誘電率である.古典力学の場合と同様に,重心運動を分離することを考える.重心座標

$$x_G = \frac{mx_1 + Mx_2}{m+M}, \quad y_G = \frac{my_1 + My_2}{m+M}, \quad z_G = \frac{mz_1 + Mz_2}{m+M} \tag{11.97}$$

と,陽子に対する電子の相対座標

$$x = x_1 - x_2, \quad y = y_1 - y_2, \quad z = z_1 - z_2 \tag{11.98}$$

を使うと

$$\frac{\partial}{\partial x_1} = \frac{\partial x}{\partial x_1}\frac{\partial}{\partial x} + \frac{\partial x_G}{\partial x_1}\frac{\partial}{\partial x_G} = \frac{\partial}{\partial x} + \frac{m}{m+M}\frac{\partial}{\partial x_G} \tag{11.99}$$

および

$$\frac{\partial}{\partial x_2} = \frac{\partial x}{\partial x_2}\frac{\partial}{\partial x} + \frac{\partial x_G}{\partial x_2}\frac{\partial}{\partial x_G} = -\frac{\partial}{\partial x} + \frac{M}{m+M}\frac{\partial}{\partial x_G} \tag{11.100}$$

より

$$\frac{1}{m}\frac{\partial^2}{\partial x_1^2} + \frac{1}{M}\frac{\partial^2}{\partial x_2^2} = \frac{1}{\mu}\frac{\partial^2}{\partial x^2} + \frac{1}{m+M}\frac{\partial^2}{\partial x_G^2} \tag{11.101}$$

を得る.ここで μ は換算質量で,$1/\mu = 1/m + 1/M$ である.これらより,(11.96) を重心および相対座標で表すと

$$\left[-\frac{\hbar^2}{2(m+M)}\nabla_G^2 - \frac{\hbar^2}{2\mu}\nabla^2 - \frac{1}{4\pi\varepsilon_0}\frac{e^2}{r}\right]\Psi = E_t\Psi \tag{11.102}$$

となる.重心運動と相対運動を分離するため,$\Psi = \psi_G(x_G, y_G, z_G)\psi(x, y, z)$ とおいて整理すれば,

$$\frac{1}{\psi_G}\left[-\frac{\hbar^2}{2(m+M)}\nabla_G^2\right]\psi_G + \frac{1}{\psi}\left[-\frac{\hbar^2}{2\mu}\nabla^2 - \frac{1}{4\pi\varepsilon_0}\frac{e^2}{r}\right]\psi = E_t \quad (11.103)$$

を得る．ここで，左辺第一項は重心座標だけにより，左辺第二項は相対座標だけによるので，各項はそれぞれ定数でなくてはならない．すなわち

$$\hat{H}_G\psi_G = -\frac{\hbar^2}{2(m+M)}\nabla_G^2\psi_G = E_G\psi_G \quad (11.104)$$

$$\hat{H}\psi = \left[-\frac{\hbar^2}{2\mu}\nabla^2 - \frac{1}{4\pi\varepsilon_0}\frac{e^2}{r}\right]\psi = E\psi \quad (11.105)$$

$$E_G + E = E_t \quad (11.106)$$

となる．第一の方程式は単に，質量 $m+M$ の自由粒子の運動を表している．エネルギースペクトルは連続で任意の正の値を取りうる．第二の方程式は相対運動を表している．固定されたポテンシャル中を運動している1粒子のシュレディンガー方程式と同じ形をしている．これから，この方程式のエネルギー固有値と固有関数を求める．

11.2.2 動径方向の波動関数

11.1 節で議論したように，中心力ポテンシャル中を運動する粒子に対しては，エネルギー，軌道角運動量の大きさ，軌道角運動量の z 成分を同時に決定することができる．軌道角運動量の大きさおよび軌道角運動量の z 成分の同時固有状態は球面調和関数 $Y_{lm}(\theta,\phi)$ で表されるので，水素原子中の陽子と電子間の相対運動を表す波動関数 ψ を

$$\psi(r,\theta,\phi) = R(r)Y_{lm}(\theta,\phi) \quad (11.107)$$

とおき，シュレディンガー方程式 (11.105) に代入すると，$R(r)$ に対する方程式

$$\left[\frac{-\hbar^2}{2\mu}\frac{1}{r^2}\frac{\partial}{\partial r}\left(r^2\frac{\partial}{\partial r}\right) + \frac{\hbar^2 l(l+1)}{2\mu r^2} - \frac{1}{4\pi\varepsilon_0}\frac{e^2}{r}\right]R(r) = E\,R(r) \quad (11.108)$$

を得る．ポテンシャルは $r \to \infty$ で $V(r) \to 0$ というエネルギーの基準点を取っているので，束縛状態のエネルギーは $E < 0$ となっている．式を見やすくするために，無次元量

11.2 水素原子

$$\rho = \frac{\sqrt{-8\mu E}}{\hbar} r, \quad \kappa = \left(\frac{e^2}{4\pi\varepsilon_0}\right)\frac{1}{\hbar}\sqrt{\frac{-\mu}{2E}} \tag{11.109}$$

を使って，(11.108) を無次元化した式に直すと

$$\left[\frac{1}{\rho^2}\frac{d}{d\rho}\left(\rho^2\frac{d}{d\rho}\right) - \frac{l(l+1)}{\rho^2} + \frac{\kappa}{\rho} - \frac{1}{4}\right]\chi(\rho) = 0 \tag{11.110}$$

となる．ここで

$$\chi(\rho) = R\left(\frac{\hbar\rho}{\sqrt{-8\mu E}}\right) \tag{11.111}$$

である．

$\rho \to \infty$ のときの $\chi(\rho)$ の振舞いを見てみる．(11.110) において $1/\rho$ と $1/\rho^2$ の項を無視すると，

$$\frac{1}{\rho^2}\frac{d}{d\rho}\left(\rho^2\frac{d\chi(\rho)}{d\rho}\right) = \frac{1}{4}\chi(\rho) \tag{11.112}$$

となる．この微分方程式は

$$\frac{d^2}{d\rho^2}(\rho\chi(\rho)) = \frac{1}{4}(\rho\chi(\rho)) \tag{11.113}$$

と書き直せるので，解は $\rho\chi(\rho) \propto \exp(\pm\rho/2)$ となることがわかる．波動関数として取り得るのは，$\rho \to \infty$ で $\chi(\rho) \to 0$ でなければならないので $\exp(-\rho/2)$ の方である．

そこで，$\chi(\rho) = \zeta(\rho)\exp(-\rho/2)$ とする．これを (11.110) に代入して，$\zeta(\rho)$ に対する微分方程式

$$\left[\frac{d^2}{d\rho^2} + \left(\frac{2}{\rho} - 1\right)\frac{d}{d\rho} + \frac{\kappa-1}{\rho} - \frac{l(l+1)}{\rho^2}\right]\zeta(\rho) = 0 \tag{11.114}$$

を得る．この微分方程式の解を級数展開することによって求める．

$$\zeta(\rho) = \rho^s \sum_{\nu=0}^{\infty} C_\nu \rho^\nu \quad (C_{\nu=0} \neq 0) \tag{11.115}$$

を微分方程式 (11.114) に代入すると，ρ^{s-2} と $\rho^{s+\nu-1}$ 項の係数より，次の関係式を得る．

$$[s(s-1) + 2s - l(l+1)]C_0 = 0 \tag{11.116}$$

$$[(s+\nu+1)(s+\nu) + 2(s+\nu+1) - l(l+1)]C_{\nu+1}$$
$$+ [-(s+\nu) + (\kappa-1)]C_\nu = 0 \tag{11.117}$$

(11.116) より $(s-l)(s+l+1) = 0$ だから $s = l$ または $s = -l-1$ となる. $\rho \to 0$ で $\chi(\rho)$ が有限でなければならないので, $s = l$ の方だけが解となる. すなわち, $\rho \to 0$ で $\chi(\rho) \sim \rho^l$ と振る舞う. (11.117) からは

$$C_{\nu+1} = \frac{l+\nu+1-\kappa}{(\nu+1)(\nu+2+2l)} C_\nu \tag{11.118}$$

という関係を得る. もしこの級数が有限項で切れないとすると, 大きな ν に対しては $C_{\nu+1} \sim C_\nu/\nu$ となる. したがって $\zeta(\rho) \sim \exp(\rho)$ と振る舞うことになる. この場合, $\chi(\rho)$ は $\chi(\rho) = \zeta(\rho)\exp(-\rho/2) \sim \exp(\rho/2)$ となって, 波動関数としては受け入れられない. 波動関数として受け入れられる解は, $\zeta(\rho)$ が無限級数とならず, 有限の多項式となるものである. (11.118) より, 有限の多項式となるためには, ある ν に対して

$$l + \nu + 1 - \kappa = 0 \tag{11.119}$$

となれば良い. すなわち κ が正の整数のときである. この整数を n とすると (11.109) より, エネルギー E に対して

$$E = \frac{-\mu}{2\hbar^2}\left(\frac{e^2}{4\pi\varepsilon_0}\right)^2 \frac{1}{n^2} \tag{11.120}$$

という結果を得る. すなわち, エネルギーは連続的な値ではなく, 離散的な値を取る. 陽子の質量 $M \to \infty$ と近似した場合, $\mu \to m$ となるので, (11.120) は

$$E = \frac{-m}{2\hbar^2}\left(\frac{e^2}{4\pi\varepsilon_0}\right)^2 \frac{1}{n^2} = -R_e \frac{1}{n^2} = \frac{-1}{2a_0}\left(\frac{e^2}{4\pi\varepsilon_0}\right)\frac{1}{n^2} \tag{11.121}$$

となる. ここで

$$R_e \equiv \frac{m}{2\hbar^2}\left(\frac{e^2}{4\pi\varepsilon_0}\right)^2, \quad a_0 \equiv \frac{\hbar^2}{m}\left(\frac{4\pi\varepsilon_0}{e^2}\right) \tag{11.122}$$

であり, R_e はエネルギーの次元をもつ量で **Rydberg** エネルギーと呼び, ま

た，a_0 は長さの次元をもつ量で **Bohr 半径**と呼ぶ．その値は，それぞれ $R_e = (13.60569172 \pm 0.00000053)\,[\mathrm{eV}]$, $a_0 = (0.5291772083 \pm 0.0000000019) \times 10^{-10}\,[\mathrm{m}]$ である．

エネルギー固有値が求まったところで，次に波動関数を求めることを考える．$\zeta(\rho)$ を級数展開した場合，最低次は ρ^l なので，$\zeta(\rho) = \rho^l \eta(\rho)$ として，これを (11.114) に代入すると，$\eta(\rho)$ に対する微分方程式

$$\left[\rho \frac{d^2}{d\rho^2} + (2l+2-\rho)\frac{d}{d\rho} + (\kappa - l - 1)\right]\eta(\rho) = 0 \tag{11.123}$$

を得る．この微分方程式の解は **Laguerre の陪多項式**と呼ばれるものである．

11.2.3 ラゲールの陪多項式

Laguerre の陪多項式は $p = 0, 1, 2, \ldots$ に対して

$$\frac{e^{-zt/(1-t)}}{(1-t)^{p+1}} \equiv \sum_{n=0}^{\infty} \frac{1}{(n+p)!} L_n^p(z) t^n \quad |t| < 1 \tag{11.124}$$

で定義される多項式 $L_n^p(z)$ である．この定義から明らかなように，$L_n^p(z)$ は z の n 次多項式である．次に Laguerre の陪多項式が微分方程式

$$\left[z\frac{d^2}{dz^2} + (1+p-z)\frac{d}{dz} + n\right]L_n^p(z) = 0 \tag{11.125}$$

を満たすことを確かめる．

$$\sum_{n=0}^{\infty} \frac{1}{(n+p)!} t^n \left[z \frac{d^2}{dz^2} + (1+p-z)\frac{d}{dz} + n\right] L_n^p(z)$$
$$= \left[z \frac{\partial^2}{\partial z^2} + (1+p-z)\frac{\partial}{\partial z} + t\frac{\partial}{\partial t}\right] \sum_{n=0}^{\infty} \frac{1}{(n+p)!} L_n^p(z) t^n$$
$$= \left[z \frac{\partial^2}{\partial z^2} + (1+p-z)\frac{\partial}{\partial z} + t\frac{\partial}{\partial t}\right] \frac{e^{-zt/(1-t)}}{(1-t)^{p+1}}$$
$$= \left[\frac{zt^2}{(1-t)^2} - \frac{(1+p-z)t}{1-t} + \frac{(p+1)t}{1-t} - \frac{zt}{1-t} - \frac{zt^2}{(1-t)^2}\right] \frac{e^{-zt/(1-t)}}{(1-t)^{p+1}}$$
$$= 0 \tag{11.126}$$

となるので，(11.125) が成り立つことが示された．(11.123) と (11.125) を見比べて，$\kappa = n$（n は正の整数）に対して，$\eta(\rho) \propto L_{n-l-1}^{2l+1}(\rho)$ であることがわかる．

次に，波動関数の規格化の因子を計算するのに必要な公式

$$\int_0^\infty dx\, e^{-x} x^{2l+2} \left[L_{n-l-1}^{2l+1}(x)\right]^2 = 2n \frac{[(n+l)!]^3}{(n-l-1)!} \tag{11.127}$$

を導こう．計算途中で必要となる公式を先に導いておこう．等比数列の和の公式

$$\frac{1}{1-x} = \sum_{n=0}^\infty x^n \tag{11.128}$$

を考える．この式の両辺を x で p 階微分すると

$$\frac{p!}{(1-x)^{p+1}} = \sum \frac{n!}{(n-p)!} x^{n-p} = \sum_{m=0}^\infty \frac{(m+p)!}{m!} x^m \tag{11.129}$$

を得る．これが一つ目の公式である．次に，

$$\Gamma(z) \equiv \int_0^\infty e^{-t} t^{z-1}\, dt \quad (\mathrm{Re}\, z > 0) \tag{11.130}$$

で定義される Γ 関数の性質を考える．

$$\Gamma(z+1) = \int_0^\infty e^{-t} t^z\, dt = \left[-e^{-t} t^z\right]_0^\infty + \int_0^\infty e^{-t} z t^{z-1}\, dt$$
$$= z \int_0^\infty e^{-t} t^{z-1}\, dt = z\Gamma(z) \tag{11.131}$$

および

$$\Gamma(1) = \int_0^\infty e^{-t}\, dt = 1 \tag{11.132}$$

より，

$$\Gamma(n+1) = n! \quad (n = 1, 2, 3, \ldots) \tag{11.133}$$

となることがわかる．これが二つ目の公式である．準備が整ったので (11.127) を導こう．Laguerre の陪多項式の定義 (11.124) より

$$\sum_{m=0}^\infty \sum_{n=0}^\infty \frac{s^m t^n}{(n+p)!(m+p)!} \int_0^\infty x^{p+1} e^{-x} L_m^p(x) L_n^p(x)\, dx$$

$$\begin{aligned}
&= \int_0^\infty x^{p+1} e^{-x} \frac{e^{-xs/(1-s)}}{(1-s)^{p+1}} \frac{e^{-xt/(1-t)}}{(1-t)^{p+1}} dx \\
&= \frac{1}{(1-s)^{p+1}(1-t)^{p+1}} \int_0^\infty x^{p+1} e^{-(1-st)x/[(1-s)(1-t)]} dx \\
&= \frac{(1-s)(1-t)}{(1-st)^{p+2}} \int_0^\infty e^{-u} u^p du \\
&= \frac{(1-t)(1-s)}{(1-st)^{p+2}} \Gamma(p+2) = \frac{(p+1)!}{(1-st)^{p+2}}(1+st-s-t) \\
&= \sum_{m=0}^\infty \frac{(m+p+1)!}{m!}(st)^m (1+st-s-t) \quad (11.134)
\end{aligned}$$

最後の行は (11.129) を使って導いた. この式の両辺の $(st)^m$ の係数を比べると

$$\begin{aligned}
\frac{1}{[(m+p)!]^2} \int_0^\infty x^{p+1} e^{-x} [L_m^p(x)]^2 &= \frac{(m+p+1)!}{m!} + \frac{(m+p)!}{(m-1)!} \\
&= \frac{(m+p)!}{m!}(2m+p+1) \quad (11.135)
\end{aligned}$$

となる. ここで $m=n-l-1$ および $p=2l+1$ を代入すると (11.127) を得る.

11.2.4 水素原子の波動関数

前項までの議論で準備が整ったので，本項では水素原子中の陽子と電子間の相対運動を表す波動関数を求め，その性質をまとめることにする．状態を表す量子数は，エネルギーを表す**主量子数** n，角運動量の大きさを表す**方位量子数** l，角運動量の z 成分を表す**磁気量子数** m の三つである（スピン量子数については後の章で議論する）．そこで，波動関数は添え字にこれらの量子数を付けて表すことにすると

$$\psi_{nlm}(r,\theta,\phi) = R_{nl}(r) Y_{lm}(\theta,\phi) \quad (11.136)$$

と表せる．動径方向の波動関数は，11.2.2 項および 11.2.3 項の議論より

$$R_{nl}(r) = N_{nl} e^{-\rho/2} \rho^l L_{n-l-1}^{2l+1}(\rho) \quad (11.137)$$

と表せることが示された．ここで N_{nl} は規格化定数である．Laguerre の陪多項式の定義より明らかなように，$n-l-1 \geq 0$ でなければならないので，正の

整数 n に対して許される l の値は $l = 0, \ldots, n-1$ である. また,

$$a \equiv \frac{\hbar^2}{\mu}\left(\frac{4\pi\varepsilon_0}{e^2}\right) \tag{11.138}$$

とすると

$$\rho = \frac{2}{na}r \tag{11.139}$$

である.

規格化定数を求めよう. 規格化条件は

$$\int_0^{2\pi} d\phi \int_0^\pi \sin\theta d\theta \int_0^\infty r^2 dr\, \psi_{nlm}^*(r,\theta,\phi)\psi_{nlm}(r,\theta,\phi) = 1 \tag{11.140}$$

である. (11.94) より θ, ϕ 積分は 1 となるので, 動径方向の積分だけを考えればよく,

$$\begin{aligned}
\int_0^\infty dr r^2 R_{nl}^2 &= N_{nl}^2 \int_0^\infty dr r^2 e^{-\rho} \rho^{2l} \left[L_{n-l-1}^{2l+1}(\rho)\right]^2 \\
&= N_{nl}^2 \left(\frac{na}{2}\right)^3 \int_0^\infty d\rho e^{-\rho} \rho^{2l+2} \left[L_{n-l-1}^{2l+1}(\rho)\right]^2 \\
&= N_{nl}^2 \frac{1}{4} a^3 n^4 \frac{[(n+l)!]^3}{(n-l-1)!} = 1
\end{aligned} \tag{11.141}$$

である. ここで (11.127) を使った. これより

$$N_{ln} = \frac{2}{n^2}\sqrt{\frac{(n-l-1)!}{a^3[(n+l)!]^3}} \tag{11.142}$$

を得る. これで, 水素原子中の陽子と電子間の相対運動を表す波動関数が, 規格化定数を含めすべて求まった. 図 11.4 と図 11.5 に動径方向の波動関数を示す. 図 11.4 では, 軌道角運動量 $l = 0$ のとき, 主量子数 n が変化したとき, 波動関数がどう変化するかを示す. 図からわかるように, 節の数は主量子数と一致している. また, n が大きいほうが波動関数は外側へ広がっている. 図 11.5 では, $n = 3$ のとき, l が異なる状態の波動関数を示している. l が大きい方が波動関数は外側に広がっている. これは, 遠心力ポテンシャルによる効果であると考えることができる.

図 11.4 動径方向の波動関数 $R_{nl}(r)$. $a = 1$ としている. 実線は $R_{n=1,l=0}$ を, 点線は $R_{n=2,l=0}$ を, 破線は $R_{n=3,l=0}$ を表している.

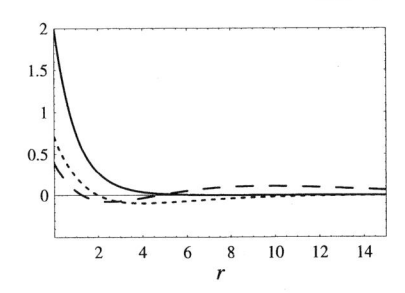

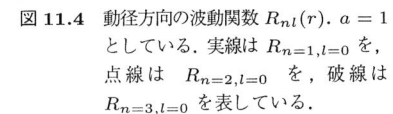

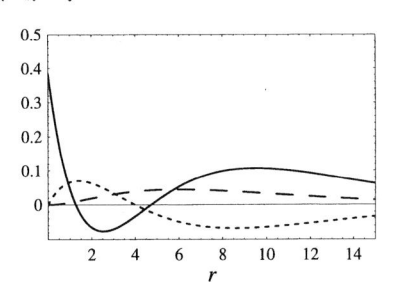

図 11.5 動径方向の波動関数 $R_{nl}(r)$. $a = 1$ としている. 実線は $R_{n=3,l=0}$ を, 点線は $R_{n=3,l=1}$ を, 破線は $R_{n=3,l=2}$ を表している.

動径方向の波動関数の直交関係を見てみよう. エルミート演算子であるハミルトニアンの異なる固有値に対する固有関数は直交しなければならないので,

$$\int_0^\infty dr\, r^2 R_{n'l}(r) R_{nl}(r) = \delta_{n'n} \qquad (11.143)$$

を満たす.

水素原子中の陽子と電子間の相対運動を表す波動関数 $\psi_{nlm}(r,\theta,\phi)$ の性質をまとめよう. $\psi_{nlm}(r,\theta,\phi)$ は水素原子中の陽子と電子間の相対運動を表すハミルトニアン $\hat{H}$, 軌道角運動量の二乗 $\hat{l}^2$, および角運動量の z 成分 $\hat{l}_z$ の同時固有関数で

$$\hat{H}\psi_{nlm}(r,\theta,\phi) = \frac{-\mu}{2\hbar^2}\left(\frac{e^2}{4\pi\varepsilon_0}\right)^2 \frac{1}{n^2}\psi_{nlm}(r,\theta,\phi) \qquad (11.144)$$

$$\hat{l}^2\psi_{nlm}(r,\theta,\phi) = \hbar^2 l(l+1)\psi_{nlm}(r,\theta,\phi) \qquad (11.145)$$

$$\hat{l}_z\psi_{nlm}(r,\theta,\phi) = \hbar m\psi_{nlm}(r,\theta,\phi) \qquad (11.146)$$

という固有値をもつ. ここで量子数の取り得る値は, それぞれ $n = 1, 2, 3, \ldots$, $l = 0, 1, 2, \ldots, n-1$, $m = -l, -l+1, \ldots, l-1, l$ である. 波動関数は Laguerre の陪多項式 $L_n^p(z)$, Legendre の陪関数 $P_l^m(z)$ および (11.138) で定義される a を使って以下のように表せる.

$$\psi_{nlm}(r,\theta,\phi) = \frac{2}{n^2}\sqrt{\frac{(n-l-1)!}{a^3[(n+l)!]^3}} e^{-\frac{r}{na}} \left(\frac{2r}{na}\right)^l L_{n-l-1}^{2l+1}\left(\frac{2r}{na}\right)$$

$$\times (-)^{(m+|m|)/2} \sqrt{\frac{2l+1}{4\pi}} \sqrt{\frac{(l-|m|)!}{(l+|m|)!}} P_l^{|m|}(\cos\theta) e^{im\phi} \quad (11.147)$$

また，以下のように規格直交化されている．

$$\int_0^{2\pi} d\phi \int_0^\pi \sin\theta d\theta \int_0^\infty r^2 dr \, \psi_{n'l'm'}^*(r,\theta,\phi) \psi_{nlm}(r,\theta,\phi) = \delta_{nn'}\delta_{ll'}\delta_{mm'} \quad (11.148)$$

水素原子中の陽子と電子間の相対位置が (r,θ,ϕ) と $(r+dr,\theta+d\theta,\phi+d\phi)$ の間にある確率は $\psi_{nlm}^*(r,\theta,\phi)\psi_{nlm}(r,\theta,\phi)r^2\sin\theta dr d\theta d\phi$ である．

$n=1, l=0, m=0$ の状態は，一番エネルギーが低い状態であり，**基底状態**と呼ばれる．この状態は安定しており，その寿命は無限大である．エネルギーと時間の不確定性関係より，エネルギーの値には不確定性がなくなる．この基底状態のエネルギーは (11.120) より計算すると $-13.5984 \,[\mathrm{eV}]$ となる．水素原子中の陽子と電子の距離が無限大のときのエネルギーをゼロとしているので，水素原子のイオン化エネルギーは $13.5984\,[\mathrm{eV}]$ である．一方，$n \geq 2$ の状態は励起状態と呼ばれ，有限の寿命をもち，よりエネルギーの低い状態へと電磁相互作用により遷移する．エネルギーと時間の不確定性関係より明らかなように，励起状態のエネルギーはその寿命に反比例した大きさの幅をもつ．式 (11.120) による励起状態のエネルギーに幅がないのは，励起状態からより低いエネルギーの状態への電磁遷移を考慮していないからである．

同じエネルギー準位中に一つ以上の量子状態がある場合，その量子状態は縮退しているという．水素原子の場合，エネルギーは主量子数にしかよらないので，主量子数が n の状態は，

$$\sum_{l=0}^{n-1}(2l+1) = n^2 \quad (11.149)$$

より，n^2 重に縮退している（スピンも含めると，それぞれの状態は，スピンアップとスピンダウンの状態を取り得るので，$2n^2$ 重に縮退している）．

歴史的な経緯で，軌道角運動量の大きさが $l=0,1,2,3,\cdots$ の状態をそれぞれ s,p,d,f,$\cdots$ 状態と呼ぶ．水素原子の場合，主量子数 n の値と合わせて，$n=1, l=0$ を 1s 状態，$n=2, l=0$ を 2s 状態，$n=2, l=1$ を 2p 状態など

と呼ぶ慣習になっている．

練 習 問 題

1) 式 (11.14) を導け．
2) 球面調和関数 $Y_{00}(\theta,\phi)$, $Y_{10}(\theta,\phi)$, および $Y_{11}(\theta,\phi)$ の初等関数を用いた具体的な形を求めよ．
3) 水素原子の 1s, 2s, 2p 軌道の波動関数の具体的な形を求めよ．

12

量子力学－スピン－

12.1 ゼーマン効果

　水素原子を弱い静磁場 B 中に置くことを考える．水素原子中の電子と弱い静磁場との相互作用のエネルギー V_B は，電子の運動によって生じる磁気能率を μ とすると

$$V_B = -\mu \cdot B \tag{12.1}$$

で表される．また電子の運動によって生じる磁気能率 μ は，

$$\mu = \frac{-e}{2m_e} r \times p = \frac{-e}{2m_e} l \tag{12.2}$$

である．ここで l は電子の角運動量である．弱い静磁場中に置かれた水素原子中の電子に対するハミルトニアンを $\hat{H}_B$ とし，磁場がないときの水素原子中の電子に対するハミルトニアンを $\hat{H}$ とすると $\hat{H}_B$ は $\hat{H}$ を使って

$$\hat{H}_B = \hat{H} + \frac{e}{2m_e} B \cdot l \tag{12.3}$$

と表される．角運動量の量子化軸を磁場 B の向きにとれば，

$$\hat{H}_B = \hat{H} + \frac{e}{2m_e} B \hat{l}_z \tag{12.4}$$

となる．すなわち，静磁場中に置いたことで新たに加わった相互作用項は $\hat{l}_z$ に比例している．$\hat{H}$ の固有関数，すなわち水素原子中での電子の波動関数は $\hat{l}_z$ の固有関数でもあるので，$\hat{H}_B$ の固有関数でもある．水素原子中での電子の波動関数を ψ_{nlm} とし，そのエネルギー固有値を E_n とすると，弱い静磁場中に

12.1 ゼーマン効果

置かれた水素原子中の電子に対するシュレディンガー方程式は

$$\hat{H}_B \psi_{nlm} = \left(\hat{H} + \frac{e}{2m_e} B \hat{l}_z \right) \psi_{nlm}$$
$$= \left(E_n + \frac{e}{2m_e} B \hbar m \right) \psi_{nlm} \quad (12.5)$$

となる．すなわち，静磁場中に置かれたときも，磁場がないときと同じ波動関数になっているが，そのエネルギー固有値が $eB\hbar m/2m_e$ だけ異なっている．静磁場中で原子中の電子のエネルギー準位が磁気量子数 m に比例した値だけ変化する効果を**ゼーマン効果**と呼ぶ．

$l=0$ の状態は $m=0$ の値しか取れないので，(12.5) より準位の分裂は起きないはずであるが，静磁場中に置かれた水素原子中の電子のエネルギー準位を実際に観測すると，$l=0$ の状態も二つに分裂することがわかった．このエネルギー準位の分裂がゼーマン効果によるものであるとすると，分裂する準位の数は，取り得る磁気量子数の数であるので，角運動量の大きさが j の場合，$m=-j$ から $m=j$ までの $2j+1$ 個である．二つの準位に分裂するので，この場合関連する角運動量は

$$2j + 1 = 2 \quad (12.6)$$

を満たさなければならず，これを解いて

$$j = \frac{1}{2} \quad (12.7)$$

を得る．この電子のもつ角運動量を**スピン**と呼ぶ．電子の配位空間での運動による角運動量の大きさは整数値を取るので，この $j=1/2$ の角運動量は，配位空間での運動による角運動量とは無関係な，内部自由度と関係したものであると考えられる．

非相対論的量子力学の枠組みでは，スピンは粒子の内部自由度として，手で入れることになるが，相対論的量子力学では，理論的にスピンの自由度が導出される．さらに，電子のスピンと磁気能率との関係も導くことができ，電子の磁気能率を μ_e，スピン演算子を $\hat{s}$ で表すと

$$\mu_e = -2 \left(\frac{e}{2m_e} \right) \hat{s} \quad (12.8)$$

という結果を得る．磁気能率は角運動量に比例しているわけだが，この比例定数は軌道角運動量とスピン角運動量では異なっており，スピン角運動量の比例定数は軌道角運動量の比例定数の 2 倍になっている．この結果は観測結果ともよく一致している．以上の結果より，スピンの自由度も含めた，静磁場中に置かれた水素原子中の電子に対するハミルトニアンは量子化軸を磁場の向きとしたとき

$$\hat{H}_B = \hat{H} + \frac{e}{2m_e}B\left(\hat{l}_z + 2\hat{s}_z\right) \tag{12.9}$$

で表される．

12.2 NMR

陽子は電子と同じ大きさの正の電荷をもった，スピン 1/2 の粒子である．もし，陽子が電子と同様に，内部構造をもたないディラック粒子だとすると陽子の磁気能率 μ_p を

$$\mu_p = g\mu_N, \quad \mu_N = \frac{e\hbar}{2m_p} \tag{12.10}$$

と表した場合，$g = 2$ とならなければならない．ここで m_p は陽子の質量で，μ_N を核磁子と呼ぶ．観測結果は $g = 2.792847337 \pm 0.000000029$ であり，相対論的量子力学の結果とは大きく異なっている．これは，陽子が，電子とは異なり，内部構造をもっていることを意味する．

陽子も電子と同様に磁場中に置かれると，ゼーマン効果によりエネルギー準位の縮退がとける．この効果を利用して，有機化合物の構造を調べる方法が **NMR（核磁気共鳴）**である．外部から静磁場を加えると，有機化合物中の水素原子の原子核である陽子はゼーマン効果により二つの準位に分裂する（陽子の軌道角運動量は 0 の状態にある）．この準位差のエネルギーに対応した電磁波を照射すると，この準位に対応した周波数のものだけが強く吸収される．このときの準位差は，有機化合物の種類および水素原子の結合部位の違いにより異なる．その違いは，分子中の電子の状態の配位の違いや原子核間の相互作用の違いによる．このゼーマン効果によって生じる準位差の大きさの微妙な変化のことを**ケミカルシフト**と呼ぶ．このケミカルシフトを測定することにより有

機化合物の構造を調べる．^{13}C の原子核もスピン 1/2 であり，この原子核に対する NMR も有機化合物の構造決定に使われる．

12.3 スピン

ここでは，スピン角運動量演算子の表現を考える．角運動量演算子 $\hat{j}_x, \hat{j}_y, \hat{j}_z$ は次の交換関係によって定義されている．

$$[\hat{j}_x, \hat{j}_y] = i\hbar\hat{j}_z, \quad [\hat{j}_y, \hat{j}_z] = i\hbar\hat{j}_x, \quad [\hat{j}_z, \hat{j}_x] = i\hbar\hat{j}_y \tag{12.11}$$

軌道角運動量演算子の場合，この関係を満たすものとして，空間座標に対する微分演算子という表現をとった．交換しない演算子として，微分演算子の他にすぐに思いつくものとして，行列がある．そこでスピン角運動量演算子を行列を使って表すことを考える．

以下の 2 行 2 列の行列を考える．

$$\hat{\sigma}_x = \begin{pmatrix} 0 & 1 \\ 1 & 0 \end{pmatrix}, \quad \hat{\sigma}_y = \begin{pmatrix} 0 & -i \\ i & 0 \end{pmatrix}, \quad \hat{\sigma}_z = \begin{pmatrix} 1 & 0 \\ 0 & -1 \end{pmatrix} \tag{12.12}$$

この行列は **Pauli のスピン行列**と呼ばれている．直接計算してみるをわかるように，Pauli のスピン行列は次の性質をもつ．

$$\hat{\sigma}_x^2 = \hat{\sigma}_y^2 = \hat{\sigma}_z^2 = \boldsymbol{I} \tag{12.13}$$

$$\hat{\sigma}_x\hat{\sigma}_y - \hat{\sigma}_y\hat{\sigma}_x = i\hat{\sigma}_z, \quad \hat{\sigma}_y\hat{\sigma}_z - \hat{\sigma}_z\hat{\sigma}_y = i\hat{\sigma}_x, \quad \hat{\sigma}_z\hat{\sigma}_x - \hat{\sigma}_x\hat{\sigma}_z = i\hat{\sigma}_y$$
$$\tag{12.14}$$

ここで $\boldsymbol{I}$ は 2 行 2 列の単位行列を表す．

次に

$$\hat{s}_x = \frac{1}{2}\hbar\hat{\sigma}_x, \quad \hat{s}_y = \frac{1}{2}\hbar\hat{\sigma}_y, \quad \hat{s}_z = \frac{1}{2}\hbar\hat{\sigma}_z \tag{12.15}$$

という行列を考える．(12.14) より，$\hat{s}_x, \hat{s}_y, \hat{s}_z$ は角運動量演算子が満たすべき交換関係 (12.11) を満たしていることはすぐにわかる．また (12.13) より

$$\hat{s}^2 \equiv \hat{s}_x^2 + \hat{s}_y^2 + \hat{s}_z^2 = \frac{3}{4}\hbar^2\boldsymbol{I} = \frac{1}{2}\left(\frac{1}{2}+1\right)\hbar^2\boldsymbol{I} \tag{12.16}$$

もすぐに示すことができる. $[\hat{s}^2, \hat{s}_z] = 0$ となるので, $\hat{s}^2$ と $\hat{s}_z$ の同時固有状態を考えることができる. $\hat{s}_z$ の固有値方程式は

$$\hat{s}_z \left|\pm\frac{1}{2}\right\rangle = \pm\frac{1}{2}\hbar \left|\pm\frac{1}{2}\right\rangle \tag{12.17}$$

となり, ここで固有ベクトルは

$$\left|+\frac{1}{2}\right\rangle = \begin{pmatrix} 1 \\ 0 \end{pmatrix}, \quad \left|-\frac{1}{2}\right\rangle = \begin{pmatrix} 0 \\ 1 \end{pmatrix} \tag{12.18}$$

である. この固有ベクトルは $\hat{s}^2$ の固有ベクトルにもなっており,

$$\hat{s}^2 \left|\pm\frac{1}{2}\right\rangle = \frac{1}{2}\left(\frac{1}{2}+1\right)\hbar^2 \left|\pm\frac{1}{2}\right\rangle \tag{12.19}$$

となる. 以上, スピン角運動量に対する行列表現が得られた.

12.4 スピンと統計

同じ種類の粒子が二つある場合を考えてみる. 量子力学において, 状態を表す波動関数は, その絶対値の二乗がそれぞれの粒子の存在確率を表すが, 古典力学と違って個々の粒子の区別はできない. エネルギーの測定では粒子を区別することはできないので, ハミルトニアンは粒子の交換に関して不変である. また観測される粒子の存在確率も粒子を交換しても変わらない. 2粒子系の波動関数を $\psi(x_1, x_2)$ とする. ここで二つの粒子の座標 x_1 と x_2 にはスピン座標も含めることにする. 二つの粒子の座標を入れ替えても存在確率は変わらないということは

$$\psi(x_1, x_2) = e^{i\alpha}\psi(x_2, x_1) \tag{12.20}$$

と表される. すなわち二つの波動関数は位相だけ異なっている. さらにもう一度二つの粒子の座標を入れ替えると,

$$\psi(x_1, x_2) = e^{i\alpha}\psi(x_2, x_1) = e^{i\alpha}e^{i\alpha}\psi(x_1, x_2) = e^{2i\alpha}\psi(x_1, x_2) \tag{12.21}$$

となり, これより $e^{2i\alpha} = 1$ すなわち $e^{i\alpha} = \pm 1$ となることがわかる. (12.20) に代入して,

12.4 スピンと統計

$$\psi(x_1, x_2) = \pm \psi(x_2, x_1) \tag{12.22}$$

を得る．このとき，どちらの符号を取るかは，量子力学だけでは決まらず，スピンが半整数の粒子はマイナスの符号を，スピンが整数の粒子はプラスの符号を取ることが実験的に示されている．粒子の交換に対して反対称的波動関数で記述される粒子のことを**フェルミ粒子**と呼び，この粒子は**フェルミ–ディラック統計**に従う．一方，粒子の交換に対して対称的波動関数で記述される粒子のことを**ボーズ粒子**を呼び，この粒子は**ボーズ–アインシュタイン統計**に従う．同じ種類の粒子が二つ以上ある系においては，フェルミ粒子系の場合，任意の二つの粒子の座標の入れ替えに対して波動関数は反対称になっており，ボーズ粒子系の場合，任意の二つの粒子の座標の入れ替えに対して波動関数は対称になっている．

フェルミ粒子二つの系を考える．この系を表す波動関数 $\Psi(x_1, x_2)$ は完全系をなす一粒子波動関数 $\psi_\alpha(x)$ の積の一次結合で表すことができる．粒子の座標の入れ替えに対して，反対称なものを考えるので

$$\Psi(x_1, x_2) = \sum_{\alpha,\beta} C(\alpha, \beta) \frac{1}{\sqrt{2}} [\psi_\alpha(x_1)\psi_\beta(x_2) - \psi_\beta(x_1)\psi_\alpha(x_2)] \tag{12.23}$$

で表される．ここで α, β に関する和は，すべての量子状態についての和を表す．いま，二つの粒子が同じ量子状態に入る場合を考えてみよう．この場合，$\psi_\alpha = \psi_\beta$ なので，

$$\frac{1}{\sqrt{2}} [\psi_\alpha(x_1)\psi_\beta(x_2) - \psi_\beta(x_1)\psi_\alpha(x_2)] \tag{12.24}$$

は恒等的に 0 となってしまう．すなわちフェルミ粒子は同じ状態には同時に一つしか入れない．この規則を **Pauli の排他律**という．フェルミ粒子多粒子系の波動関数は一粒子波動関数の積を反対称化したものの一次結合で表せるが，この反対称化された一粒子波動関数の積は行列式として表せる．

$$\Psi(x_1, x_2, \cdots, x_n) = \sqrt{\frac{1}{n!}} \begin{vmatrix} \psi_\alpha(x_1) & \psi_\beta(x_1) & \cdots & \psi_\gamma(x_1) \\ \psi_\alpha(x_2) & \psi_\beta(x_2) & \cdots & \psi_\gamma(x_2) \\ \vdots & \vdots & & \vdots \\ \psi_\alpha(x_n) & \psi_\beta(x_n) & \cdots & \psi_\gamma(x_n) \end{vmatrix} \tag{12.25}$$

この行列式のことを**スレーター行列式**を呼ぶ．

ボーズ粒子の場合は同じ量子状態に任意個の粒子が入れる．そのため系の温度が0度のときはボーズ粒子はすべての粒子が基底状態に入る．

多粒子系の量子状態を厳密に解くことは非常に難しく，色々な近似を用いて計算される．この本の中では取り扱わないが，多粒子系を取り扱う有用な方法の一つは，第二量子化である．第二量子化された演算子は粒子の統計性の性質をもっているので，統計性の扱いが簡素になるという利点がある．さらに，自由度を無限大にした場の量子論ではすべての粒子の座標を取り扱わなくてすむようになるという利点が生じる．

13

原子核と放射性崩壊

13.1 原子の構造

　原子は**電子**と**原子核**から構成されている．原子核は原子の中心にあり，正の電荷をもっている．原子核のまわりに電子が分布しており，電子のもつ負の電荷により，原子全体は中性となっている．このときの電子の数は**原子番号** Z と等しい．電子の軌道のひろがりは 10^{-10} [m] 程度，原子核のひろがりは 10^{-15} 〜 10^{-14} [m] 程度であり，また原子の質量の大部分は原子核が占めている．すなわち原子の質量はその中心付近のほんの小さい領域に集まっている．

　電子は原子核との電磁相互作用によるクーロン引力により，原子核のまわりに束縛されている．束縛状態の電子の軌道のエネルギー準位は量子化されており，とびとびの値をもつ．電子のもつ電荷 ($-e$) の大きさは $1.6021765 \times 10^{-19}$ [C] であり，また静止質量は 0.5109989 [MeV$\cdot c^{-2}$] である．電子のスピンは $1/2$ でフェルミ-ディラック統計に従う．現在までの実験では，電子の内部構造は見つかっていない．フェルミ-ディラック統計に従うので一つの量子状態には1個の電子しか存在できず，低いエネルギー準位の軌道から順に占有されており，**殻構造**を形成している．原子の化学的な性質の大部分は，電子の外側の軌道（高いエネルギーの軌道）の配位により決定される．

　エネルギーの一番低い原子の状態すなわち**基底状態**から，エネルギーをもった電子や他の荷電粒子との衝突，光子の吸収などによりエネルギーの高い状態に移ったとき，この原子は**励起**されたという．このとき原子中の電子がエネルギー準位の低い軌道から高い軌道に移ることによる励起と，原子核が励起さ

れた場合の，両方の可能性が考えられるが，衝突する粒子のエネルギーが低い場合には，エネルギー的には励起が可能な場合でも，原子核が励起される確率は小さい．原子中の電子が原子核に束縛されない状態まで励起された場合，**電離**されたという．束縛されていない電子は連続的なエネルギーをもつ．励起状態は一般的に寿命が短く，よりエネルギーの低い状態へと遷移していき，最終的には基底状態に戻る．エネルギー E_1 の状態へ励起された電子がそれより低いエネルギー E_2 の状態に電磁相互作用で遷移する場合，そのエネルギーの差 $E_1 - E_2$ と等しいエネルギーをもった光子が放出される．この光子の振動数 ν は $h\nu = E_1 - E_2$ により与えられる．ここで h はプランク定数である．この光子を**特性 X 線**と呼ぶ．光子が放出される代わりに，遷移した電子とは別の電子が $E_1 - E_2$ のエネルギーを得て放出されることがあり，この放出された電子を**オージェ電子**と呼ぶ．放出される前の電子の電離に必要なエネルギーを E_3 とすると，オージェ電子は $E_1 - E_2 - E_3$ のエネルギーをもつ．電子線等の荷電粒子のビームが，原子核の近くを通過するとき，原子核が作る強いクーロンポテンシャルにより，軌道を急激に変化させられることがある．このとき制動輻射と呼ばれる電磁輻射が起こり，光子が放出される．この光子を**制動 X 線**と呼ぶ．制動 X 線は連続スペクトルをもつ．

13.2 原子核の構造

原子核は**陽子** (p) と**中性子** (n) からなっており，原子の**原子番号** Z は原子核中に含まれる**陽子の数**である．原子核中の陽子と中性子の数の和 A を**質量数**と呼ぶ．陽子と中性子をまとめて**核子**と呼び，一つの粒子の内部自由度の状態が異なったものとして扱うことがある．このときの内部自由度を**アイソスピン**と呼ぶ．

陽子はスピン 1/2 の粒子で正の電荷 e をもつ．質量は $938.27200 \pm 0.00004 \,[\mathrm{MeV} \cdot c^{-2}]$ である．陽子の電荷分布による半径の二乗の平均は $\langle r_p^2 \rangle_{\mathrm{charge}} = (0.862 \times 10^{-15}\,[\mathrm{m}])^2$．中性子もスピン 1/2 の粒子である．その名の示すように電荷は 0 であるが，電荷分布は存在しており，中性子の電荷分布による半径の二乗の平均は $\langle r_n^2 \rangle_{\mathrm{charge}} = -0.1192 \times 10^{-30}\,[\mathrm{m}^2]$ である．質量は

陽子よりもわずかに重く $939.56533 \pm 0.00004\,[\text{MeV}\cdot c^{-2}]$ である．有限な大きさの電荷分布をもつことからもわかるように，陽子も中性子も内部構造をもち，構造をもたない本当の意味での素粒子ではない．陽子の寿命は現代物理学において統一理論を考える上で非常に重要な量であり，測定実験が行われているが，現在までのところその下限しか決定されておらず，陽子の平均寿命 $> 1.6 \times 10^{25}$ 年となっている．一方，中性子は単体では平均寿命約 15 分で $n \to p + e^- + \bar{\nu}_e$ という崩壊を起こす．しかし原子核中に束縛されている中性子は陽子と同等の寿命をもつ．

元素名はその原子の原子番号により区別されるが，同じ元素，すなわち同じ原子番号でも質量数 A の違った核種を**同位体**と呼ぶ．一番簡単な原子である水素の場合，普通の水素原子 ^1_1H は原子核が陽子一つだけでできており，その周りに電子が一つ分布しているというものである．水素の同位体である重水素 ^2_1H は原子核が陽子一つ中性子一つからできており，電子はその原子核の周りに一つ分布している．水素の場合は同位体に対して特別な呼び名（重水素）がついているが，一般には同位体に対して特別な呼び名は付いていない．天然に存在する元素は，一般にはある割合でいくつかの同位体が混ざった状態となっている．天然に存在する元素中の各同位体の原子数の割合を**同位体存在比**という．

化学の分野では原子や分子の質量を表すのに**原子質量単位**（記号 u）が用いられることが多い．原子質量単位は $^{12}_6\text{C}$ 原子の質量を 12u と定めたもので，$1\text{u} = 931.494013 \pm 0.000037\,[\text{MeV}\cdot c^{-2}]$ である．原子の質量の大部分は陽子と中性子の質量からきているので，1u は陽子または中性子の質量に近い値となっている．u 単位で表された元素の原子一つの質量を原子量という．天然の元素がいくつかの同位元素を含んでいる場合，天然元素の原子量は同位元素の存在比でそれぞれの同位体の原子量を平均した値を使う．元素の周期表に示されている炭素の原子量が 12 ではなく 12.011 になっているのは，天然の炭素には $^{12}_6\text{C}$ のほかに同位体が含まれているからである．

原子量（分子量）が W である元素物質の $W\,[\text{g}]$ をその物質の **1 グラム原子（分子）**，または **1 モル (mol)** という．1 グラム原子（分子）の物質に含まれる原子（分子）の数はすべての物質にほぼ共通な定数で，**アボガドロ数** (N_A) と

呼ばれる．これは，化学的な結合エネルギーが原子単体の質量に比べて無視できるほど小さいからである．その値は $N_A = 6.022141 \times 10^{23}$ である．

陽子間には強いクーロン斥力が働くにもかかわらず，強く結合して原子核を構成しているので，核子の間には電磁相互作用よりも強い力が働いていると考えられる．電磁相互作用よりも相互作用の大きさが大きいので，このような相互作用を**強い相互作用**と呼ぶ．核子と核子の間に働く相互作用も強い相互作用の一種ではあるが，この場合，**核力**と呼ぶ．強い相互作用をする粒子を**ハドロン**，強い相互作用をしない粒子を**レプトン**と呼ぶ．電子は強い相互作用をしないのでレプトンである．原子核の結合エネルギーを質量数 A で割った，核子1個当りの結合エネルギーは A が20〜180の間でおよそ $8\,[\text{MeV}]$ と一定の値となっている．すなわち原子核の全結合エネルギーは質量数 A にほぼ比例している．このことは核力の到達距離がきわめて小さく，隣接核子とのみ相互作用することを示唆している．もし核力の到達距離が十分長いと，結合エネルギーは核子対の総数 $A(A-1)/2$ におよそ比例するはずである．大きな核種では中性子数の方が陽子数より多くなるにもかかわらず，核子1個当りの結合エネルギーはほぼ同じことから，核力は核子の種類にほぼ無関係であると考えられる．

原子核はほぼ球形であるが，その半径 R はおよそ $R = 1.4 \times 10^{-15} A^{1/3}$ で表される．原子核の体積が A に比例しているので，原子核中の核子の密度は，原子核の大きさにかかわらずほぼ一定である．

原子核中の核子が他の核子から受ける平均的な核力ポテンシャルは，ほぼ中心力となっており，角運動量は良い量子数と考えられる．そのため原子核の励起状態は角運動量によって分類されうる．

13.3 放射性崩壊

13.3.1 放射性崩壊の概要

ある種の核種は放射線を放出することが知られている．放射線には α 線，β 線，γ 線の3種類がある．原子が放射線を放出すれば別の核種に変わる．この現象を**放射性崩壊**と呼び，崩壊前の核種を**親核種**，崩壊によって生じた核種を**娘核種**と呼ぶ．

13.3 放射性崩壊

放射性核種の崩壊過程は**確率的**である．十分に短い時間 dt に崩壊する親核種の数 dN はその時点での親核種の数 N と dt に比例する．その比例定数を λ とすると，

$$dN = -\lambda N dt \tag{13.1}$$

となる．λ は放射性核種ごとに決まった値をもち，**崩壊定数**と呼ぶ．最初 ($t = 0$) に存在していた放射性原子の数を N_0 とすれば，時刻 t での放射性原子の数 $N(t)$ は

$$N(t) = N_0 e^{-\lambda t} \tag{13.2}$$

となる．N/N_0 が $1/2$ になるまでの時間を**半減期**と呼び，T で表すと，

$$T = \frac{\log_e 2}{\lambda} \tag{13.3}$$

となる．(13.2) を半減期 T を使って書き直すと

$$N(t) = N_0 \left(\frac{1}{2}\right)^{\frac{t}{T}} \tag{13.4}$$

となる．**放射能**は単位時間に崩壊する原子数であり，その単位はベクレル **(Bq)** で，1 秒当りの崩壊数 (s^{-1}) である．質量 W グラム，原子量 A，半減期 T の放射性核種の放射能は，アボガドロ数を N_A とすると

$$-\frac{dN}{dt} = \frac{W N_A \log_e 2}{AT} \tag{13.5}$$

で表される．半減期 T の単位が秒のとき放射能の単位は [Bq] となる．

13.3.2 α 崩壊

α 崩壊で放出される粒子を **α 粒子**と呼ぶが，これは ^4_2He の原子核，すなわち陽子 2 個，中性子 2 個が結合しているものである．そのため α 崩壊により娘核種は親核種より原子番号が 2，質量数が 4 だけ減る．α 崩壊では，多くの場合，娘核の励起状態へ遷移するので，この励起状態から光子を放出して，基底状態へと遷移する．原子核の励起状態からそれより低いエネルギー準位へ光子を放出して遷移することを **γ 崩壊**と呼び，このとき放出される光子を **γ 線**と

呼ぶ．α線もγ線も，それぞれの放射性核種に特有のエネルギーをもつ．

α粒子と娘核との相互作用は 10^{-14} [m] に比べて長い距離では，クーロン斥力ポテンシャルだけである．10^{-14} [m] より短い距離になると，強い核力の引力ポテンシャルが優勢になり，α粒子はこのポテンシャルの井戸の中に束縛されていると考えられる．このときのα粒子のエネルギー準位 E_0 がクーロンポテンシャル障壁の高さ V_C と $V_C > E_0 > 0$ の関係があるとき，古典力学では，核内に束縛されているα粒子は，クーロンポテンシャル障壁を飛び越えて，核外へ放出されることはない．しかし量子力学では，そのような確率が存在する．このような現象を**トンネル効果**と呼ぶ．α崩壊は，トンネル効果によって起こる典型的な現象の一つと考えられている．

α粒子は物質中を通過すると，原子を電離または励起し，その運動エネルギーを失う．α粒子は電子線等に比べ，同じ程度のエネルギーでは速度がずっと小さい．そのため物質中を単位長さ進むのに多くの時間がかかり，その間物質中の原子と相互作用するので，α粒子が物質中で単位長さ進む間に，物質中の原子に与えるエネルギーは大きい．すなわち，α粒子を遮蔽するには少しの物質（10 cm 程度の空気層）で十分である．

放射線防護の観点からみると，α粒子は数 cm の空気層や皮膚の表面の死んだ細胞の層等で遮蔽されてしまうので，体外被爆の恐れは少ない．しかし，体内被爆には十分注意しなければならない．放射線が細胞に障害をもたらすのは，主に DNA が損傷することによる．DNA の損傷には一本鎖切断と二本鎖切断があるが，一本鎖切断は遺伝情報を失わずに回復可能であるのに対して，二本鎖切断では遺伝情報が失われ，細胞分裂の後の細胞に対して致命的な損傷を与えうる．α粒子は物質中を通過するとき，単位長さ当り物質に与えるエネルギーが大きいので，生体内では DNA の二本鎖切断をひき起こす確率が大きく，細胞に大きな障害を与える．

13.3.3 β崩壊

β崩壊の代表的な例は，原子核の崩壊ではないが，自由な（原子核中に束縛されていない）中性子の崩壊

$$n \to p + e^- + \bar{\nu}_e \tag{13.6}$$

である．ここで e^- は電子，また $\bar{\nu}_e$ は**反電子ニュートリノ**と呼ばれる反粒子である（ν_e が正粒子の電子ニュートリノ）．この崩壊は，電磁相互作用，強い相互作用，重力相互作用のどれとも異なった相互作用によってひき起こされると考えられており，相互作用の強さが電磁相互作用よりも弱いので，**弱い相互作用**と呼ぶ．弱い相互作用によってひき起こされた崩壊のときに放出される電子線を β **線**と呼び，この崩壊を β **崩壊**と呼ぶ．

ニュートリノは弱い相互作用と重力相互作用しかしない粒子であり，スピン 1/2 の粒子である．相互作用が非常に小さいので，その性質を詳しく調べることは難しい．質量もまだ上限の値しかわかってない．太陽から非常に多数のニュートリノが地球に降り注いでいるが，地球程度は簡単に通り抜けてしまうほど，相互作用は小さい．

式 (13.6) の崩壊で放出されるニュートリノは反粒子なのでレプトン数としては -1 と数えると，崩壊の前後でレプトン数が保存されていることがわかる．また核子数および電荷も崩壊の前後で保存している．

β 崩壊において，ニュートリノを直接観測することはかなり難しいので，通常，放出される β 線だけを観測する．エネルギーおよび運動量をニュートリノと分け合うので，α 線や γ 線とは違って，β 線は連続的に分布したエネルギースペクトルをもつ．β 線の最大エネルギーは放射性核種それぞれに特有の値をもつので，通常，β 線のエネルギーはその最大値で呼ぶ．一方，平均のエネルギーは大体最大値の 1/3 である．

原子核中では

$$p \to n + e^+ + \nu_e \tag{13.7}$$

という反応が起こることがある．ここで e^+ は電子の反粒子である**陽電子**を表す．この崩壊も β 崩壊と呼ぶが，この二つを区別するときは式 (13.6) の崩壊を β^- 崩壊，式 (13.7) の崩壊を β^+ 崩壊と呼ぶ．

β^+ 崩壊で放出された陽電子は，物質中を通過するとき，軌道電子を励起したり，電離したり，また制動放射をしたりしてそのエネルギーを失う．エネルギーを失った陽電子は，物質中の電子と**対消滅**して，二つの光子となる．

この光子は互いに正反対の方向に放出される.それぞれの光子のもつエネルギーは電子の静止エネルギーと同じ 0.511 [MeV] である.

原子核中では

$$p + e^- \rightarrow n + \nu_e \tag{13.8}$$

という反応が起こることもある.すなわち軌道電子を原子核内に捕獲することによって,原子核内の陽子が中性子に変わり,電子ニュートリノを放出する反応である.これを**軌道電子捕獲**と呼ぶ.軌道電子捕獲では一番エネルギー準位の低い軌道の電子が捕獲される確率が最も高く,この軌道電子捕獲により,原子は励起状態になるので,軌道電子捕獲に伴って,特性 X 線またはオージェ電子が放出される.

13.3.4 γ 崩壊

α 崩壊や β 崩壊によって,原子核が励起状態にあるとき,それよりもエネルギー準位の低い状態へ,光子を放出して遷移する.この遷移を γ **崩壊**と呼び,このときの光子を γ **線**と呼ぶ.複数のエネルギー準位へ強く遷移する場合,その放射性核種に特有な γ 線のエネルギーは一つ以上となる.

γ 線は半導体検出器により,高い感度で,高い分解能で測定可能であり,エネルギースペクトルを測定することにより,核種を同定しやすいという特徴をもつ.

γ 崩壊において,γ 線を放出せず,そのエネルギーを軌道電子に与えて,これを放出させることがある.これを**内部転換**と呼び,またこれによって放出された電子を**内部転換電子**と呼ぶ.内部転換電子は単色のスペクトルをもつので,β 線とは容易に区別される.内部転換の場合も一番エネルギー準位の低い軌道の電子が放出される確率が最も高く,内部転換に伴って,特性 X 線またはオージェ電子が放出される.

X 線および γ 線が物質に入射し,その原子の軌道電子を電離させてエネルギーを失う現象を**光電効果**という.このとき,電離された電子を**光電子**という.また,光子と電子の弾性散乱のことをコンプトン効果という.光子はもっていたエネルギーと運動量の一部を散乱された電子に与えるので,コンプトン散乱後,

光子のエネルギーは小さくなる．電子の静止エネルギーの2倍である 1.02 [MeV] より大きなエネルギーをもつ光子は，原子核の近くを通過するとき，原子核の作る強いクーロン場の元で，電子と陽電子の対を作って完全に消滅することがある．これを**電子対生成**という．これらの過程を通して，X線および γ 線は物質と相互作用をし，そのエネルギーを失う．

付　録　A

A.1　ベ ク ト ル

　空間における物体の運動を表現するために必要な数学的道具の一つにベクトル量がある．高校の数学で習ったように，ベクトル量とは「向き」と「大きさ」をもつ量である．それに対し，「大きさ」だけをもつ量（実数のようなふつうの数で表せる量）を**スカラー量**と呼ぶ．今後ニュートン力学で登場する量はすべてベクトル量かスカラー量のいずれかに分類できる．特に，ニュートン力学で物体の運動を表現するために必要なベクトル量には**位置，速度，加速度，力，運動量，力積，角運動量，トルク（力のモーメント）**がある．また，スカラー量には**速さ，角度，力学的エネルギー**などがある．ニュートン力学を学ぶうえで，どの量がベクトル量でどの量がスカラー量なのかをきちんと認識しておくことは重要な事柄である．

　物体の運動について考えるとき，ベクトル量の計算が必要になる．高校の数学で習っている内容とも重複するが，復習も兼ねて，ベクトル量の計算規則について説明する．なお，このあとベクトル量は太文字のアルファベット $\boldsymbol{a},\boldsymbol{b},\boldsymbol{c},\cdots,\boldsymbol{A},\boldsymbol{B},\boldsymbol{C},\cdots$ または矢印つきのアルファベット $\vec{a},\vec{b},\vec{c},\cdots,\vec{A},\vec{B},\vec{C},\cdots$ で表し，スカラー量はふつうのアルファベット $a,b,c,\cdots,A,B,C,\cdots$ で表す．

　ベクトル $\boldsymbol{a}$ は図で表すと矢線で表される（図 A.1）．ベクトル $\boldsymbol{a}$ とベクトル $\boldsymbol{b}$ の和と差は図 A.2，A.3 で表される．ベクトルの表し方は上記の矢線を用いた表示法の他に成分による表示法もある．実際にベクトルの計算を行うとき，むしろこの成分表示の方が便利な場合が多い．

　ベクトル $\boldsymbol{a}$ を 3 次元座標の上で考えるとき，その成分表示は，たとえば

$$\boldsymbol{a} = (a_x, a_y, a_z) \tag{A.1}$$

のように書ける（図 A.4）．この表示法は高校の数学で習っているはずなので，馴染み深い物であろう．次に，ベクトル $\boldsymbol{a}$ の成分表示 (A.1) は，X 軸，Y 軸，Z 軸の正の

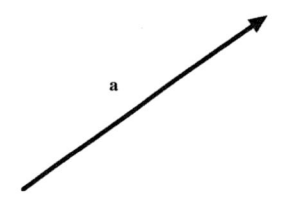

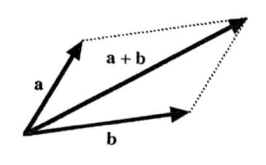

図 A.1 ベクトル　　　　図 A.2 ベクトルの和

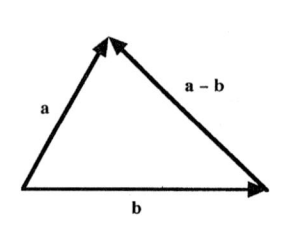

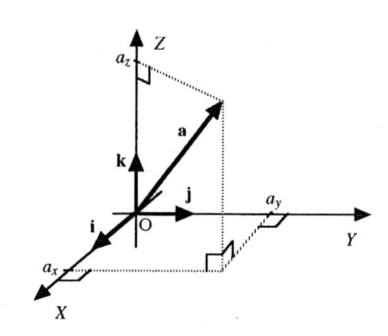

図 A.3 ベクトルの差　　図 A.4 ベクトルの成分

向きの単位ベクトルをそれぞれ $i=(1,0,0)$, $j=(0,1,0)$, $k=(0,0,1)$ として，

$$a = a_x i + a_y j + a_z k \tag{A.2}$$

と表すこともできる．ここで，i, j, k はそれぞれ X 軸方向，Y 軸方向，Z 軸方向の**基本ベクトル**と呼ばれる．

〔例題 A.1〕 成分表示 (A.1) が成分表示 (A.2) と表されることを具体的に示せ．
（解）

$$\begin{aligned} a &= (a_x, a_y, a_z) \\ &= (a_x, 0, 0) + (0, a_y, 0) + (0, 0, a_z) \\ &= a_x(1, 0, 0) + a_y(0, 1, 0) + a_z(0, 0, 1) \\ &= a_x i + a_y j + a_z k \end{aligned}$$

(A.2) の成分表示を用いたベクトルの計算は (A.1) の成分表示での計算と全く同様に行うことができる．たとえば，ベクトル $a=(a_x,a_y,a_z)=a_x i+a_y j+a_z k$ と $b=(b_x,b_y,b_z)=b_x i+b_y j+b_z k$ の和，差，スカラー倍はそれぞれ，

$$\begin{aligned} a+b &= (a_x+b_x, a_y+b_y, a_z+b_z) \\ &= (a_x+b_x)i + (a_y+b_y)j + (a_z+b_z)k \end{aligned} \tag{A.3}$$

A.1 ベクトル

$$a - b = (a_x - b_x, a_y - b_y, a_z - b_z)$$
$$= (a_x - b_x)\boldsymbol{i} + (a_y - b_y)\boldsymbol{j} + (a_z - b_z)\boldsymbol{k} \tag{A.4}$$
$$k\boldsymbol{a} = (ka_x, ka_y, ka_z)$$
$$= ka_x\boldsymbol{i} + ka_y\boldsymbol{j} + ka_z\boldsymbol{k} \ ; \ k : 任意の実数 \tag{A.5}$$

となる.また,ベクトル $\boldsymbol{a}$ と $\boldsymbol{b}$ の内積についても (A.1) と (A.2) は全く同じ表式

$$\boldsymbol{a} \cdot \boldsymbol{b} = a_x b_x + a_y b_y + a_z b_z \tag{A.6}$$

を与える.ここで,内積はスカラー量であることにも注意してほしい.

ここで,「高校で習った成分表示 (A.1) がわかっているのだから,わざわざ新たに成分表示 (A.2) を導入する必要はないのでは?」と思う読者がいるかも知れないが,ニュートン力学で出てくるベクトルの計算を行うとき,成分表示 (A.2) はいろいろな面で便利である.たとえば,後に導入する角運動量は位置ベクトルと運動量ベクトルの外積として定義され,この外積という演算を理解するときに,(A.2) の成分表示を用いると理解しやすい.また,$\boldsymbol{v} = (abcx^3 + 2d^2efx + 4gh^2ix + 6jkl^2x, mnox^3 + 2p^2qrx + 4st^2ux + 6vwy^2x, mncx^3 + 2e^2ghx + 4id^2kx + 6vwy^2x)$ のように長い成分は

$$\boldsymbol{v} = (abcx^3 + 2d^2efx + 4gh^2ix + 6jkl^2x)\boldsymbol{i}$$
$$+ (mnox^3 + 2p^2qrx + 4st^2ux + 6vwy^2x)\boldsymbol{j}$$
$$+ (mncx^3 + 2e^2ghx + 4id^2kx + 6vwy^2x)\boldsymbol{k}$$

と書いた方が見やすくなる.(A.2) の成分表示にも是非慣れてもらいたい.

〔例題 A.2〕基本ベクトルどうしの内積を求めよ.
(解)
$$\boldsymbol{i} \cdot \boldsymbol{i} = \boldsymbol{j} \cdot \boldsymbol{j} = \boldsymbol{k} \cdot \boldsymbol{k} = 1$$
$$\boldsymbol{i} \cdot \boldsymbol{j} = \boldsymbol{j} \cdot \boldsymbol{k} = \boldsymbol{k} \cdot \boldsymbol{i} = 0$$

〔例題 A.3〕$\boldsymbol{a} = \boldsymbol{i} + 2\boldsymbol{j} - 3\boldsymbol{k}$, $\boldsymbol{b} = 3\boldsymbol{i} - 4\boldsymbol{j} + 5\boldsymbol{k}$ のとき,次の (1) ~ (10) の量を計算せよ.

(1) $|\boldsymbol{a}|$ (2) $|\boldsymbol{b}|$ (3) $2\boldsymbol{a} + 3\boldsymbol{b}$
(4) $\boldsymbol{a} \cdot \boldsymbol{b}$ (5) $\dfrac{\boldsymbol{a}}{|\boldsymbol{a}|}$ (6) $\dfrac{\boldsymbol{b}}{|\boldsymbol{b}|}$
(7) $(\boldsymbol{a} \cdot \boldsymbol{b})(\boldsymbol{a} + \boldsymbol{b})$ (8) $(\boldsymbol{a} \cdot \boldsymbol{b})(\boldsymbol{a} - \boldsymbol{b})$ (9) $(\boldsymbol{a} \cdot \boldsymbol{b})(\boldsymbol{a} + \boldsymbol{b})^2$
(10) $(\boldsymbol{a} \cdot \boldsymbol{b})(\boldsymbol{a} - \boldsymbol{b})^2$

(解)
(1) $\sqrt{14}$ (2) $5\sqrt{2}$ (3) $11\boldsymbol{i} - 8\boldsymbol{j} + 9\boldsymbol{k}$
(4) -20 (5) $\dfrac{\sqrt{14}}{14}\boldsymbol{i} + \dfrac{\sqrt{14}}{7}\boldsymbol{j} - \dfrac{3\sqrt{14}}{14}\boldsymbol{k}$ (6) $\dfrac{3\sqrt{2}}{10}\boldsymbol{i} - \dfrac{2\sqrt{2}}{5}\boldsymbol{j} + \dfrac{\sqrt{2}}{2}\boldsymbol{k}$
(7) $-80\boldsymbol{i} + 40\boldsymbol{j} - 40\boldsymbol{k}$ (8) $40\boldsymbol{i} - 120\boldsymbol{j} + 160\boldsymbol{k}$ (9) -480
(10) -2080

図 A.5 外積   図 A.6 右ねじ

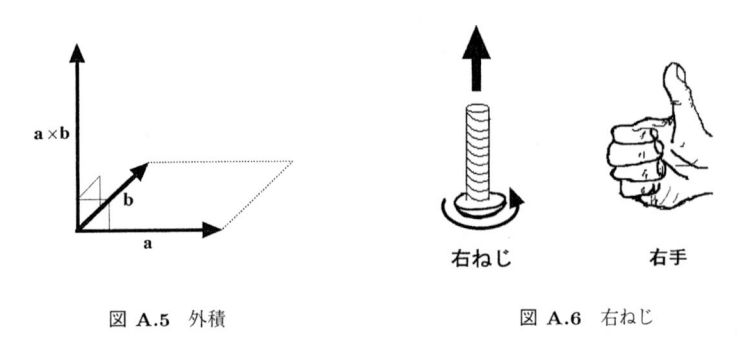

A.2 ベクトルの外積

A.1 節で登場したベクトルの内積は二つのベクトル量から一つのスカラー量を作る演算である．ベクトルどうしの積には，この内積の他に，二つのベクトル量から一つのベクトル量を作る**外積**という演算もある．

まず，外積から作られるベクトルを幾何的に定義する．二つのベクトル a, b を 3 次元空間の中に用意する．a と b から作られる外積は $a \times b$ と書かれる．$a \times b$ はベクトル量であり，このベクトルは図のうえで次のように表される．

(1) 適当な平行移動をして，a と b の始点を重ねる．
(2) $a \times b$ の向きは a と b の両方に垂直な方向で，a から b へ右ねじをまわして**進む向き**である．
(3) $a \times b$ の大きさは a と b が作る平行四辺形の面積である（図 A.5）．

ここで，「a から b へ右ねじをまわして進む向き」とは右手の小指から人さし指までの 4 本の指を a から b へ回転させる向きに握り，残りの親指を立てた向きである（図 A.6）[*1]．また，図 A.5 より，a と b の間の小さい方の角度を θ とすると，a と b が作る平行四辺形の面積は $|a||b|\sin\theta$ と表される．以上をまとめると，外積 $a \times b$ は次の 3 条件を満たすベクトル量である．

> 方向： a と b に垂直．
> 向き： a から b へ右ねじをまわして進む向き．
> 大きさ： a と b からできる平行四辺形の面積 $|a||b|\sin\theta$．

[*1] 通常，ねじはこの右ねじの向きに進むように作られている．身の周りにあるねじをドライバーでまわして確かめてみよ．

A.2 ベクトルの外積

〔例題 A.4〕 基本ベクトルどうしの外積を求めよ.

（解）
基本ベクトルどうしの外積は

$$i \times j, \quad j \times i, \quad j \times k, \quad k \times j, \quad k \times i,$$
$$i \times k, \quad i \times i, \quad j \times j, \quad k \times k$$

である．たとえば，この中で，$i \times j$ について考えてみる．まず，このベクトルはベクトル i とベクトル j の両方に垂直なので，Z 軸方向を向いていることがわかる．次に，向きは，i から j へ右ねじをまわして進む向きなので，Z 軸の正方向を向いていることがわかる．さらに，$i \times j$ の大きさは i と j が作る平行四辺形，つまり一辺の長さが 1 の正方形の面積と等しく，1 となる．以上の事から，$i \times j$ はすなわち Z 軸方向の単位ベクトル k となる．また，同じ基本ベクトルどうしの外積については，向きは決まらないが，その大きさはいずれの場合も 0 であるので，ゼロベクトルになる．他の組合せについても同様の考察ができ，それらをまとめてすべて書き下すと

$$i \times j = -j \times i = k, \quad j \times k = -k \times j = i, \quad k \times i = -i \times k = j,$$
$$i \times i = j \times j = k \times k = 0$$

という結果になる．この結果は外積の成分表示を扱うときの基礎になる．

上記の外積の定義から，外積には一般に次の重要な性質があることがわかる．3 種類のベクトル a, b, c に対し

$$a \times (b \pm c) = a \times b \pm a \times c \tag{A.7}$$

$$(ta) \times b = a \times (tb) = t(a \times b) \qquad (t \text{ は任意の実数}) \tag{A.8}$$

$$a \times b = -b \times a \tag{A.9}$$

(A.7) と (A.8) の性質は外積の定義から導かれるものであるが，その導出法は長くなるためここでは省略する．これらは高校の数学で出てきたベクトルどうしの内積にも同様の性質があり，見なれていることと思う．(A.9) の性質は**反交換則**と呼ばれ，外積に特有の性質である．この性質の妥当性は図 A.7 から明らかであろう．

また，反交換則 (A.9) から次のことがわかる．

$$a \times a = -a \times a = 0 \tag{A.10}$$

つまり，どんなベクトルも自分自身との外積は必ずゼロベクトルになる．これに関する 1 例は例題 A.4 の基本ベクトルどうしの外積の中に現れたことを思い出そう．さらに，(A.10) からは次のことがわかる．

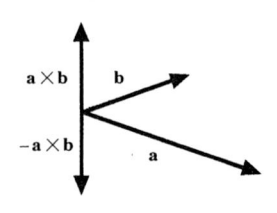

図 A.7　反交換則

$$\boldsymbol{a} \times t\boldsymbol{a} = t\boldsymbol{a} \times \boldsymbol{a} = \boldsymbol{0} \qquad (t \text{ は任意の実数}) \qquad (\text{A.11})$$

ここで，$t\boldsymbol{a}$ は $\boldsymbol{a}$ と平行なベクトルであり，すなわち，互いに平行なベクトルどうしの外積は常にゼロベクトルになる．

A.3　外積の成分表示

A.2 節で説明したベクトルの外積の定義はベクトルの図に依存するところが多く，実際の計算には多少不便なところがある．そこで，外積を計算しやすい形式に表すことにする．それが以下で説明する外積の成分表示である．

二つのベクトル $\boldsymbol{a}$ と $\boldsymbol{b}$ の成分表示をそれぞれ $\boldsymbol{a} = a_x\boldsymbol{i} + a_y\boldsymbol{j} + a_z\boldsymbol{k}$ と $\boldsymbol{b} = b_x\boldsymbol{i} + b_y\boldsymbol{j} + b_z\boldsymbol{k}$ とするとき，それらの外積は式 (A.7)，(A.8) および例題 A.4 の結果から

$$\begin{aligned}
\boldsymbol{a} \times \boldsymbol{b} &= (a_x\boldsymbol{i} + a_y\boldsymbol{j} + a_z\boldsymbol{k}) \times (b_x\boldsymbol{i} + b_y\boldsymbol{j} + b_z\boldsymbol{k}) \\
&= a_x b_x \boldsymbol{i} \times \boldsymbol{i} + a_x b_y \boldsymbol{i} \times \boldsymbol{j} + a_x b_z \boldsymbol{i} \times \boldsymbol{k} + a_y b_x \boldsymbol{j} \times \boldsymbol{i} + a_y b_y \boldsymbol{j} \times \boldsymbol{j} \\
&\quad + a_y b_z \boldsymbol{j} \times \boldsymbol{k} + a_z b_x \boldsymbol{k} \times \boldsymbol{i} + a_z b_y \boldsymbol{k} \times \boldsymbol{j} + a_z b_z \boldsymbol{k} \times \boldsymbol{k} \\
&= a_x b_y \boldsymbol{i} \times \boldsymbol{j} + a_x b_z \boldsymbol{i} \times \boldsymbol{k} + a_y b_x \boldsymbol{j} \times \boldsymbol{i} + a_y b_z \boldsymbol{j} \times \boldsymbol{k} + a_z b_x \boldsymbol{k} \times \boldsymbol{i} + a_z b_y \boldsymbol{k} \times \boldsymbol{j} \\
&= (a_y b_z - a_z b_y)\boldsymbol{i} + (a_z b_x - a_x b_z)\boldsymbol{j} + (a_x b_y - a_y b_x)\boldsymbol{k} \qquad (\text{A.12})
\end{aligned}$$

と計算できる．(A.12) の結果が外積の成分表示である．ここで得られた外積のベクトルの成分表示が，A.2 節で説明したベクトルの外積の定義と合致することは，各自で確かめてほしい．

〔例題 A.5〕ベクトル $\boldsymbol{a} = 2\boldsymbol{i} + 3\boldsymbol{j} - 4\boldsymbol{k}, \boldsymbol{b} = \boldsymbol{i} + 2\boldsymbol{j} - 3\boldsymbol{k}, \boldsymbol{c} = -2\boldsymbol{i} - 4\boldsymbol{j} + 3\boldsymbol{k}$ について，次の (1)～(5) の量を計算せよ．

(1) $\boldsymbol{a} \times \boldsymbol{b}$　　(2) $(2\boldsymbol{a}) \times (3\boldsymbol{b})$　　(3) $\boldsymbol{a} \times (2\boldsymbol{b} + 3\boldsymbol{c})$
(4) $\boldsymbol{a} \times (\boldsymbol{b} \times \boldsymbol{c})$　　(5) $\boldsymbol{a} \cdot (\boldsymbol{b} \times \boldsymbol{c})$

（解）　(1) $-\boldsymbol{i}+2\boldsymbol{j}+\boldsymbol{k}$　　(2) $-6\boldsymbol{i}+12\boldsymbol{j}+6\boldsymbol{k}$　　(3) $-23\boldsymbol{i}+10\boldsymbol{j}-4\boldsymbol{k}$
　　　(4) $12\boldsymbol{i}+24\boldsymbol{j}+24\boldsymbol{k}$　　(5) -3

A.4　ベクトル関数

A.4.1　1変数のベクトル関数

I を実数軸上の一つの区間とする．t が区間 I 上を動くとき，各 t に対応して一つのベクトル $\boldsymbol{a}(t)$ が定まるとき，$\boldsymbol{a}(t)$ を区間 I 上で定義された**ベクトル関数**という．

空間の直交座標を $\mathrm{O}xyz$ とするとき，$\boldsymbol{a}(t)$ の成分を

$$(a_x(t),\ a_y(t),\ a_z(t))$$

とすれば，ベクトル関数 $\boldsymbol{a}(t)$ を与えることは，t の3個の関数 $a_x(t),\ a_y(t),\ a_z(t)$ を与えることに他ならない．

A.4.2　ベクトル関数の微分

$\boldsymbol{a}(t)$ を実数 t の区間 I で定義されたベクトル関数とする．

$$\Delta\boldsymbol{a}=\boldsymbol{a}(t+\Delta t)-\boldsymbol{a}(t)$$

とするとき，変数 t の区間 I において

$$\lim_{\Delta t\to 0}\frac{\Delta\boldsymbol{a}}{\Delta t}$$

が存在するとき，$\boldsymbol{a}(t)$ は区間 I で微分可能であるといい，これを

$$\frac{d\boldsymbol{a}}{dt}$$

と表す．$d\boldsymbol{a}/dt$ を $\boldsymbol{a}(t)$ の導関数という．

空間の直交座標を $\mathrm{O}xyz$ とすれば，t の区間 I で $\boldsymbol{a}(t)$ が微分可能であるということは，区間 I で $\boldsymbol{a}(t)$ の成分 $a_x(t),\ a_y(t),\ a_z(t)$ が微分可能で，それぞれの関数の導関数

$$\frac{da_x(t)}{dt},\ \frac{da_y(t)}{dt},\ \frac{da_z(t)}{dt}$$

が存在することに他ならない．また，3個の関数 $a_x(t),\ a_y(t),\ a_z(t)$ が k 回連続微分可能であるとき，$\boldsymbol{a}(t)$ は k 回連続微分可能あるいは $\boldsymbol{C}^k$ 級であるという．

$\boldsymbol{a}(t),\ \boldsymbol{b}(t)$ をベクトル関数とするとき，次の式が成り立つ．

(1) λ, μ を任意の定数とするとき,
$$\frac{d}{dt}(\lambda \boldsymbol{a}(t) + \mu \boldsymbol{b}(t)) = \lambda \frac{d\boldsymbol{a}(t)}{dt} + \mu \frac{d\boldsymbol{b}(t)}{dt}$$

(2) 内積 $\boldsymbol{a} \cdot \boldsymbol{b}$ が定義されているとき,
$$\frac{d}{dt}(\boldsymbol{a} \cdot \boldsymbol{b}) = \frac{d\boldsymbol{a}(t)}{dt} \cdot \boldsymbol{b}(t) + \boldsymbol{a} \cdot \frac{d\boldsymbol{b}(t)}{dt}$$

(3) 外積 $\boldsymbol{a} \times \boldsymbol{b}$ が定義されているとき,
$$\frac{d}{dt}(\boldsymbol{a} \times \boldsymbol{b}) = \frac{d\boldsymbol{a}(t)}{dt} \times \boldsymbol{b}(t) + \boldsymbol{a} \times \frac{d\boldsymbol{b}(t)}{dt}$$

A.4.3　ベクトル関数の積分

$\boldsymbol{a}(t)$ を区間 $[\alpha, \beta]$ で連続なベクトル関数とするとき, これを分割して
$$\alpha = t_0 < t_1 < t_2 < \cdots < t_n = \beta$$
とし, $t_{i-1} \leq \tau_i \leq t_i$ となる τ_i を各小区間 $[t_{i-1}, t_i]$ から任意に一つずつ選んで, 和
$$\boldsymbol{s}_\Delta = \sum_{i=1}^{n} \boldsymbol{a}(\tau_i)(t_i - t_{i-1})$$
を作る. $\max|t_1 - t_0|, |t_2 - t_1|, \cdots, |t_n - t_{n-1}|$ が 0 に近づくとき, 一定のベクトル $\boldsymbol{s}$ に限りなく近づくとき, これを
$$\boldsymbol{s} = \int_\alpha^\beta \boldsymbol{a}(t) dt$$
と書き, 区間 $[\alpha, \beta]$ における $\boldsymbol{a}(t)$ の積分という. $\boldsymbol{a}(t)$, $\boldsymbol{b}(t)$ をベクトル関数とするとき, 次の式が成り立つ.

λ, μ を任意の定数とするとき,
$$\int_\alpha^\beta (\lambda \boldsymbol{a}(t) + \mu \boldsymbol{b}(t)) dt = \lambda \int_\alpha^\beta \boldsymbol{a}(t) dt + \mu \int_\alpha^\beta \boldsymbol{b}(t) dt$$

A.5　スカラー場とベクトル場

A.5.1　スカラー場

空間の点集合 D の各点 P に対して一つのスカラー f_P が対応するとき, f を D 上で定義された**スカラー場**という. D を f の定義域という. 空間の直交座標を $Oxyz$

とすれば，D 上のスカラー場とは D 上で定義された 3 変数関数 $f(x, y, z)$ に他ならない．

f, g を D 上のスカラー場とするとき，和 $f + g$，差 $f - g$，積 $f \cdot g$ も D 上のスカラー場となる．また，D 上のいたるところで $g \neq 0$ ならば，商 f/g もまた D 上のスカラー場となる．

A.5.2　ベクトル場

空間の点集合 D の各点 P に対して一つのベクトル $\boldsymbol{a}_P$ が対応するとき，$\boldsymbol{a}$ を D 上で定義された**ベクトル場**という．空間の直交座標を $Oxyz$ とすれば，D 上のベクトル場とは D 上で定義された 3 変数のベクトル関数 $\boldsymbol{a}(x, y, z)$ に他ならない．

$\boldsymbol{a}, \boldsymbol{b}$ を D 上のベクトル場とするとき，和 $\boldsymbol{a} + \boldsymbol{b}$，差 $\boldsymbol{a} - \boldsymbol{b}$ も D 上のベクトル場となる．また，f を D 上のスカラー場，$\boldsymbol{a}$ を D 上のベクトル場とするとき，これらの積 $f\boldsymbol{a}$ は D 上のベクトル場となる．

A.5.3　スカラー場の勾配

f を定義域 D 上で定義された C^1 級のスカラー場とするとき，ベクトル場 $\mathrm{grad} f$ を次のように定義する．

$$\mathrm{grad} f = \left(\frac{\partial f}{\partial x}, \frac{\partial f}{\partial y}, \frac{\partial f}{\partial z} \right)$$

$\mathrm{grad} f$ をスカラー場 f の**勾配**（gradient）という．

A.5.4　ベクトル場の回転

$Oxyz$ を正の向きの直行座標系とする．D 上の C^1 級のベクトル場 $\boldsymbol{a}$ に対してベクトル場 $\mathrm{rot}\, \boldsymbol{a}$ を次のように定義する．

$$\mathrm{rot}\, \boldsymbol{a} = \left(\frac{\partial a_z}{\partial y} - \frac{\partial a_y}{\partial z},\ \frac{\partial a_x}{\partial z} - \frac{\partial a_z}{\partial x},\ \frac{\partial a_y}{\partial x} - \frac{\partial a_x}{\partial y} \right)$$

ベクトル場 $\mathrm{rot}\, \boldsymbol{a}$ をベクトル場 $\boldsymbol{a}$ の**回転**（rotation）と呼ぶ．

A.5.5　ベクトル場の発散

D 上の C^1 級のベクトル場 $\boldsymbol{a}$ に対してスカラー場 $\mathrm{div}\, \boldsymbol{a}$ を定義する．

$$\mathrm{div}\, \boldsymbol{a} = \frac{\partial a_x}{\partial x} + \frac{\partial a_y}{\partial y} + \frac{\partial a_z}{\partial z}$$

スカラー場 $\mathrm{div}\, \boldsymbol{a}$ をベクトル場 $\boldsymbol{a}$ の**発散**（divergence）と呼ぶ．

A.5.6 線積分

空間内の開集合 D 上で定義された1次微分形式

$$\omega = a_x dx + a_y dy + a_z dz$$

空間内の開集合 D 内に向きをもつ曲線

$$C : x = x(t),\ y = y(t),\ z = z(t) \quad (\alpha \leq t \leq \beta)$$

が与えられているとする．C は t に関して連続な導関数をもつものとする．a_x, a_y, a_z を x, y, z の連続関数とするとき，積分

$$\int_\alpha^\beta (a_x \frac{dx}{dt} + a_y \frac{dy}{dt} + a_z \frac{dz}{dt}) dt$$

を，曲線 C 上での1次微分形式

$$\omega = a_x dx + a_y dy + a_z dz$$

の**線積分**といい，

$$\int_C a_x dx + a_y dy + a_z dz$$

または

$$\int_C \omega$$

と表す．

線積分の値は C の向きを変えると符号が変わる．

$$\int_{-C} a_x dx + a_y dy + a_z dz = -\int_C a_x dx + a_y dy + a_z dz$$

［証明］ $\tau = \alpha + \beta - t$ とすれば曲線

$$-C : x = x(\alpha+\beta-\tau),\ y = y(\alpha+\beta-\tau),\ z = z(\alpha+\beta-\tau) \quad (\alpha \leq \tau \leq \beta)$$

は C と向きが反対の曲線である．このとき，

$$\frac{dx}{d\tau} = -\frac{dx}{dt},\ \frac{dy}{d\tau} = -\frac{dy}{dt},\ \frac{dz}{d\tau} = -\frac{dz}{dt}$$

だから，

$$\int_{-C} a_x dx + a_y dy + a_z dz = \int_\alpha^\beta (a_x \frac{dx}{d\tau} + a_y \frac{dy}{d\tau} + a_z \frac{dz}{d\tau}) d\tau$$

$$= -\int_\alpha^\beta (a_x \frac{dx}{dt} + a_y \frac{dy}{dt} + a_z \frac{dz}{dt})dt$$

$$= -\int_C a_x dx + a_y dy + a_z dz$$

線積分の値は向きを変えない変数変換に対して不変である．特に，媒介変数 t として曲線 C の弧の長さ s を選んだとき $\int_C \omega$ は曲線 C 上の接戦線積分と呼ばれる．

$$(\frac{dx}{ds}, \frac{dy}{ds}, \frac{dz}{ds})$$

は曲線 C の単位接ベクトルを与えるから，これを $\boldsymbol{n}$ と表せば，C の弧長を L として

$$\int_C \omega = \int_0^L \boldsymbol{a} \cdot \boldsymbol{n} ds$$

と表すことができる．さらに，$\boldsymbol{n}ds$ を $d\boldsymbol{r}$ と表せば

$$\int_C \omega = \int_C \boldsymbol{a} \cdot d\boldsymbol{r}$$

と表すことができる．したがって，線積分の値は直交座標系 $\mathrm{O}xyz$ のとり方に依らないことがわかる．$a_x dx + a_y dy + a_z dz$ は $\boldsymbol{a} = (a_x, a_y, a_z)$ と $d\boldsymbol{r} = (dx, dy, dz)$ のスカラー積 $\boldsymbol{a} \cdot d\boldsymbol{r}$ だからである．

練習問題略解

〈1章〉

1) (1) x, y, z から時刻 t を消去すると
$$\frac{x^2}{4} + \frac{y^2}{6} = 1, \ z = 1$$
したがって，軌跡は $z = 1$ の平面内における，長軸半径の長さ $\sqrt{6}$，短軸半径の長さ 2 の楕円になる．

(2) 位置ベクトル $\boldsymbol{r}$ を時刻 t で微分して
$$\boldsymbol{v} = \dot{\boldsymbol{r}} = 2\sqrt{2}\pi\{\cos(2\pi t) - \sin(2\pi t)\}\boldsymbol{i} + 2\sqrt{3}\pi\{\cos(2\pi t) + \sin(2\pi t)\}\boldsymbol{j}$$

(3) $\boldsymbol{r} \cdot \boldsymbol{v} = 2\pi\{\sin^2(2\pi t) - \cos^2(2\pi t)\}$

(4) $(\boldsymbol{r} \times \boldsymbol{v})_z = 4\pi\sqrt{6}$

(5) (2) で求めた速度 $\boldsymbol{v}$ を時刻 t で微分して
$$\boldsymbol{a} = \dot{\boldsymbol{v}} = -4\sqrt{2}\pi^2\{\sin(2\pi t) + \cos(2\pi t)\}\boldsymbol{i} - 4\sqrt{3}\pi^2\{\sin(2\pi t) - \cos(2\pi t)\}\boldsymbol{j}$$

(6) (5) で求めた加速度 $\boldsymbol{a}$ は $\boldsymbol{a} = -4\pi^2(x\boldsymbol{i} + y\boldsymbol{j})$ と書ける．また (1) で求めたように，この物体は $z = 1$ の平面内で運動するため，加速度 $\boldsymbol{a}$ は常に点 $(0, 0, 1)$ を向くことがわかる．

2) (1) X 方向 : $m\dfrac{d^2x}{dt^2} = 0$, Y 方向 : $m\dfrac{d^2y}{dt^2} = -mg$

(2) (1) の運動方程式を初期条件「時刻 $t = 0$ のとき速度 $v_0\cos(30°)\boldsymbol{i} + v_0\sin(30°)\boldsymbol{j} = \dfrac{\sqrt{3}}{2}v_0\boldsymbol{i} + \dfrac{v_0}{2}\boldsymbol{j}$」の下で解くと
$$\frac{\sqrt{3}}{2}v_0\boldsymbol{i} + \left(-gt + \frac{v_0}{2}\right)\boldsymbol{j}$$

(3) (2) の速度を時刻 t で積分し，初期条件「時刻 $t = 0$ のとき位置 $(0, h)$」を課すと
$$\frac{\sqrt{3}}{2}v_0 t\,\boldsymbol{i} + \left(-\frac{g}{2}t^2 + \frac{v_0}{2}t + h\right)\boldsymbol{j}$$

(4) (3) で求めた位置の X 成分と Y 成分から時刻 t を消去すると
$$y = -\frac{2g}{3v_0^2}x^2 + \frac{\sqrt{3}}{3}x + h$$

(5) $H = \dfrac{v_0{}^2}{8g} + h$

3) (1) $m\dfrac{d\boldsymbol{v}}{dt} = -mg\boldsymbol{j} - k\boldsymbol{v}$

(2) (1) の運動方程式を初期条件「時刻 $t=0$ のとき速度 $v_0\,\boldsymbol{i}$」の下で解くと
$$v_x = v_0 e^{-\frac{k}{m}t}$$
$$v_y = \dfrac{mg}{k}\left(e^{-\frac{k}{m}t} - 1\right)$$

(3) (2) の速度を時刻 t で積分し，初期条件「時刻 $t=0$ のとき位置 $(0,h)$」を課すと
$$x = \dfrac{mv_0}{k}\left(1 - e^{-\frac{k}{m}t}\right)$$
$$y = \dfrac{m^2 g}{k^2}\left(1 - e^{-\frac{k}{m}t}\right) - \dfrac{mg}{k}t + h$$

(4) (2) で求めた速度の X 成分と Y 成分で時刻 t を $t \to \infty$ にすると
$$\boldsymbol{v} \to -\dfrac{mg}{k}\boldsymbol{j}$$

(5) (3) で求めた速度の X 成分で時刻 t を $t \to \infty$ にすると
$$x \to L = \dfrac{mv_0}{k}$$

4) (1) 振幅：$\dfrac{v_0}{\omega} = v_0\sqrt{\dfrac{m}{k}}$，初期位相：$\dfrac{\pi}{2}$，速度：$v = v_0\cos\omega t$

(2) 振幅：a，初期位相：0，速度：$v = -a\omega\sin\omega t$

5) (1) $0 < c < 2\sqrt{mk}$

(2) $x = e^{-\frac{c}{2m}t}\left\{A\sin\left(\dfrac{\sqrt{4mk - c^2}}{2m}t\right) + B\cos\left(\dfrac{\sqrt{4mk - c^2}}{2m}t\right)\right\}$；$A, B$ は積分定数．

〈2 章〉

1) $mg\cos 30° \times 30\,[\mathrm{m}] = 5.09 \times 10^3\,[\mathrm{J}]$

2) $W = \int_a^b kx\,dx = (k/2)(b^2 - a^2)$

3) (1) $\dfrac{1}{2}mv^2 = 9.76 \times 10^3\,[\mathrm{J}]$，(2) 運動エネルギーの分だけ仕事をするから $9.76 \times 10^3\,[\mathrm{J}]$，(3) $Fs = W$ より，$F = W/s = 9.76 \times 10^3\,[\mathrm{N}]$

4) 運動エネルギーの増加量は位置エネルギーの減少量に等しいから，
$K = \dfrac{1}{2}mv^2 = mg\times 5\,[\mathrm{m}]\times \sin 60° = 85\,[\mathrm{J}]$，$v = \sqrt{2K/m} = 9.2\,[\mathrm{m\cdot s^2}]$

5) エネルギー保存則より，$\dfrac{1}{2}mv^2 + \dfrac{1}{2}kx^2 = \dfrac{1}{2}kx_0^2$

6) 仕事率 $= mgh/t = 4.7 \times 10^3\,[\mathrm{W}]$

7) 向心力＝万有引力より，$mv^2/r = GMm/r^2$，$\therefore \dfrac{1}{2}mv^2 = GMm/2r$，力学的エネルギー $= \dfrac{1}{2}mv^2 - GMm/r = -GMm/2r$

8) 前問と同様にして向心力＝電気力より，$mv^2/r = 2.3 \times 10^{-28}/r^2$，$\therefore \dfrac{1}{2}mv^2 = 2.2 \times 10^{-18}\,[\mathrm{J}]$，力学的エネルギー $= \dfrac{1}{2}mv^2 - 2.3 \times 10^{-28}/r = -2.2 \times 10^{-18}\,[\mathrm{J}]$

9) 位置エネルギーの減少量 $(V) = mgh = mg \times 75\,[\mathrm{m}]$, 滑り降りたときの運動エネルギー $(K) = \dfrac{1}{2}mv^2 = \dfrac{1}{2}m(25\,[\mathrm{m\cdot s^{-1}}])^2$, これから散逸したエネルギーの割合 $(V-K)/V = 57\%$. 一定の散逸力が作用すると考えると等加速度運動する. 等加速度運動では, 軌道上の 2 地点の距離 s, 2 地点での速度 v_1, v_2, 加速度 a の間には, $v_2 - v_1 = 2as$ が成り立つ. この式から, 加速度 $a = 2.1\,[\mathrm{m\cdot s^{-2}}]$ を得る. この加速度は斜面の方向の重力と散逸力の差によって生じるから, $\dfrac{1}{2}mg - $ 散逸力 $= ma$ が成り立つ. これから得られる散逸力は重力 mg の 29%である.

10) 等加速度運動の速度, 加速度, 移動距離の関係を与える式 $v_2 - v_1 = 2as$ を用いて, 加速度 $a = 2.4\,[\mathrm{m\cdot s^{-2}}]$ を得る. 運動方程式 $ma = F - 0.11\,mg$ から, $F = 24\,[\mathrm{N}]$.

11) 上昇する高さを x とすると, $\dfrac{1}{2}m(9.7\,[\mathrm{m\cdot s^{-2}}])^2 = mgx$ が成り立つ. $\therefore x = 4.8\,[\mathrm{m}]$. $\therefore$ 飛ぶことができる高さは, $4.8\,[\mathrm{m}] + 1\,[\mathrm{m}] = 5.8\,[\mathrm{m}]$.

12) (1) $1.4\,[\mathrm{N}] \times 4\,[\mathrm{m}] = 5.6\,[\mathrm{J}]$, (2) $mgh = 1\,[\mathrm{kg}] \times 9.8\,[\mathrm{m\cdot s^{-2}}] \times 0.4\,[\mathrm{m}] = 3.9\,[\mathrm{J}]$, (3) $5.6\,[\mathrm{J}] + 3.9\,[\mathrm{J}] = 9.5\,[\mathrm{J}]$

13) (1) 仕事 $= mgh \times$ 持ち上げ回数 $= 70560\,[\mathrm{J}]$, (2) 脂肪の消費量を $x\,[\mathrm{kg}]$ とすると, $3.91 \times 10^7 \cdot 0.18 x\,[\mathrm{J}] = 70560\,[\mathrm{J}]$ が成り立つ. これより, $x = 1.0 \times 10^{-2}\,[\mathrm{kg}]$.

〈3 章〉

1) (1) $m\omega\{\cos(\omega t) + \sin(\omega t)\}\,\boldsymbol{i} + m\omega\{\cos(\omega t) - \sin(\omega t)\}\,\boldsymbol{j}$ となり, これは時刻 t の値により変化するので, 保存量ではない.
   (2) $-2m\omega\,\boldsymbol{k}$ となり, 時刻 t の値に依らず一定なので, 保存量である.
   (3) この物体にかかっている力を計算すると, $-m\omega^2\,\boldsymbol{r}$ となり, 位置ベクトル $\boldsymbol{r}$ に比例するので中心力になっていることがわかる. したがって, この物体にかかるトルクは $\boldsymbol{0}$ になる.

2) (1) $v' = \dfrac{\sqrt{3}}{3}v$, (2) $\dfrac{2\sqrt{3}}{3}v$, (3) $30°$

3) (1) $ml^2 \dfrac{d\theta}{dt}\,\boldsymbol{k}$, (2) $-mgl\sin\theta\,\boldsymbol{k}$, (3) $ml^2 \dfrac{d^2\theta}{dt^2} = -mgl\sin\theta$
   (4) $\theta = A\sin\left(\sqrt{\dfrac{g}{l}}t + \alpha\right)$; A, α は積分定数. (5) $2\pi\sqrt{\dfrac{l}{g}}$

4) (1) 角運動量の大きさ $mr_0 v_0$, 向き（イ）. (2) $\dfrac{mv_0{}^2}{r_0}$
   (3) 糸がこの物体を引っ張っている力 F は中心力なので, そのトルクは 0.
   (4) $2v_0$, (5) $\dfrac{3}{2}mv_0{}^2$

〈4 章〉

1) $(F/S) = E(\delta l/l)$ より, $\delta l = 0.19\,[\mathrm{cm}]$
2) $\delta l = (l/E)(F/S) = 1.14 \times 10^{-2}\,[\mathrm{m}]$
3) 吊したところから距離 x にある針金の幅 Δx 部分を考える. この部分が自重で伸びる長さ δx は $\delta x = (\Delta x/E) \cdot (L-x) S \rho g/S = (\Delta x/E) \cdot (L-x)\rho g$. これを積分して伸び Δl が得られる. $\therefore \Delta l = \int_0^L (\rho g/E)(L-x)dx = (Mg/2ES)L$.

練習問題略解 269

4) 針金の伸びを x とすると，物体には応力の復元力が作用する．∴ 物体の運動方程式は，$Md^2x/dt^2 = -(SE/L)x$ である．両辺を M で割ると単振動の微分方程式となるから，x は角振動数 $\sqrt{SE/ML}$ の単振動をすることがわかる．

5) $P = P_0 + \rho\, gh = 1.013 \times 10^5 [\text{Pa}] + 1000\,[\text{kg}\cdot\text{m}^{-3}] \times 9.8\,[\text{m}\cdot\text{s}^{-2}] \times 10\,[\text{m}] = 1.993 \times 10^5\,[\text{Pa}] = 1.97\,[気圧] = 1495\,[\text{mmHg}]$

6) $2.3\,[\text{m}^2] \times 0.05 \times 1.013 \times 10^5\,[\text{Pa}] = 1.16 \times 10^4\,[\text{N}]$

7) 底面の長さが l_1 の側面で水面から距離 x の幅 Δx 部分を考える．この部分に作用する水圧による力 dF は，$dF = l_1 \Delta x\, \rho\, gx$. 側面に作用する力 F は，$F = \int_0^h l_1\, \rho\, gx dx = l_1\, \rho\, gh^2/2$, ∴ 四つの側面に作用する力は $(l_1+l_2)\,\rho\, gh^2$.

8) $(1.29\,[\text{kg}\cdot\text{m}^{-3}] - 0.18\,[\text{kg}\cdot\text{m}^{-3}]) \times 100\,[\text{m}^3] = 111\,[\text{kg}]$

9) $(7.64\,[\text{g}\cdot\text{cm}^{-3}] - 1.21\,[\text{g}\cdot\text{cm}^{-3}])V = 529\,[\text{g}]$ より，$V = 82.3\,[\text{cm}^3]$

10) 円筒の断面積を S, 海面下に隠れている部分を x とすると，$(20\,[\text{m}]+x\,[\text{m}])S \times 920\,[\text{kg}\cdot\text{m}^{-3}] = x\,[\text{m}]S \times 1.025 \times 10^3\,[\text{kg}\cdot\text{m}^{-3}]$ が成り立つ．∴ $x = 175\,[\text{m}]$.

11) 連続の方程式 $\pi(0.035\,[\text{m}])^2 v_1 = \pi(0.015\,[\text{m}])^2 v_2$ と，Bernoulli の定理から得られる $\frac{1}{2}\rho\, v_2^2 - \frac{1}{2}\rho\, v_1^2 = p_1 - p_2 = 1.52 \times 10^3\,[\text{Pa}]$ から，$v_1 = 0.34\,[\text{m}\cdot\text{s}^{-1}]$, $v_2 = 1.85\,[\text{m}\cdot\text{s}^{-1}]$.

12) ピストンの近傍と注射針から流出直後の流体の二つの部分に対して Bernoulli の定理を適用する．このとき，ピストン近傍では $v = 0$, $P = P_0(大気圧) + F/\pi r^2$, 流出直後では $p = p_0$ であることに注意すると，$P_0(大気圧) + F/\pi r^2 = p_0 + \frac{1}{2}\rho\, v_x^2$ が得られ，$v_x = \sqrt{2F/\rho\, \pi r^2}$.

13) 血球は，Stokes の法則が与える抵抗力と重力が釣り合う速度で沈降する．重力は，血漿による浮力により，重力そのものから小さくなる．これらのことから，粘性率 $\eta = 3.7 \times 10^{-3}\,[\text{Pa}\cdot\text{s}]$.

⟨5章⟩

1) (1) $\frac{2\pi}{\lambda} = 3$ ∴ $\lambda = \frac{2\pi}{3} = 2.1\,[\text{m}]$
   (2) $2\pi\nu = 10$ ∴ $\nu = 5/\pi = 1.59\,[\text{Hz}]$
   (3) $v = \lambda\nu = 2.1 \times 1.59 = 3.34\,[\text{m}\cdot\text{s}^{-1}]$

2) (1) $k = \frac{2\pi}{\lambda} = \frac{2\pi}{4} = \frac{\pi}{2} = 1.57\,[\text{cm}^{-1}]$
   $v = \lambda\nu = 4 \times 50 = 200\,[\text{cm}\cdot\text{s}^{-1}]$
   $T = \frac{1}{\nu} = \frac{1}{50} = 0.02\,[\text{s}]$
   (2) $y = \sin(10\pi t - \frac{\pi}{2}x) = 5\sin 2\pi(50t - \frac{1}{4}x)$

3) $\lambda = v/\nu$ より，$\lambda = 1.7\,[\text{cm}] - 17\,[\text{m}]$

4) $120\,[\text{dB}]$

5) (1) 救急車（音源）が近づくとき，
$$\nu' = \nu\left(\frac{c}{c-v_s}\right) = (1000\,[\text{Hz}])\frac{344\,[\text{m}\cdot\text{s}^{-1}]}{344\,[\text{m}\cdot\text{s}^{-1}] - 20\,[\text{m}\cdot\text{s}^{-1}]} = 1.06 \times 10^3\,[\text{Hz}]$$
   (2) 救急車（音源）が遠ざかるとき，

$$\nu' = \nu\left(\frac{c}{c+v_s}\right) = (1000\,[\text{Hz}])\frac{344\,[\text{m}\cdot\text{s}^{-1}]}{344\,[\text{m}\cdot\text{s}^{-1}]+20\,[\text{m}\cdot\text{s}^{-1}]} = 9.45\times 10^2\,[\text{Hz}]$$

6) $3.8\times 10^{14}\,[\text{Hz}] \sim 7.9\times 10^{14}\,[\text{Hz}]$

7) $\dfrac{\sin i}{\sin r} = \dfrac{n_2}{n_1} = n_{12}$ より,$\quad \dfrac{\sin 45°}{\sin 30°} = \sqrt{2} = 1.41$

8) $\dfrac{1}{a}+\dfrac{1}{b}=\dfrac{1}{f}$ より,$\dfrac{1}{25}+\dfrac{1}{b}=\dfrac{1}{20}$ $\therefore\ b=100\,[\text{cm}]$
$\dfrac{b}{a}=\dfrac{100}{25}=4$ $\therefore\ 8\,[\text{cm}]$

9) $[\alpha]^t_\lambda = \dfrac{\theta C}{l}$ より,$\quad \therefore\ C=0.15\,[\text{g·cm}^{-3}]$

10) 二つの光線の光学的距離の差は,
$$\Delta = n\cdot \text{PQR} - \text{PS} = n\frac{2d}{\cos\varphi} - \frac{2d\sin\varphi\sin\theta}{\cos\varphi}$$
$\sin\theta = n\sin\varphi$ より,
$$\Delta = 2nd\cos\varphi = 2nd\sqrt{1-\frac{\sin^2\theta}{n^2}}$$
となる.屈折率が小さな媒質から大きな媒質の境界面では位相が π だけずれるので,
$$\Delta = 2nd\sqrt{1-\frac{\sin^2\theta}{n^2}} = m\lambda \quad (m=0,1,2,\cdots)$$
を満たす θ の方向で反射光は弱め合う.

〈**6 章**〉

1) ダイヤモンドは炭素の結晶である.炭素原子には 6 個の陽子がある.12 [g] の炭素は 1 モルだから 6.022×10^{23} 個の原子からなっている.また,陽子 1 個の電荷は,$1.602\times 10^{-19}\,[\text{C}]$,したがって,
$$Q = 6\times 6.022\times 10^{23}\times 1.602\times 10^{-19}\,[\text{C}] \fallingdotseq 57.88\times 10^4\,[\text{C}]$$

2) $$F = \frac{1}{4\pi\varepsilon_0}\frac{Q_1Q_2}{r^2} = \frac{1}{4\times 3.14\times 8.854\times 10^{-12}\,[\text{m}^{-3}\cdot\text{kg}^{-1}\cdot\text{s}^4\cdot\text{A}^2]}$$
$$\frac{1.602\times 10^{-19}\,[\text{C}]\times 1.602\times 10^{-19}\,[\text{C}]}{(10^{-10}\,[\text{m}])^2}$$
$$= 2.308\times 10^{-8}\,[\text{N}]$$

3) 原点から点 (3,4,0) までの距離 r は
$$r = \sqrt{3^2+4^2} = 5\,[\text{cm}]$$
電場 $\boldsymbol{E}$ は
$$\boldsymbol{E} = \frac{1}{4\pi\varepsilon_0}\frac{Q}{r^3}\boldsymbol{r} = \frac{1}{4\times 3.14\times 8.854\times 10^{-12}\,[\text{m}^{-3}\cdot\text{kg}^{-1}\cdot\text{s}^4\cdot\text{A}^2]}$$
$$\frac{1\,[\text{C}]}{(5\times 10^{-2}\,[\text{m}])^2}\left(\frac{3}{5},\frac{4}{5},0\right)$$
$$= 3.60\times 10^{-2}(0.6, 0.8, 0)\,[\text{N}\cdot\text{C}^{-1}]$$

4) $$V_{AB} = \int_A^B \boldsymbol{E} \cdot d\boldsymbol{s} = \int_A^B \frac{1}{4\pi\varepsilon_0} \frac{Q}{r^3} \boldsymbol{r} \cdot d\boldsymbol{s} = \frac{1}{4\pi\varepsilon_0} \int_A^B \frac{dr}{r^2} = \frac{1}{4\pi\varepsilon_0} \left(\frac{1}{r_A} - \frac{1}{r_B} \right)$$

5) 電荷 q が電場から与えられるエネルギーは qEd であり，運動エネルギーに変わることから，
$$\frac{1}{2}mv^2 = qEd \quad \text{これより,} \quad v = \sqrt{\frac{2qEd}{m}}$$

6) $E = 1.602 \times 10^{-19}\,[\text{C}] \times 100\,[\text{V}] = 1.602 \times 10^{-17}\,[\text{J}]$

7) 電気容量は
$$C = \frac{\varepsilon_0 S}{d} = \frac{8.854 \times 10^{-12}\,[\text{F} \cdot \text{m}^{-1}] \times 1\,[\text{m}^2]}{1 \times 10^{-3}\,[\text{m}]} = 8.854 \times 10^{-9}\,[\text{F}]$$

電場の大きさは
$$E = \frac{V}{d} = \frac{100\,[\text{V}]}{1 \times 10^{-3}\,[\text{m}]} = 1 \times 10^5\,[\text{V} \cdot \text{m}^{-1}]$$

電子が受ける力は
$$F = qE = 1.602 \times 10^{-19}\,[\text{C}] \times 1 \times 10^5\,[\text{V} \cdot \text{m}^{-1}] = 1.602 \times 10^{-14}\,[\text{N}]$$

〈7 章〉

1) 電流の単位 [A] は [C $\cdot$ s^{-1}] だから，$Q = 1\,[\text{A}] \times 600\,[\text{s}] = 600\,[\text{C}]$
2 個の電子が移動して水素分子が発生するから，
$$M = \frac{Q}{2eN_A} = \frac{600\,[\text{C}]}{2 \times 1.602 \times 10^{-19}\,[\text{C}] \times 6.02 \times 10^{23}} = 3.11 \times 10^{-3}\,[\text{mol}]$$

2) $$I = \frac{Q}{t} = \frac{72000\,[\text{C}]}{2 \times 3600\,[\text{s}]} = 10\,[\text{A}]$$

移動した電子の数 N は
$$N = \frac{Q}{e} = \frac{72000\,[\text{C}]}{1.602 \times 10^{-19}\,[\text{C}]} = 4.49 \times 10^{23}$$

銀の原子量 A は 107.9 だから，
$$m = \frac{N}{N_A} \times A = \frac{4.49 \times 10^{23} \times 107.9\,[\text{g}]}{6.02 \times 10^{23}} = 80.5\,[\text{g}]$$

3) $$R = \rho \frac{l}{A} = \frac{l}{\kappa A} = \frac{1 \times 10^{-2}\,[\text{m}]}{2.2 \times 10^{-2}\,[\Omega^{-1} \cdot \text{m}^{-1}] \times 10 \times 10^{-4}\,[\text{m}^2]} = 4.5\,[\Omega]$$
$V = RI = 4.5\,[\Omega] \times 100 \times 10^{-3}\,[\text{A}] = 0.45\,[\text{V}]$

4) $$R = \frac{V}{I} = \frac{12\,[\text{V}]}{2\,[\text{A}]} = 6\,[\Omega]$$
$$\kappa = \frac{1}{\rho} = \frac{l}{RA} = \frac{0.3 \times 10^{-2}\,[\text{m}]}{6\,[\Omega] \times 100 \times 10^{-4}\,[\text{m}^2]} = 5 \times 10^{-2}\,[\Omega^{-1} \cdot \text{m}^{-1}]$$

5) $$\boldsymbol{H} = \frac{I}{2\pi r} = \frac{1000\,[\text{A}]}{2 \times 3.14 \times 2\,[\text{V}]} = 79.6\,[\text{A} \cdot \text{m}^{-1}]$$

6) $\boldsymbol{B} = \mu_0 H = \dfrac{4\pi \times 10^{-7}\,[\mathrm{N\cdot A^{-2}}] \times I}{2\pi r} = \dfrac{2 \times 10^{-7}\,[\mathrm{N\cdot A^{-2}}] \times 30\,[\mathrm{A}]}{1 \times 10^{-2}\,[\mathrm{m}]}$
$= 60 \times 10^{-5}\,[\mathrm{Wb\cdot m^{-2}}]$

7) $F = qvB = 1.602 \times 10^{-19}\,[\mathrm{C}] \times 10^4\,[\mathrm{m\cdot s^{-1}}] \times 1\,[\mathrm{Wb\cdot m^{-2}}] = 1.602 \times 10^{-15}\,[\mathrm{C}]$
$\boldsymbol{F} = ma = m\dfrac{v^2}{r}$
$r = ma = m\dfrac{v^2}{F} = \dfrac{9.109 \times 10^{-31}\,[\mathrm{kg}] \times (1 \times 10^4\,[\mathrm{m\cdot s^{-1}}])^2}{1.602 \times 10^{-15}\,[\mathrm{N}]} = 5.69 \times 10^{-8}\,[\mathrm{m}]$

8) コイルを横切る最大の磁束 ϕ_0 は

$$\phi_0 = 0.5\,[\mathrm{Wb\cdot m^{-2}}] \times 200 \times 10^{-4}\,[\mathrm{m^2}] = 1.0 \times 10^{-2}\,[\mathrm{Wb}]$$

また，回転中の磁束 ϕ の変化は

$$\phi = \phi_0 \sin(\omega t)$$

で表せるから，1 巻のコイルの誘導起電力は

$$V_\mathrm{emf} = -\dfrac{d\phi}{dt} = -\phi_0 \omega \sin(\omega t)$$

となる．したがって，誘導起電力の最大値は

$$10\phi_0\omega = 10 \times 2\pi\nu\phi_0 = 20 \times 3.14 \times \dfrac{3000}{60}\,[\mathrm{s^{-1}}] \times 1.0 \times 10^{-2}\,[\mathrm{Wb}] = 62.8\,[\mathrm{V}]$$

〈8 章〉

1) $R = N_A k_B = 6.02214199 \times 10^{23} \times 1.3806581 \times 10^{-23} = 8.3145191$

2) 2 原子分子の運動の自由度は，重心の並進運動の自由度が 3，重心の回りの回転運動が 2 で，全体として自由度が 5 となるため

$$\dfrac{1}{2}R \times 5 = \dfrac{5R}{2}$$

となる．

3) 略

〈9 章〉

1) $\Delta U = Q_0 + p_0(V_G - V_L)$

2) 断熱過程においては $pV^\gamma = p_1 V_1^\gamma = \mathrm{const.}$ だから，

$$W = -\int_{V_1}^{V_2} p\,dV = -p_1 V_1^\gamma \int_{V_1}^{V_2} V^{-\gamma}\,dV = \dfrac{p_1 V_1^\gamma}{\gamma - 1}(V_2^{-\gamma} - V_1^{-\gamma})$$

また，Poisson の式

$$T_1 V_1^{\gamma-1} = T_2 V_2^{\gamma-1}$$

より，

$$T_2 = \left(\dfrac{V_1}{V_2}\right)^{\gamma-1} T_1$$

練習問題略解　　　273

3) (1) $d'Q = 0$, $d'W = 0$ だから，$dU = 0$
したがって，
$$\Delta U = 0$$

(2) $dU = 0$ だから
$$TdS = -pdV$$
また，圧力および温度は一定だから，$T - T_1$
$$\Delta S = \int dS = \int_{V_1}^{V_2} \frac{pdV}{T_1} = nR \int_{V_1}^{V_2} \frac{dV}{V} = nR \frac{V_2}{V_1}$$

(3) エントロピーの変化が $\Delta S > 0$ である．これは考えている過程が不可逆過程であることを意味する．

4) $dS = \dfrac{dU}{T} + \dfrac{p}{T} dV = C_V \dfrac{dT}{T} + nR \dfrac{dV}{V}$
したがって，
$$\Delta S = \int dS = C_V \int_{T_1}^{T_2} \frac{dT}{T} + nR \int_{V_1}^{V_2} \frac{dV}{V}$$
$$= C_V \log \frac{T_2}{T_1} + nR \log \frac{V_2}{V_1}$$
$$= C_V \log \frac{T_2}{T_1} + nR \log \frac{T_2 p_1}{T_1 p_2}$$
ここで，Mayer の式 $C_p - C_V = nR$ を用いれば，
$$\Delta S = C_p \log \frac{T_2}{T_1} + nR \log \frac{p_1}{p_2}$$

5) (1) $dU = TdS - pdV$
より，
$$\left(\frac{\partial U}{\partial V} \right)_T = T \left(\frac{\partial S}{\partial V} \right)_T - p$$
Maxwell の関係式より，
$$\left(\frac{\partial S}{\partial V} \right)_T = \left(\frac{\partial p}{\partial T} \right)_V$$

(2) $p = nRT/V$ の両辺を V を一定にして T で微分して
$$\left(\frac{\partial S}{\partial V} \right)_T = \frac{nR}{V}$$
したがって，
$$\left(\frac{\partial U}{\partial V} \right)_T = T \frac{nR}{V} - p = p - p = 0$$

〈10章〉

1) $\lambda = \dfrac{c}{\nu} = 1.25 \times 10^{-12}$ [m], $\lambda' = 3.68 \times 10^{-12}$ [m], $\therefore \nu' = 8.2 \times 10^{19}$ [Hz]
$K = h\nu - h\nu' = 1.1 \times 10^{-13}$ [J]

2) 運動量の精度：$\Delta p = m \Delta v = 10^{-9}$
$$\Delta r \cdot \Delta p = 10^{-6} \times 10^{-9} = 10^{-15} \text{ [J·s]} >> \hbar$$

3) $E = mc^2$, $1\,[\text{MeV}] = 1.602 \times 10^{-13}\,[\text{J}]$

質量 $1\,\text{kg}$ の静止エネルギー：$E = 8.987 \times 10^{16}\,[\text{J}] = 5.61 \times 10^{29}\,[\text{MeV}]$

電子の質量：$0.51\,[\text{MeV}]$, 陽子の質量：$938.3\,[\text{MeV}]$

〈11章〉

1) 略

2) $Y_{00}(\theta, \phi) = \dfrac{1}{2\sqrt{\pi}}$, $\quad Y_{10}(\theta, \phi) = \dfrac{\sqrt{3}}{2\sqrt{\pi}} \cos\theta$, $\quad Y_{11}(\theta, \phi) = -\dfrac{\sqrt{3}}{2\sqrt{2\pi}} \sin\theta\, e^{i\phi}$

3) 1s 軌道
$$\psi_{100}(r, \theta, \phi) = \frac{1}{\sqrt{\pi}} a^{-\frac{3}{2}} e^{-\frac{r}{a}}$$

2s 軌道
$$\psi_{200}(r, \theta, \phi) = \frac{1}{4\sqrt{2\pi}} a^{-\frac{3}{2}} \left(2 - \frac{r}{a}\right) e^{-\frac{r}{2a}}$$

2p 軌道
$$\psi_{210}(r, \theta, \phi) = \frac{1}{4\sqrt{2\pi}} a^{-\frac{3}{2}} \frac{r}{a} e^{-\frac{r}{2a}} \cos\theta$$

$$\psi_{21\pm 1}(r, \theta, \phi) = \mp\frac{1}{8\sqrt{\pi}} a^{-\frac{3}{2}} \frac{r}{a} e^{-\frac{r}{2a}} \sin\theta\, e^{\pm i\phi}$$

索　　引

ア　行

アイソスピン　246
圧　力　78
アボガドロ数　153, 167, 247
Archimedes の原理　83
α　線　248
α 粒子　249
Ampère の法則　146

異常光線　117
異常分散　112
位相速度　97
位　置　255
位置エネルギー　46, 48, 51–54
1 気圧　80
1 グラム原子（分子）　247
1 モル (mol)　247
一般化された角運動量演算子　216
色収差　122

右旋性　117
うなり　104
運動エネルギー　43–45, 51, 52, 54
運動の第 1 法則（慣性の法則）　12
運動の第 3 法則（作用・反作用の法則）　16

運動の第 2 法則（運動方程式）　14
運動方程式　15
運動量　60, 255
運動量保存則　61

永久機関　57
液体の圧力　79, 82
NMR（核磁気共鳴）　240
エネルギー　39
エネルギー転化　57
エネルギー等分配の法則　159
エネルギーの散逸　177
エネルギーの量子化　191
エネルギー保存則　50, 52, 53, 57
エルミート演算子　198
演算子　197
演算子法　206
遠心機　84
エンタルピー　171
エントロピー　184
エントロピー増大の法則　184
円偏光　116

応　力　75, 161
オージェ電子　246
Ohm の法則　138
重　さ　21
親核種　248
音響インピーダンス　104
温度勾配　162

カ　行

外　積　258
回　転　263
回転の運動エネルギー　45
Gauss の法則　127
可逆過程　178
角運動量　67, 212, 255
殻構造　245
拡　散　177
核　子　246
角振動数　34, 98
角　度　255
確率的　198, 249
核　力　248
過減衰　36
重ね合わせの原理　104
加速度　255
Carnot サイクル　174, 179
Carnot の原理　180
干　渉　104
慣　性　12
慣性質量　15
慣性抵抗　93
慣性抵抗力　28
慣性モーメント　45
完全系　198
観測可能量　198
γ　線　248, 249, 252
γ 崩壊　249, 252

機械的作用　165

索引

軌跡 4
気体ボンベ 82
基底状態 236, 245
軌道 4
軌道電子捕獲 252
Gibbs – Duhem の関係式 188
Gibbs の自由エネルギー 186
基本周期 34
基本ベクトル 256
球面収差 121
球面調和関数 223
球面波 96
局所的演算子 199
距離の逆二乗に比例する引力 42
距離の逆二乗に比例する力 48

屈折の法則 102
Clausius の原理 178
Clausius の等式 177
Clausius の不等式 181
Coulomb の法則 125
クーロン力 125

経路積分 49
撃力 63
血圧 81
ケミカルシフト 240
原子 245
原子核 245, 246
原子質量単位 247
原子番号 245, 246
減衰振動 36
元素名 247
弦の波動方程式 99

光学活性物質 117
光子 193
格子定数 115
向心加速度 11
剛性率 76

光電効果 194, 252
光電子 194, 252
勾配 263
光量子 193
黒体 190
黒体放射 190
コマ収差 122
固有値 198

サ 行

サイクル 165
左旋性 117
作用量 166
散逸力 55, 56

磁荷 140
磁気双極子 140
磁極 139
磁気量子数 233
自己インダクタンス 150
仕事 39
仕事率 42
自己誘導 151
磁性体 147
磁束密度 142
質点 2
質量 2, 15
質量数 246
質量的作用 165, 187
磁場 141
射線 96
収差 121
終端速度 31
自由電子 131
重力 19
重力加速度 21
重力定数 18
重力の位置エネルギー 46
重力のエネルギー保存則 51
縮退 211
主量子数 233
ジュール 40

Joule – Thomson 効果 171
Joule – Thomson の細孔栓の実験 171
Schrödinger の運動方程式 200
シュレディンガー方程式 200
循環過程 165
瞬間の加速度 10
準静的過程 165
準静的断熱過程 173
準静的等圧過程 168
準静的等温過程 174
準静的等積過程 168
障害物直前の圧力 90, 91
常光線 117
状態ベクトル 197
状態変数 165
状態方程式 167
状態量 165
初期位相 34, 98
初期条件 25
磁力線 141
振動 96
振動数 34
振幅 34, 98

スカラー場 262
スカラー量 255
Stokes の法則 29, 93
スピン 239
スペクトル 111
スレーター行列式 244

静圧 90
正常分散 112
静電気 123
静電遮蔽 131
静電ポテンシャル 129
制動 X 線 246
絶対温度 167
ゼーマン効果 239
旋光 117

索　引

線積分　41, 264
選択吸収　112
全反射　110

双極子モーメント　134
双曲線　27
相互インダクタンス　151
相互作用　17
相対屈折率　102
像のゆがみ　122
像面のまがり　121
速　度　8, 255
速度勾配　161
塑　性　74
素電荷　124
ソレノイド　146

タ　行

大気圧　80
体積弾性率　76
帯　電　124
楕　円　27
縦波の動方程式　100
単振動　33
弾　性　74
弾性エネルギー　78
弾性衝突　63
弾性体　74
弾性率　76

力　255
力の定義　14
蓄電器（コンデンサー）　132
中心力　70
中性子　246
直線偏光　116

対消滅　251
強い相互作用　248

抵抗率　138
定在波　105

定常状態　201
デシベル　108
電　位　129
電　荷　123
電気双極子　134
電気伝導度　138
電気伝導率　139
電気容量　133
電気力線　127
電　子　245
電子対生成　253
電磁誘導　149
電束密度　128
電　場　126
電　離　246

動　圧　90, 91
等圧熱容量　168
同位体　247
同位体存在比　247
透過率　103
透磁率　140
等積熱容量　168
等速円運動　5, 9
等速直線運動　8
特性 X 線　246
Thomson の原理　178
トリチェリの実験　80
トリチェリの法則　89
トルク（力のモーメント）　255
トンネル効果　204, 250

ナ　行

内部エネルギー　166
内部転換　252
内部転換電子　252
波　96
波の強度　101

2 原子分子の分子振動　53
ニコルプリズム　117
ニュートリノ　251

尿比重計　85

熱的作用　165
熱伝導率　162
熱平衡　155, 164
熱力学第 1 法則　166
熱力学第 0 法則　165
熱力学的変数　165
粘　性　28, 162
粘性抵抗　93
粘性抵抗力　28
粘性率（粘度）　28, 92, 161
粘性流体　28
粘性力　91

ハ　行

媒　質　96
Heisenberg の不確定性原理
　　199
Pauli のスピン行列　241
Pauli の排他律　243
Hagen-Poiseulli の法則　92
波　数　98
パスカル　79
発　散　263
波動関数　199
波動方程式　98
ハドロン　248
ばねの位置エネルギー　47
ハミルトニアン　200
波　面　96
速　さ　8, 255
腹　105, 106
半減期　249
反交換則　259
反射の法則　101
反射率　103
反電子ニュートリノ　251
反発係数　63

Biot-Savart の法則　142
光散乱　111

光の二重性 193
比重（密度）の測定 84
比色計 111
非弾性衝突 64
非点収差 121
表面色 113

フェルミ–ディラック統計 243
フェルミ粒子 243
不可逆過程 178
節 105, 106
Hooke の法則 42, 74
物体色 112
フラウンホーファー回折 114
プランク定数 191
浮力 83, 84
フレネル回折 114
分極 134
分光分析法 111
分散 112
分散曲線 112
分子吸収係数 111
分布関数 156

平均自由行路 159
平均の加速度 10
平均の速度 6
平面波 96
ベクトル関数 261
ベクトル場 263
ベクトル量 255
ベクレル (Bq) 249
β 線 248, 251
β 崩壊 250, 251
Bernoulli の定理 87–90
Beer の法則 110
Helmholtz の自由エネルギー 185
変位 5
変位ベクトル 5

偏光 116

Poisson の式 173
Bohr 半径 231
方位量子数 233
崩壊定数 249
放射性崩壊 248
放射能 249
放物運動 5
放物線 27
補色 112
ボーズ–アインシュタイン統計 243
ボーズ粒子 243
保存則 60
保存量 60
保存力 49
ポテンシャル 50
ボルツマン定数 159, 167
ホン 108

マ 行

Mayer の関係式 172
Maxwell の関係式 186
摩擦力 55

見かけの重力加速度 84
右ねじをまわして進む向き 258

無限小過程 165
娘核種 248
無選択吸収 112

面積速度 27

モル吸光係数 111

ヤ 行

ヤング率 76, 77

誘電体 134
誘電率 125
誘導起電力 149
歪み 76
輸送 162
陽子 246
陽子の数 246
陽電子 251
弱い相互作用 251

ラ 行

Laguerre の陪多項式 231
ラセミ体 118
Lambert の法則 110
Lambert-Beer の法則 111

力学的エネルギー 54, 255
力学的エネルギー保存則 54, 56
力積 62, 255
Rydberg エネルギー 230
流管 86
流線 86
流速と圧力の関係 88, 90
流体 28
臨界角 110
臨界減衰 36

Legendre の多項式 219
Legendre の陪関数 222
Legerdre 変換 185

励起 245
レプトン 248
連続の方程式 85, 86

ローレンツ力 148

ワ 行

ワット 42

薬学生のための 物理学 第3版	定価はカバーに表示

1986年 4月10日　初　版第 1 刷
1991年 3月10日　　　　第 7 刷
1992年 5月25日　第 2 版第 1 刷
1999年10月10日　　　　第10刷
2001年 5月10日　第 3 版第 1 刷
2023年 2月25日　　　　第17刷

著　者　井　上　忠　也
　　　　瀧　澤　　　誠
　　　　中　川　弘　一
　　　　中　野　善　明
　　　　林　　　　　一
　　　　坂　　　恒　夫
　　　　和　田　義　親
発行者　朝　倉　誠　造
発行所　株式会社　朝　倉　書　店
　　　　東京都新宿区新小川町 6-29
　　　　郵便番号　１６２−８７０７
　　　　電　話　０３(3260)0141
　　　　ＦＡＸ　０３(3260)0180
　　　　https://www.asakura.co.jp

〈検印省略〉

ⓒ2001〈無断複写・転載を禁ず〉

三美印刷・渡辺製本

ISBN 978-4-254-13077-5　C 3042

Printed in Japan

JCOPY　〈出版者著作権管理機構　委託出版物〉

本書の無断複写は著作権法上での例外を除き禁じられています．複写される場合は，そのつど事前に，出版者著作権管理機構（電話 03-5244-5088，FAX 03-5244-5089，e-mail: info@jcopy.or.jp）の許諾を得てください．

好評の事典・辞典・ハンドブック

物理データ事典	日本物理学会 編	B5判 600頁
現代物理学ハンドブック	鈴木増雄ほか 訳	A5判 448頁
物理学大事典	鈴木増雄ほか 編	B5判 896頁
統計物理学ハンドブック	鈴木増雄ほか 訳	A5判 608頁
素粒子物理学ハンドブック	山田作衛ほか 編	A5判 688頁
超伝導ハンドブック	福山秀敏ほか 編	A5判 328頁
化学測定の事典	梅澤喜夫 編	A5判 352頁
炭素の事典	伊与田正彦ほか 編	A5判 660頁
元素大百科事典	渡辺 正 監訳	B5判 712頁
ガラスの百科事典	作花済夫ほか 編	A5判 696頁
セラミックスの事典	山村 博ほか 監修	A5判 496頁
高分子分析ハンドブック	高分子分析研究懇談会 編	B5判 1268頁
エネルギーの事典	日本エネルギー学会 編	B5判 768頁
モータの事典	曽根 悟ほか 編	B5判 520頁
電子物性・材料の事典	森泉豊栄ほか 編	A5判 696頁
電子材料ハンドブック	木村忠正ほか 編	B5判 1012頁
計算力学ハンドブック	矢川元基ほか 編	B5判 680頁
コンクリート工学ハンドブック	小柳 洽ほか 編	B5判 1536頁
測量工学ハンドブック	村井俊治 編	B5判 544頁
建築設備ハンドブック	紀谷文樹ほか 編	B5判 948頁
建築大百科事典	長澤 泰ほか 編	B5判 720頁

価格・概要等は小社ホームページをご覧ください．